河南省"十四五"普通高等教育规划教材
"十四五"普通高等教育本科规划教材
高等院校机械类专业"互联网+"创新规划教材

工程实训

主　编　马世榜

副主编　付成果　薛党勤

参　编　黄荣杰　徐　杨　李　超

主　审　侯书林

北京大学出版社

PEKING UNIVERSITY PRESS

内容简介

本书是为适应我国新型工业化发展，构建现代产业体系，发展实体经济，为中国式现代发展培养专业技术全面、高技能应用型人才需要，由国内多所院校经验丰富的一线教师结合各自学校近年来的教学改革成果及新技术应用等编写而成的。本书注重传承经典工程加工方法，并结合新兴加工技术，实训内容丰富，强化技能训练，并通过"二维码链接"方式呈现相关图文、动画、视频，便于读者理解和掌握。

全书内容包括金属材料与热处理，铸造，锻压，焊接，金属切削的基础与常用计量器具，钳工，车削加工，铣削加工，磨削加工，刨削、拉削、镗削加工，典型表面成型工艺，数控加工，特种加工技术。

本书可作为高等院校机械类、近机械类及相关专业的实训教材，也可作为高职院校相关专业学生及工程技术人员的参考书。

图书在版编目（CIP）数据

工程实训 / 马世榜主编 . —北京：北京大学出版社，2024.3
高等院校机械类专业"互联网 +"创新规划教材
ISBN 978-7-301-34760-7

Ⅰ . ①工… Ⅱ . ①马… Ⅲ . ①工程技术 – 高等学校 – 教材 Ⅳ . ① TB

中国国家版本馆 CIP 数据核字（2024）第 016165 号

书 名	工程实训
	GONGCHENG SHIXUN
著作责任者	马世榜 主编
策 划 编 辑	童君鑫
责 任 编 辑	孙 丹 童君鑫
数 字 编 辑	蒙俊材
标 准 书 号	ISBN 978-7-301-34760-7
出 版 发 行	北京大学出版社
地 址	北京市海淀区成府路 205 号 100871
网 址	http://www.pup.cn 新浪微博：@ 北京大学出版社
电 子 邮 箱	编辑部 pup6@pup.cn 总编室 zpup@pup.cn
电 话	邮购部 010-62752015 发行部 010-62750672 编辑部 010-62750667
印 刷 者	河北文福旺印刷有限公司
经 销 者	新华书店
	787 毫米 ×1092 毫米 16 开本 24 印张 584 千字
	2024 年 3 月第 1 版 2024 年 3 月第 1 次印刷
定 价	69.80 元

前　言

党的二十大报告中指出"科技是第一生产力、人才是第一资源、创新是第一动力"，教育、科技、人才是全面建设社会主义现代化国家的基础。随着我国新型工业化发展对创新型专业人才需求的不断提高，社会对高等院校学生工程实践能力、创新意识的要求越来越高，并且新材料、新设备、新技术、新工艺等不断更新迭代，工科专业学生需要掌握的知识和技能越来越多。为满足中国式现代化发展对高技能人才的需求，编者编写了本书。

"工程实训"是高等院校工科专业的一门重要的实践性课程，该课程将为后续相关工程类课程的学习打下坚实基础，也是提高学生实践能力的重要手段。

本书是河南省"十四五"普通高等教育规划教材。编者在总结各院校近年来工程实训教学改革的成功经验和基地建设新成果的基础上，结合新知识、新技术、新工艺、新技能及新时代对人才培育的要求编写了本书。本书在内容安排上，既注重传承传统内容，又增加了大量代表先进技术的内容，丰富了实训内容，强化了技能训练，并通过"二维码链接"方式呈现与教学内容相关的图片、动画、视频等，便于学生理解和掌握。全书内容包括金属材料与热处理，铸造，锻压，焊接，金属切削的基础与常用计量器具，钳工，车削加工，铣削加工，磨削加工，刨削、拉削、镗削加工，典型表面成型工艺，数控加工，特种加工技术。本书还根据每章重点和难点设置相应的综合实训课题，并附有适量的思考题和实训题。

本书由马世榜任主编，付成果、薛党勤任副主编，中国农业大学侯书林教授任主审。参加本书编写的有中国农业大学徐杨（第 1 章），南阳师范学院马世榜（第 2、4、6、7、12、13 章），南阳师范学院李超（第 3 章），郑州轻工业大学黄荣杰（第 5 章），河南科技学院付成果（第 8、11 章），南阳理工学院薛党勤（第 9、10 章）。

在本书的编写过程中，编者参考和引用了一些教材中的内容，在此向有关作者表示衷心的感谢，尤其要感谢中国农业大学侯书林教授的大力支持。

由于编者的水平和经验有限，书中不妥之处在所难免，敬请广大读者批评指正。

编　者
2023 年 11 月

资源索引

目　录

第1章
金属材料与热处理

教学提示：金属材料是应用广泛的材料，它是人类社会发展的重要物质基础。为了便于材料的生产、应用与管理，也为了便于在工程实训过程中了解所用材料，有必要了解金属材料的晶体结构、力学性能、热处理工艺等。

教学要求：通过本章的学习，学生可以了解金属的晶体结构、金属材料的力学性能、钢的热处理工艺，重点掌握硬度测试、金相组织观察、钢的热处理工艺。

1.1 金属材料基础知识

1.1.1 金属的晶体结构

一切物质都是由原子组成的，根据原子在物质内部排列的特征，固态物质可分为晶体与非晶体两类。晶体内部原子在空间的排列具有一定的规则，如金刚石、石墨等。晶体具有固定熔点和各向异性的特征。非晶体内部原子是无规则堆积在一起的，如玻璃、松香、沥青、石蜡、木材、棉花等。非晶体没有固定熔点，并具有各向同性。

金属在固态下通常都是晶体，在自然界中包括金属在内的绝大多数固体都是晶体。晶体之所以具有规则的原子排列，主要是因为各原子之间的吸引力和排斥力平衡。晶体内部原子排列具有规律性，有时甚至可以看到某些物质的外形也具有规则的轮廓，如水晶、食盐、钻石、雪花等，而金属晶体一般不具有这种规则的外形。晶体中的原子排列如图 1.1(a) 所示。

为了便于描述晶体中原子的排列规律，把每个原子的核心都视为一个几何点，用直线按一定的规则把这些几何点连接起来形成空间格子，这种假想的格子称为晶格，如图 1.1（b）所示。由于晶格包含的原子相当多，不便于研究分析，因此将能够代表原子排列规律的最小单元体划分出来，这种最小的单元体称为晶胞，如图 1.1（c）所示。晶胞的大小和形状常以晶胞的棱边长度 a、b、c 和棱边间夹角 α、β、γ 表示，其中 a、b、c 称为晶格常数。分析晶胞的结构可以了解金属的原子排列规律，判断金属的某些性能。

晶格结构

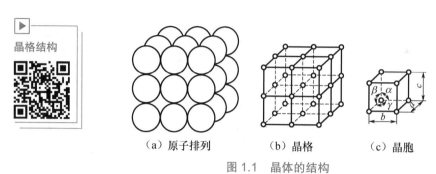

（a）原子排列　　　　（b）晶格　　　　（c）晶胞

图 1.1　晶体的结构

金属的晶格类型有很多，纯金属的晶体结构主要有体心立方晶格、面心立方晶格及密排六方晶格。

1. 体心立方晶格

体心立方晶胞如图 1.2 所示。其为一个正立方体，三个棱边长度 $a=b=c$，晶胞棱边夹角 $\alpha=\beta=\gamma=90°$，其晶格常数通常只用一个晶格常数 a 表示。在体心立方晶胞的每个角和晶胞中心都排列一个原子。体心立方晶胞每个角上的原子为相邻的八个晶胞所共有。体心立方晶胞中属于单个晶胞的原子数为 $\frac{1}{8}\times8+1=2$。

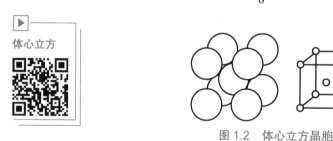
体心立方

图 1.2　体心立方晶胞

具有体心立方晶格的金属有 Cr、Mo、W、V、α-Fe 等，它们大多具有较高的强度和韧性。

2. 面心立方晶格

面心立方晶胞如图 1.3 所示。其也为一个正立方体，三个棱边长度 $a=b=c$，晶胞棱边夹角 $\alpha=\beta=\gamma=90°$，其晶格常数也只用一个晶格常数 a 表示。在面心立方晶胞的每个角和立方体六个面的中心都排列一个原子。面心立方晶胞每个角上的原子为相邻的八个晶胞所共有，而每个面中心的原子为相邻的两个晶胞所共有。面心立方晶胞中属于单个晶胞的原子数为 $\frac{1}{8}\times8+\frac{1}{2}\times6=4$。

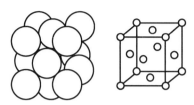

图1.3 面心立方晶胞

具有面心立方晶格的金属有 Al、Cu、Ni、γ–Fe 等，它们大多具有较高的塑性。

3. 密排六方晶格

密排六方晶胞如图1.4所示。其为一个正六棱柱，三个棱边长度 $a=b\neq c$，晶胞棱边夹角 $\alpha=\beta=90°$、$\gamma=120°$。其晶格常数用正六边形底面的边长 a 和晶胞的高度 c 表示。在密排六方晶胞两个底面的中心处和十二个角上都排列一个原子，正六棱柱内部还包含三个原子。每个角上的原子为相邻的六个晶胞所共有，面中心的原子为相邻的两个晶胞所共有，体中心的三个原子为该晶胞所独有。密排六方晶胞中属于单个晶胞的原子数为 $\frac{1}{6}\times12+\frac{1}{2}\times2+3=6$。

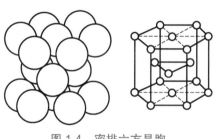

密排六方

图1.4 密排六方晶胞

具有密排六方晶格的金属有 Mg、Zn、Be、α–Ti、α–Co 等，它们大多塑性较差。

1.1.2 铁碳合金相图

铁碳合金相图是研究铁碳合金的基础。由于含碳量 $w_C > 6.69\%$ 的铁碳合金的脆性极大，因此没有使用价值。另外，由于渗碳体的含碳量 $w_C = 6.69\%$，因此它是稳定的金属化合物，可以作为一个组元。可见，研究的铁碳合金相图实际上是 Fe–Fe₃C 相图，如图1.5所示。

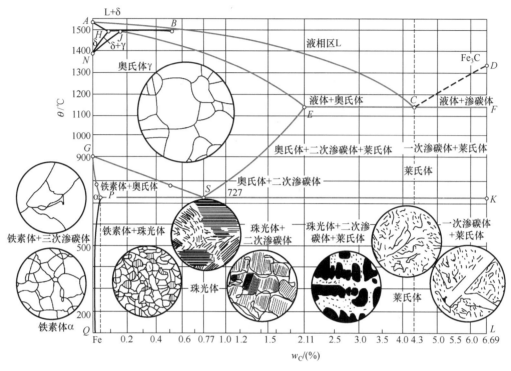

图 1.5　Fe–Fe$_3$C 相图

1. Fe–Fe$_3$C 相图中的点、线、区

Fe–Fe$_3$C 相图中主要点的温度、含碳量及说明见表 1-1。

表 1-1　Fe-Fe$_3$C 相图中主要点的温度、含碳量及说明

点的符号	温度 /℃	w_C/（%）	说明
A	1538	0	纯铁的熔点
B	1495	0.53	包晶转变时的液态合金成分
C	1148	4.3	共晶点
D	1227	6.69	渗碳体的熔点
E	1148	2.11	碳在 γ-Fe 中的最大溶解度
F	1148	6.69	渗碳体的成分
G	912	0	α-Fe ⇌ γ-Fe 转变温度
H	1495	0.09	碳在 δ-Fe 中的最大溶解度
J	1495	0.17	包晶点
K	727	6.69	渗碳体的成分
N	1394	0	γ-Fe ⇌ δ-Fe 转变温度
P	727	0.0218	碳在 α-Fe 中的最大溶解度
S	727	0.77	共析点
Q	室温	0.0008	室温下碳在 α-Fe 中的溶解度

Fe-Fe$_3$C 相图中各主要线的含义如下。

ABCD 线：液相线。该线以上的合金为液态，合金冷却至该线以下便开始结晶。

AHJECF 线：固相线。该线以下的合金为固态。加热时，温度达到该线后合金开始熔化。

HJB 线：包晶线。w_C=0.09% ～ 0.53% 的铁碳合金在 1495℃恒温下均发生包晶反应，即

$$L_B + \delta_H \xrightleftharpoons[\text{恒温}]{1495℃} A_J$$

ECF 线：共晶线。当 w_C >2.11% 的铁碳合金冷却到该线时，液态合金均发生共晶反应，即

$$L_C \xrightleftharpoons[\text{恒温}]{1148℃} L_d(A_E + Fe_3C)$$

共晶反应的产物是奥氏体与渗碳体（或共晶渗碳体）的机械混合物，即莱氏体（L_d）。

PSK 线：共析线。当奥氏体冷却到该线时发生共析反应，即

$$A_S \xrightleftharpoons[\text{恒温}]{727℃} P（F_P + Fe_3C）$$

共析反应的产物是铁素体与渗碳体（或共析渗碳体）的机械混合物，即珠光体（P）。共晶反应产生的莱氏体冷却至 *PSK* 线时，内部奥氏体也发生共析反应而转变为珠光体，此时莱氏体称为低温莱氏体（或变态莱氏体），用 L'_d 表示。*PSK* 线又称 A_1 线。

NH 线、*NJ* 线和 *GS* 线、*GP* 线：固溶体的同素异构转变线。在 *NH* 线与 *NJ* 线之间发生 δ-Fe $\rightleftharpoons$ γ-Fe 转变，*NJ* 线又称 A_4 线。在 *GS* 线与 *GP* 线之间发生 γ-Fe $\rightleftharpoons$ α-Fe 转变，*GS* 线又称 A_3 线。

ES 和 *PQ* 线：溶解度曲线，分别表示碳在奥氏体和铁素体中的极限溶解度随温度的变化线。*ES* 线又称 A_{cm} 线。当奥氏体中的 w_C 超过 *ES* 线时，奥氏体中析出渗碳体，称为二次渗碳体，用 Fe$_3$C$_{II}$ 表示。同样，当铁素体中的 w_C 超过 *PQ* 线时，铁素体中析出渗碳体，称为三次渗碳体，用 Fe$_3$C$_{III}$ 表示。

此外，*CD* 线是从液体中结晶出渗碳体的起始线，从液体中结晶出的渗碳体称为一次渗碳体，用 Fe$_3$C$_I$ 表示。

本节讲述的一次渗碳体（Fe$_3$C$_I$）、二次渗碳体（Fe$_3$C$_{II}$）、三次渗碳体（Fe$_3$C$_{III}$）、共晶渗碳体、共析渗碳体的化学成分、晶体结构、力学性能都是一致的，并没有本质上的差异，不同的命名仅表示它们的来源、结晶形态及在组织中的分布情况不同。

Fe-Fe$_3$C 相图中有五个基本相，相应的有五个单相区：*ABCD* 线以上为液相区 L，*AHNA* 区为固相区 δ，*NJESGN* 区为奥氏体相区 A，*GPQG* 区为铁素体相区 F，*DFKL* 为渗碳体相区 Fe$_3$C。

Fe-Fe$_3$C 相图中有七个两相区：L+δ，L+A，L+ Fe$_3$C$_I$，δ+A，A+F，A+ Fe$_3$C$_{II}$，F+ Fe$_3$C$_{III}$。

Fe-Fe$_3$C 相图中有三个三相共存区：*HJB* 线（L+δ+ A）、*ECF* 线（L+A+Fe$_3$C）、*PSK* 线（A+F+ Fe$_3$C）。

2. Fe-Fe$_3$C 相图中铁碳合金的分类

Fe-Fe$_3$C 相图中不同成分的铁碳合金在室温下拥有不同的显微组织，其性能也不同。

通常，根据 Fe-Fe$_3$C 相图中的 P 点和 E 点将铁碳合金分为工业纯铁、钢及白口铸铁三类。

（1）工业纯铁。工业纯铁是指室温下为铁素体和少量三次渗碳体的铁碳合金，位于 P 点成分左侧（w_C<0.0218%）。

（2）钢。钢是指高温下固态组织为单相固溶体的铁碳合金，介于 P 点成分与 E 点成分之间（0.0218%<w_C<2.11%），具有良好的塑性，适合锻造、轧制等压力加工。钢根据室温组织的不同又分为如下三种。

① 亚共析钢：P 点成分与 S 点成分之间（0.0218%<w_C<0.77%）的铁碳合金。其在室温下的组织为铁素体 + 珠光体，随着 w_C 的增大，组织中的珠光体增加。

② 共析钢：S 点成分（w_C=0.77%）的铁碳合金，其在室温下的组织全部是珠光体。

③ 过共析钢：S 点成分与 E 点成分之间（0.77%<w_C<2.11%）的铁碳合金。其在室温下的组织为珠光体 + 渗碳体，渗碳体分布于珠光体晶粒的周围（晶界），在金相显微镜下观察其呈网状结构，故又称网状渗碳体。w_C 越大，渗碳体层越厚。

（3）白口铸铁。白口铸铁是指 E 点成分右侧（2.11%<w_C<6.69%）的铁碳合金。其具有较低的熔点，流动性好，便于铸造加工，脆性大。白口铸铁根据室温组织的不同又分为如下三种。

① 亚共晶白口铸铁：E 点成分与 C 点成分之间（2.11%<w_C<4.3%）的铁碳合金。其在室温下的组织为低温莱氏体 + 珠光体 + 二次渗碳体。

② 共晶白口铸铁：C 点成分（w_C=4.3%）的铁碳合金。其在室温下的组织为低温莱氏体。

③ 过共晶白口铸铁：C 点成分右侧（4.3%<w_C<6.69%）的铁碳合金。其在室温下的组织为低温莱氏体 + 一次渗碳体。

1.2　金属材料的力学性能

金属材料的力学性能是指金属材料在外力作用下表现出的抵抗能力。由于载荷的形式不同，因此金属材料可表现出不同的力学性能，如强度、塑性、冲击韧性、硬度等。金属材料的力学性能是零件设计、材料选择及工艺评定的主要依据。

1.2.1　强度

金属材料在外力作用下抵抗变形和断裂的能力称为强度。根据外力的作用方式，强度分为抗拉强度、抗压强度、抗弯强度和抗剪强度等。在使用中，一般以抗拉强度作为基本强度指标，常简称强度。强度的单位为 MPa。

金属材料的强度、塑性是依据《金属材料　拉伸试验　第 1 部分：室温试验方法》（GB/T 228.1—2021）通过静拉伸试验测定的。其原理是把一定尺寸和形状的试样装夹在拉力试验机上，然后对试样逐渐施加拉伸载荷，直至把试样拉断。图 1.6 所示为拉伸试验机及拉伸前后的试样。标准试样的截面有圆形的和矩形的，圆形试样应用较多。圆形试样分为长试样（$l_0 = 10d_0$）和短试样（$l_0 = 5d_0$）。一般拉伸试验机上都带有自动记录装置，可绘制载荷（F）与试样伸长量（ΔL）的关系曲线。

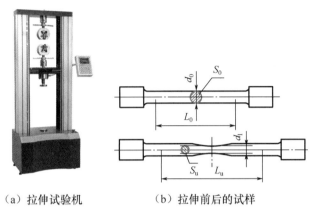

（a）拉伸试验机   （b）拉伸前后的试样

L_0—原始标距；L_u—断后标距；S_0—原始横截面面积；S_u—断后最小横截面面积；d_0—原始直径；d_1—断后直径。

图 1.6   拉伸试验机及拉伸前后的试样

图 1.7 所示为低碳钢的力 – 伸长曲线。图中明显表明低碳钢在外加载荷作用下的变形过程一般可分为四个阶段，即弹性变形阶段、屈服阶段、强化阶段和缩颈阶段。

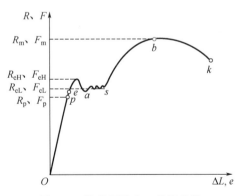

图 1.7   低碳钢的力 – 伸长曲线

（1）弹性变形阶段（Oe 段）。在弹性变形阶段，试样发生完全弹性变形，即卸载后恢复原状。这种随载荷作用发生变形、随载荷去除变形消失的变形称为弹性变形。F_e 为恢复原始形状和尺寸的最大拉伸力。E 点的应力 R_e 称为弹性极限。Oe 段中的 Op 线为一条斜直线段，应力与延伸率成比例，故 p 点的应力称为比例极限。由于 p 点和 e 点很接近，因此通常不作区分。

在弹性变形范围内，应力与延伸率的比值称为材料的弹性模量（E）。弹性模量是衡量

材料产生弹性变形难易程度的指标，工程上常称为材料刚度。弹性模量越大，产生一定量弹性变形的应力越大，材料刚度越大，说明材料抵抗弹性变形的能力越强，越不容易产生弹性变形。

（2）屈服阶段（es 段）。当载荷超过 F_{eL} 时，力–伸长曲线出现平台或锯齿，此时在载荷不变或变化很小的情况下试样继续伸长，此现象称为屈服，F_{eL} 称为屈服载荷；去除外力后，试样的部分残余变形不能恢复，称为塑性变形。材料在外力作用下开始产生塑性变形的最小应力值称为下屈服强度（也称下屈服极限），用 R_{eL} 表示，计算公式如下：

$$R_{eL} = \frac{F_{eL}}{S_0}$$

式中，R_{eL} 为下屈服强度（MPa）；F_{eL} 为屈服载荷（N）；S_0 为试样原始横截面面积（mm²）。

屈服强度是具有屈服现象的材料所特有的强度指标，分为上屈服强度（R_{eH}）和下屈服强度（R_{eL}）。但某些金属材料（如高碳钢等）在拉伸试验中没有明显的屈服现象，不能确定其屈服强度，因此用"规定残余延伸强度"作为相应的强度指标。即国家标准规定，力卸除后残余伸长或延伸等于规定的原始标距（L_0）或引伸计标距（L_e）百分率时对应的应力称为规定残余延伸强度 R_r。例如，$R_{r0.2}$ 表示规定残余延伸率为 0.2% 时的应力。

$$R_r = \frac{F_r}{S_0}$$

式中，R_r 为规定残余延伸强度（MPa）；F_r 为产生规定残余伸长时的载荷（N）；S_0 为试样原始横截面面积（mm²）。

对于无明显屈服现象的材料，多测定其规定延伸强度的应力值。试样在加载过程中，其标距部分的塑性延伸等于规定的引伸计标距百分率时对应的应力称为规定塑性延伸强度，用 R_p 表示。例如，$R_{p0.2}$ 表示规定塑性延伸率为 0.2% 时的应力，按下列公式计算：

$$R_{p0.2} = \frac{F_{p0.2}}{S_0}$$

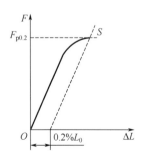

图 1.8　规定塑性延伸应力

式中，$R_{p0.2}$ 为规定塑性延伸率为 0.2% 时的应力（MPa）；$F_{p0.2}$ 为规定塑性延伸长率为 0.2% 时的载荷（N）；S_0 为试样原始横截面面积（mm²）。

图 1.8 所示为规定塑性延伸应力。在工作时，若机械零件受力过大，则会因过量塑性变形而失效。当零件工作时的受力低于材料屈服点或规定塑性延伸长应力时，不会产生过量塑性变形。材料屈服强度或规定塑性延伸应力越高，允许工作应力越高，选择零件截面尺寸及自身质量越小。故材料屈服强度或规定塑性延伸应力是评定材料优劣的重要指标，也是机械设计的主要依据。

（3）强化阶段（sb 段）。在屈服阶段后继续加载，塑性变形增大，试样变形抗力逐渐增大，此现象称为形变强化（也称加工硬化）。F_m 为试样承受的最大载荷。当达到 b 点时，材料能够承受的最大应力称为强度极限。材料在拉断前所能承受的最大应力称为抗拉强度，用符号 R_m 表示，按下列公式计算：

$$R_m = \frac{F_m}{S_0}$$

式中，R_m 为抗拉强度（MPa）；F_m 为试样承受的最大载荷（N）；S_0 为试样原始横截面面积（mm²）。

（4）缩颈阶段（bk 段）。经过 b 点后，试样直径发生局部迅速收缩，产生"颈缩"现象，且迅速伸长，试样变形所需载荷降低，此时伸长主要集中于缩颈部位，到达 k 点后断裂。

实际上，大多工程材料无明显屈服现象。塑性差的材料（如铸铁）没有屈服现象和"缩颈"现象。图 1.9 所示为铸铁的力 – 伸长曲线。

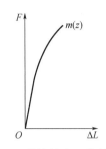

图 1.9　铸铁的力 – 伸长曲线

1.2.2 塑性

在外力作用下，材料产生永久变形而不致引起破坏的性能称为塑性。许多零件和毛坯都是通过塑性变形成形的，要求材料具有较高的塑性；并且为了防止零件工作时脆断，要求材料具有一定的塑性。塑性通常用伸长率和断面收缩率表示。

（1）伸长率。

$$A = \frac{L_u - L_0}{L_0} \times 100\%$$

式中，A 为伸长率（%）；L_0 为试样原始标距（mm）；L_u 为试样受拉伸断裂后的标距（mm）。

（2）断面收缩率。

$$Z = \frac{S_0 - S_u}{S_0} \times 100\%$$

式中，Z 为断面收缩率（%）；S_0 为试样原始横截面面积（mm²）；S_u 为试样受拉伸断裂后的横截面面积（mm²）。

伸长率或断面收缩率值越大，材料的塑性越好。两者相比，用断面收缩率表示塑性更接近材料的真实应变。因此，塑性好的材料可通过塑性变形加工成形状复杂的零件。例如，工业纯铁的伸长率为 50%，断面收缩率为 80%，可轧成薄板、拉成细丝等；铸铁作为典型脆性材料，其伸长率和断面收缩率都几乎为零，不能进行塑性变形。当塑性好的材料受力过大时，首先产生塑性变形，然后逐渐断裂，由此产生的时间差比较安全。在黑色金属中，低碳钢的塑性最好。

1.2.3 冲击韧性

以很大速度作用于机件上的载荷称为冲击载荷，许多机器零件和工具在工作过程中都会受到冲击载荷的作用，如蒸汽锤的锤杆、冲床的一些部件、柴油机的曲轴、飞机的起落架等。因为瞬时冲击的破坏作用远远大于静载荷的破坏作用，所以设计受冲击载荷件时，还要考虑抗冲击性能。冲击韧性是指材料抵抗冲击载荷作用而不破坏的能力，通常用一次摆锤冲击弯曲试验测定。

冲击试样必须为标准试样，通常根据《金属材料 夏比摆锤冲击试验方法》（GB/T 229—2020）的有关要求，选择 V 型缺口和 U 型缺口两种试样。一次冲击试验通常是在摆锤式冲击试验机上进行的。试验时，将带有缺口的试样放在试验机两支座上（图1.10），使试样缺口背对摆锤冲击方向。将具有一定重力 W 的摆锤举至一定高度 H_1，此时其势能为 WH_1。然后释放摆锤，使其冲击试样，试样断裂后，摆锤经过支承点顺势达到高度 H_2，摆锤冲断试样剩余的能量为 WH_2。冲断试样所需能量等于摆锤冲击试样消耗的能量，此能量称为冲击吸收能量，用 KU 表示。

$$KU = WH_1 - WH_2$$

式中，KU 是冲击吸收能量（J）；W 是摆锤重力（N）；H_1 是摆锤举起高度（m）；H_2 是冲断试样后摆锤回升的高度（m）。对一般常用钢材来说，所测冲击吸收功 KU 越大，材料的韧性越好。

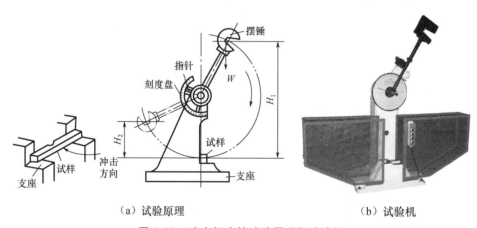

（a）试验原理　　　　　　　　　　　　（b）试验机

图 1.10　冲击韧度的试验原理和试验机

试验时，可以从试验机的刻度盘上直接读取冲击功。标准试样断口处单位横截面消耗的冲击功表示材料的冲击韧度。

$$\alpha_K = \frac{KU}{S}$$

式中，α_K 为冲击韧度（J/cm²）；KU 为冲断试样所消耗的冲击功（J）；S 为试样断口处的原始截面面积（cm²）。

α_K 值越大，材料的冲击韧度越好。冲击韧度是对材料一次冲击破坏测得的。在实际应用中，许多受冲击件往往是因受到较小冲击能量的多次冲击破坏的，受很多因素的影响。由于影响冲击韧度的因素较多，因此 α_K 值仅作设计时的选材参考。

1.2.4　硬度

材料抵抗硬物压入其表面的能力称为硬度。常用的硬度指标有布氏硬度、洛氏硬度、维氏硬度等。

（1）布氏硬度。图 1.11 所示为布氏硬度测试原理及布氏硬度计。布氏硬度测试原理如下：在试验力 F 的作用下，迫使淬火钢球或硬质合金球压向被测试金属的表面，保持一定时间后卸除试验力，并形成凹痕。

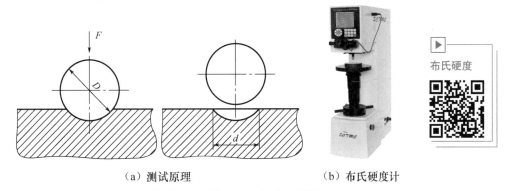

（a）测试原理　　　　　　　　（b）布氏硬度计

图 1.11　布氏硬度测试原理及布氏硬度计

布氏硬度值用球面压痕单位表面积上承受的平均压力表示，用符号 HBW 表示。硬度值计算式如下：

$$HBW = 0.102 \frac{2F}{\pi D(D - \sqrt{D^2 - d^2})}$$

式中，HBW 为用硬质合金球试验时的布氏硬度值；D 为球直径（mm）；d 为压痕平均直径（mm）；F 为试验力（N）。

从上式可看出，当 F 和 D 一定时，布氏硬度值与 d 有关。d 值越大，布氏硬度值越小，硬度越低；d 值越小，布氏硬度值越大，硬度越高。在实际应用中，可用专用刻度放大镜量出压痕平均直径 d，并根据 d 值，从专门的硬度表中查出相应的布氏硬度值。

布氏硬度的表示方法规定如下：符号 HBW（试验压头为硬质合金球）前面的数字为硬度值，后面按以下顺序用数字表示试验条件：球体直径 / 试验力 / 试验力保持时间（10 ～ 15s 不标注）。

示例：

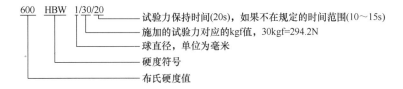

应根据被测材料种类、硬度值范围及材料厚度选择球直径 D、试验力 F 及试验力保持时间 t。采用不同材料的压头测试的布氏硬度值，使用不同的符号表示，当压头为淬火钢球时，硬度符号为 HBS，适用于硬度值低于 450 的金属材料；当压头为硬质合金球时，硬度符号为 HBW，适用于布氏硬度值为 $450 \sim 650$ 的金属材料。

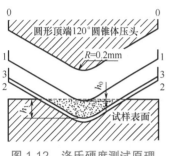

图 1.12　洛氏硬度测试原理

布氏硬度试验适用于测量退火钢、正火钢及常见的铸铁和有色金属等较软材料。布氏硬度试验的压痕面积较大，测试结果的重复性较好，但操作较烦琐。

（2）洛氏硬度。以规定的载荷，将坚硬的压头垂直压向被测金属来测定洛氏硬度，其原理如图 1.12 所示，由压痕深度计算洛氏硬度。实际测试时，直接从刻度盘上读值。不同材料的洛氏硬度测试，采用不同的压头与载荷组合成不同的洛氏硬度标尺。常用洛氏硬度标尺见表 1-2。

表 1-2　常用洛氏硬度标尺

洛氏硬度标尺	硬度符号单位	压头类型	初试验力 F_0/N	总试验力 F/N	标尺常数 S/mm	全量程常数 N	适用范围
A	HRA	金刚石圆锥	98.07	588.4	0.002	100	$20 \sim 95$
B	HRBW	$\phi 1.5875$mm 球	98.07	980.7	0.002	130	$10 \sim 100$
C	HRC	金刚石圆锥	98.07	1471	0.002	100	$20 \sim 70$
D	HRD	金刚石圆锥	98.07	980.7	0.002	100	$40 \sim 77$
E	HREW	$\phi 3.175$mm 球	98.07	980.7	0.002	130	$70 \sim 100$
F	HRFW	$\phi 1.5875$mm 球	98.07	588.4	0.002	130	$60 \sim 100$
G	HRGW	$\phi 1.5875$mm 球	98.07	1471	0.002	130	$30 \sim 94$
H	HRHW	$\phi 3.175$mm 球	98.07	588.4	0.002	130	$80 \sim 100$
K	HRKW	$\phi 3.175$mm 球	98.07	1471	0.002	130	$40 \sim 100$

将特定尺寸、形状和材料的压头按《金属材料 洛氏硬度试验 第 1 部分：试验方法》（GB/T 230.1—2018）的规定分两级试验力压入试样表面，即加载初试验力 F_0 后，测量初始压痕深度 h_0。随后施加主试验力 F_1，保持一定时间后卸除主试验力，在保持初始试验力 F_0 的条件下测量的残余压痕深度增量用于计算硬度，其计算公式如下：

$$HR = N - \frac{h}{S}$$

式中，HR 为洛氏硬度值；N 为常数，用金刚石圆锥体压头进行试验时 $N=100$，用钢球压头进行试验时 $N=130$；S 为标尺常数，$S=0.002$mm；h 为卸除主试验力后，最终压痕深度和初始压痕深度差值 $h=h_1-h_0$。当测表面洛氏硬度时，$S=0.001$mm，$N=100$。

不同的压头和总试验力可用来测定不同硬度材料的硬度，共组成 15 种洛氏硬度标尺，每种标尺都用一个字母在符号 HR 后面加注明。常用洛氏硬度标尺有 HRA、HRBW、HRC 三种，其中 HRC 应用较广泛。

示例：

洛氏硬度试验测试方便、操作简捷，能直接从刻度盘上读出硬度值；试验压痕较小，可测定成品件及薄件；测试硬度值范围大，采用不同标尺可测定不同硬度和不同厚度的材料。但其压痕较小、测试值的重复性差，当材料内部组织不均匀时，数据波动较大。因此，需多点测试，取平均值作为材料硬度。不同级别的硬度值间无可比性。

（3）维氏硬度。维氏硬度测试原理基本与布氏硬度测试原理相同，如图 1.13 所示，将相对面夹角为 136° 的正四棱锥金刚石压头以选定的试验力压入试样表面，经规定

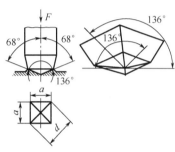

图 1.13　维氏硬度测试原理

保持时间后卸除试验力，测量压痕对角线的长度来计算维氏硬度。即用正四棱锥压痕单位表面积承受的平均压力求维氏硬度值，其计算式如下：

$$维氏硬度 = 0.102 \frac{2F \sin 68°}{d^2} \approx 0.1891 \frac{F}{d^2}$$

式中，F 为试验力（N）；d 为压痕两对角线长度的算术平均值（mm）。

可根据试件尺寸、厚度等条件选择维氏硬度试验所用的试验力，常用维氏硬度试验力见表 1-3。试验力保持时间为 10 ～ 15s，对于特殊材料试样，试验力保持时间可延长，直至试样不再发生塑性变形，但应在硬度试验结果中注明且误差小于 2s。在整个试验期间，硬度计应避免受到冲击和振动。在实际工作中，维氏硬度值与布氏硬度一样，不用计算，而是根据压痕对角线长度从表中直接查出。

表 1-3　常用维氏硬度试验力（GB/T 4340.1—2009）

试验力范围 /N	硬度 /HV	试验名称
$F \geqslant 49.03$	$\geqslant 5$	维氏硬度试验
$1.961 \leqslant F < 49.03$	0.2 ～ 5	小力值维氏硬度试验
$0.09807 \leqslant F < 1.961$	0.01 ～ 0.2	显微维氏硬度

维氏硬度用符号 HV 表示，HV 前面为硬度值，HV 后面数字按如下顺序排列。

维氏硬度试验的准确性高、重复性好，测定范围广，可以测定几乎全部金属材料；但测试过程较烦琐，压痕小，对试件表面质量要求高。

1.3 钢的热处理工艺

钢的热处理是将钢在固态下通过加热、保温、冷却方法，使钢的组织结构发生变化，从而获得所需性能的工艺方法。热处理工艺过程包括下列三个步骤。

（1）加热。以一定的加热速度把零件加热到规定的温度范围。这个温度范围可根据不同的金属材料、不同的热处理要求确定。

（2）保温。工件在规定温度下恒温保持一定时间，使零件内外温度均匀。

（3）冷却。保温后的零件以一定的冷却速度冷却。

1.3.1 退火与正火

1. 退火

退火是把钢加热到适当的温度，经过一段时间的保温后缓慢冷却（一般为随炉冷却），以获得接近平衡状态组织的热处理工艺。

退火可以降低钢的硬度，利于切削加工；细化钢中的粗大晶粒，改善组织和性能；增强钢的塑性和韧性；消除内应力，为淬火做好组织准备。

退火的种类很多，包括完全退火、球化退火、扩散退火、再结晶退火及去应力退火等。完全退火最常见，主要用于亚共析钢的铸件、锻件和焊件。它是将工件加热到 A_3 线以上 30～50℃并保温一段时间，使组织完全转变为均匀的奥氏体，然后缓慢冷却，获得铁素体和珠光体。完全退火可以细化铸件、锻件、焊件中的粗大晶粒；改善钢中的不均匀组织，降低钢的硬度，利于切削加工。完全退火也可以消除钢中的内应力。球化退火与完全退火的作用不同，这里不详述。另外，铸铁件也经常采用完全退火，主要为了消除应力、使组织均匀和降低硬度等。

2. 正火

正火是将钢加热到 A_3（亚共析钢）线、A_1（共析钢）线和 A_{cm}（过共析钢）线以上 30～50℃，保温适当时间后出炉，在空气中冷却的热处理工艺。

正火的作用与退火有许多相似之处，但正火冷却较快，所得到的组织较细，如共析钢正火后得到索氏体组织，即细密的珠光体组织。

正火后，钢的硬度和强度比退火略高，对低碳钢和中碳钢的切削加工性能有利，但消除内应力不如退火彻底。过共析钢中的渗碳体有时以网状分布在晶界上，影响钢的正常性能，采用正火可以消除网状渗碳体的网状分布。由于正火的冷却过程不占用设备，因而生产上经常用正火代替退火。

正火常用于普通零件（如螺钉、不重要的轴等）的最终热处理，以及较重要件的预先热处理。

退火和正火的加热温度范围及退火炉如图 1.14 所示。

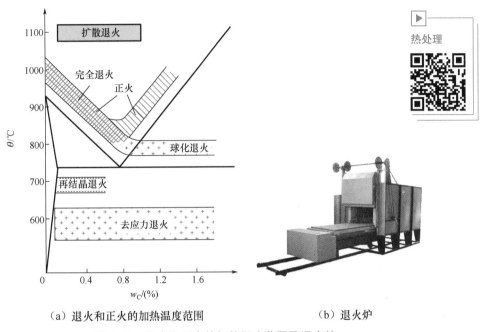

热处理

（a）退火和正火的加热温度范围　　（b）退火炉

图 1.14　退火和正火的加热温度范围及退火炉

1.3.2　淬火与回火

1. 淬火

淬火是将钢加热到 A_3（亚共析钢）线、A_1（共析钢和过共析钢）线以上 $30 \sim 50\,℃$ 并保温一段时间后，在水或油中快速冷却的热处理工艺。碳钢的淬火温度范围如图 1.15 所示。

由于马氏体强化是钢的主要强化手段，因此淬火的目的是获得马氏体，提高钢的力学性能。淬火是钢的重要热处理工艺，也是热处理中应用较广的工艺。

淬火的实质是奥氏体化后进行马氏体转变（或下贝氏体转变）。淬火钢得到的组织主要是马氏体（或下贝

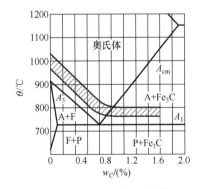

图 1.15　碳钢的淬火温度范围

氏体），还有少量残余奥氏体及未溶第二相。淬火可以提高材料的硬度、强度和使用寿命。很多工具、模具和重要件都需要通过淬火改善力学性能。

（1）淬火介质。由于不同成分的钢所要求的冷却速度不同，因此应使用不同的淬火介质调整钢件的淬火冷却速度。常用的淬火介质有水、油、盐溶液、碱溶液及其他合成淬火

介质。淬火冷却的基本要求如下：既要使工件淬硬，又要避免产生变形和开裂。因此，选用合适的淬火介质对钢的淬火效果十分重要。

（2）工件浸入淬火介质的操作方法。淬火时，应注意工件浸入淬火介质的方式。如果浸入方式不正确，就可能因工件各部分的冷却速度不一致而产生极大的内应力，使工件发生变形和裂纹或产生局部淬火硬度不足等缺陷。浸入方式的根本原则是保证工件均匀冷却，正确操作方法如图 1.16 所示。

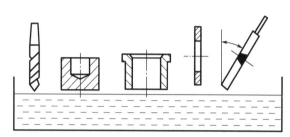

图 1.16　工件浸入淬火介质的正确操作方法

对于厚度不均匀的工件，应使厚的部分先浸入淬火介质；细长的工件（如钻头、轴等），应垂直浸入淬火介质；薄且平的工件（如圆盘、铣刀等），应竖直浸入淬火介质；薄壁环状零件浸入淬火介质时，它的轴线必须垂直于液面；有盲孔的工件，应将孔朝上浸入淬火介质；截面不均匀的工件（如十字型或 H 型工件），应斜着浸入淬火介质，以使工件各部分的冷却速度接近。

淬火时，要根据工件的尺寸和形状设计合适的夹具，以便操作；还要穿戴防护用品，如工作服、手套及防护眼镜等，以防止淬火介质飞溅伤人。

2. 回火

回火是将淬火后的钢加热到 A_1 线以下某温度并保温一定时间，然后冷却到室温的热处理工艺。一般不直接使用淬火钢，必须进行回火，因为淬火后的马氏体性能很脆，存在组织应力，容易产生变形和开裂。可利用回火降低脆性，消除或减小内应力。另外，淬火后的组织是淬火马氏体和少量残余奥氏体，它们都是不稳定的组织，会发生分解，导致零件尺寸变化。在随后的回火过程中，不稳定的淬火马氏体和残余奥氏体会转变为较稳定的铁素体和渗碳体或碳化物的两相混合物，从而保证零件在使用过程中形状和尺寸的稳定性。此外，适当的回火可满足零件不同的使用要求。

淬火钢经回火后的组织和性能取决于回火温度。按回火温度范围的不同，钢的回火分为低温回火、中温回火、高温回火。

（1）低温回火。低温回火温度为 150～250℃。淬火钢经低温回火后的淬火脆性降低，能够保持高硬度、高强度和良好的耐磨性，且适当提高了韧性。低温回火主要用来处理高碳钢工具、模具、滚动轴承及渗碳和表面淬火的零件。

（2）中温回火。中温回火温度为 350～500℃。淬火钢经中温回火，淬火内应力大大减小，脆性降低，弹性极限和屈服强度提高，但硬度有所降低。中温回火适合处理弹性零件、锻模等。

（3）高温回火。高温回火温度为 500～650℃。淬火钢经高温回火后的硬度为

25 ～ 35HRC，在保持较高强度的同时，具有较好的塑性和韧性，即综合力学性能较好。通常把淬火＋高温回火的热处理称为调质热处理。高温回火广泛用于处理重要的结构零件，如轴、齿轮、连杆等。

1.3.3 钢的表面热处理

钢的表面热处理主要是用以强化零件表面的热处理工艺。在机械制造业中，许多零件（如齿轮、凸轮、曲轴等）在动载荷及摩擦条件下工作，要求表面具有高硬度、耐磨性和疲劳强度，而心部具有足够的塑性和韧性；一些零件（如量规）仅要求表面硬度高和耐磨；还有些零件要求表面具有抗氧化性和耐蚀性等。上述情况仅从选材角度考虑，可以选择某些钢种并通过普通热处理来满足性能要求，但不经济。在生产中，广泛采用表面热处理。常用的表面热处理工艺可分为两类：一类是只改变表面组织而不改变表面化学成分的表面淬火；另一类是同时改变表面化学成分和表面组织的表面化学热处理。

1. 钢的表面淬火

很多承受弯曲、扭转、摩擦和冲击的机器零件（如轴、齿轮、凸轮等），要求其表面具有高的强度、硬度和耐磨性，不易产生疲劳破坏，而要求其心部有足够的塑性和韧性。采用表面淬火可使钢的表面得到强化，满足"表硬心韧"的性能要求。

表面淬火是通过快速加热，在零件表面很快奥氏体化且心部还没有达到临界温度时迅速冷却，使零件表面获得马氏体组织且心部仍保持塑性、韧性较好的原始组织的局部淬火方法。

表面淬火（图 1.17）是钢表面强化的方法之一，具有工艺简单、变形小、生产率高等优点，应用较多的是感应加热法和火焰加热法。

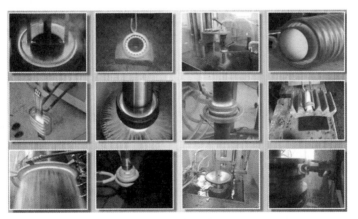

感应加热

图 1.17 表面淬火

2. 钢的表面化学热处理

表面化学热处理是将金属或合金置于一定温度的活性介质中保温，使一种或多种元素渗入表面，改变化学成分和组织，达到改进表面性能，满足技术要求的热处理工艺。钢的表面化学热处理分为渗碳、渗氮、碳氮共渗、渗硫、渗硼、渗金属（铝、铬等）等，其中渗碳、渗氮和碳氮共渗较常用。化学热处理过程包括渗剂的分解、工件表面对活性原子的

吸收、渗入表面的原子向内部扩散三个基本过程。

表面化学热处理后配合常规热处理，可使同一工件的表面与心部具有不同的组织和性能。

1.3.4 典型零件热处理工艺

如图 1.18 所示，零件名称为锤头，材料为 45 钢，数量为 1，热处理要求为 53 ~ 57HRC。

1）确定锤头的工艺流程

锤头的工艺流程如下：下料→锻造→粗铣→钳工→淬火→低温回火→检验。

2）分析工艺流程中热处理工序的作用

锤头工艺流程中的热处理工序是使锤头达到规定技术指标的最终工序。为使锤头表面硬度高且耐磨性好，采用淬火工艺。但淬火后锤头产生了内应力，脆性增强，因此需采用低温回火，以消除淬火带来的不利因素，增强零件的韧性，达到硬度要求。

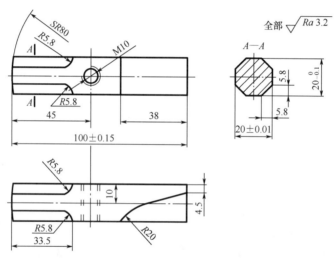

图 1.18　锤头

3）确定工艺参数

（1）加热温度。对于同一种钢，由于形状、尺寸、冷却方式不同，因此淬火加热温度不同。如果零件形状复杂、壁厚不均匀，为防止变形，淬火温度可低些。图 1.18 中的零件结构简单，断面均匀，因此变形倾向小，查有关淬火温度表时淬火温度可稍高些，如取 860℃±10℃。

（2）保温时间。因为工件在 800 ~ 900℃的箱式电阻炉中加热，所以可取保温系数 $K = 1\text{min/mm}$，根据保温时间公式得

$$T = KD = 1\text{min/mm} \times 20\text{mm} = 20\text{min}$$

（3）淬火冷却。为防止淬火产生裂纹，对于有效厚度较大或形状复杂的零件，可采用盐水 – 油双液淬火；而对于一般的碳钢零件，常用盐水或水单液淬火。以水为冷却介质，手持钳子夹持锤头入水，并在水中不断搅动，以保证硬度均匀。

（4）低温回火。根据硬度要求，确定回火温度为 210℃±10℃，保温 60min。对于没

有特殊要求的零件，温度较低，对回火冷却方式没有严格的要求；而对某些具有高温回火脆性的材料，回火时需要在油中快速冷却。

4）作出热处理工艺曲线

锤头的热处理工艺曲线如图 1.19 所示。

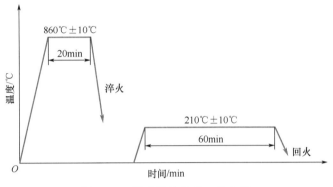

图 1.19　锤头的热处理工艺曲线

1.4　综合实训课题

1.4.1　金属材料力学性能的测试

1. 硬度

1）目的

（1）了解布氏硬度计、洛氏硬度计的构造及应用范围。

（2）熟悉布氏硬度计、洛氏硬度计的操作方法。

（3）根据不同金属零件的性能特点，正确选择测定硬度的方法。

2）设备及材料

（1）布氏硬度计。

（2）洛氏硬度计。

（3）布氏硬度材料：退火状态下的 20 钢、45 钢、T8 钢。

（4）洛氏硬度材料：退火状态下的 20 钢、45 钢、T8 钢；淬火状态下的 45 钢、T8 钢、T12 钢。

3）注意事项

（1）试样两端要平行，表面要平整。若有油污或氧化皮，则可用砂纸打磨，以免影响测试。

（2）圆柱形试样应放在带有 V 形槽的工作台上操作，以免试样滚动。

（3）加载时应细心操作，以免损坏压头。

（4）加预载荷（10kgf）时，若发现阻力太大，则应停止加载，立即报告，检查原因。

（5）测定硬度值，卸掉载荷后，必须使压头完全离开试样后再取下试样。

（6）金刚石压头属于贵重物品，质硬且脆，使用时要小心谨慎，严禁与试样或其他物体碰撞。

（7）应根据硬度计的使用范围，按规定合理地选用不同的载荷和压头，超过使用范围将不能获得准确的硬度值。

2. 冲击韧性

1）目的

（1）了解冲击试验机的构造及使用方法。

（2）了解金属材料在常温下冲击韧性的测定方法。

（3）比较 U 型缺口试样和 V 型缺口试样的冲击韧性。

2）设备及材料

（1）摆锤式冲击试验机。

（2）退火状态下的 20 钢、45 钢、T8 钢、T12 钢的夏比冲击试样（U 型缺口试样和 V 型缺口试样）。

3）注意事项

在演示过程中，应特别注意安全，防止摆锤和击断的试样飞出伤人。

1.4.2 铁碳合金平衡组织观察

1）目的

（1）观察和识别铁碳合金（碳钢和白口铸铁）在平衡状态下的显微组织。

（2）分析铁碳合金成分（碳的含量）、组织和性能之间的关系。

2）设备及材料

（1）金相显微镜。

（2）金相图谱。

（3）铁碳合金的显微样品。几种碳钢和白口铸铁的显微样品见表 1-4。

表 1-4　几种碳钢和白口铸铁的显微样品

编号	材料	热处理	组织名称及特征	侵蚀剂
1	工业纯铁	退火	铁素体（等轴晶粒）和微量三次渗碳体（薄片状）	4% 硝酸酒精溶液
2	20 钢	退火	铁素体（块状）和少量的珠光体	4% 硝酸酒精溶液
3	45 钢	退火	铁素体（块状）和相当数量的珠光体	4% 硝酸酒精溶液
4	T8 钢	退火	铁素体（宽条状）和渗碳体（细条状）相间交替排列	4% 硝酸酒精溶液
5	T12 钢	退火	珠光体（暗色基底）和细网络状二次渗碳体	4% 硝酸酒精溶液
6	T12 钢	退火	珠光体（浅色晶粒）和二次渗碳体（黑色网状）	苦味酸钠溶液

续表

编号	材料	热处理	组织名称及特征	侵蚀剂
7	亚共晶白口铸铁	铸态	珠光体（黑色枝晶状）、莱氏体（斑点状）和二次渗碳体（在枝晶周围）	4%硝酸酒精溶液
8	共晶白口铸铁	铸态	莱氏体，即珠光体（黑色细条及斑点状）和渗碳体（亮白色）	4%硝酸酒精溶液
9	过共晶白口铸铁	铸态	莱氏体（暗色斑点）和一次渗碳体（粗大条片状）	4%硝酸酒精溶液
10	待定铁碳合金	退火		4%硝酸酒精溶液

3）方法与步骤

（1）学生必须在金相显微镜下观察所有试样的组织。

（2）先将金相显微镜调到低倍，对某试样进行全面的观察，找出典型组织；再用确定的放大倍数，对找出的典型组织进行详细观察。

（3）画出所观察试样的显微组织示意图。

4）注意事项

（1）观察显微组织时，可先用显微镜低倍镜全面地观察，找出典型组织；再用显微镜高倍镜放大，详细地观察部分区域。

（2）移动金相试样时，不得用手指触摸试样表面或将试样重叠，以免使显微组织模糊不清，影响观察。

（3）画显微组织示意图时，应抓住组织形态的特点，画出典型区域的组织，注意不要将磨痕或杂质画在图上。

1.4.3 碳钢的热处理

1.碳钢的热处理工艺

1）目的

（1）了解钢的普通热处理（退火、正火、淬火及回火）工艺和操作过程。

（2）初步掌握碳钢热处理工艺中加热温度、保温时间、冷却方法的确定原则及其对性能的影响。

2）设备及材料

（1）箱式电阻炉及配套的控温仪表和装置。

（2）淬火水槽、油槽。

（3）洛氏硬度计、布氏硬度计。

（4）45钢、T12钢试样。

（5）粗砂纸、细砂纸。

3）方法与步骤

（1）准备 45 钢和 T12 钢试样。

（2）将试样分别放入 750℃、860℃、1000℃的箱式电阻炉内加热，试样达到炉内温度后，保温一定时间（按试样直径 1～1.5min/mm 计算），然后从箱式电阻炉内取出试样，并分别放入水、油和空气中进行冷却（炉冷试样可由指导教师预先处理好）。

（3）用砂纸将热处理后的试样表面磨平，并测定硬度。每个试样测定三点后取平均值。

（4）将经过正常淬火并测定过硬度的 45 钢、T12 钢试样，分别放入 200℃、400℃、600℃的箱式电阻炉内进行回火，回火时间为 20min，然后置于空气中冷却。

（5）用砂纸将试样两端面磨平，测定不同温度回火后的硬度。

4）注意事项

（1）箱式电阻炉必须接地，放、取试样前必须切断电源。

（2）向箱式电阻炉内放、取试样时，必须用夹钳，夹钳必须擦干，不得沾有油和水。开关炉门时要迅速。

（3）从箱式电阻炉内取出淬火试样时动作要迅速，以免影响淬火质量。

（4）将试样浸入淬火冷却介质后应不断搅动，否则试样表面会由于冷却不均匀而出现软点。

（5）淬火时水温应保持在 20～30℃，若水温过高，则应及时换水。

（6）要用砂纸打磨回火后的试样表面，去掉氧化皮后测定硬度。

2. 碳钢热处理后的显微组织观察

1）目的

（1）观察碳钢经不同热处理后的显微组织。

（2）熟悉碳钢的典型热处理组织（马氏体、屈氏体、索氏体、回火马氏体、回火托氏体、回火索氏体等）的形态及特征。

（3）了解热处理工艺对碳钢组织和性能的影响。

2）设备及材料

（1）金相显微镜。

（2）金相图谱或放大金相图片。

（3）经不同热处理后的 45 钢、T12 钢金相显微试样。

1.4.4 铸铁、合金钢及有色金属的显微组织观察

1）目的

（1）认识铸铁、典型合金钢及有色金属的显微组织特征。

（2）分析上述合金的成分、组织和性能之间的关系。

2）设备与材料

（1）金相显微镜。

（2）金相图谱或放大金相图片。

（3）合金的金相显微试样。

1.5　实训中常见问题解析

（1）在测量硬度过程中，为什么有时压痕过小或过大？

解答：可能载荷选择不正确。

（2）进行金相观察时，视野里看到的与金相图谱不一样怎么办？

解答：首先明确是哪种试样，分析这种试样的组织特征；然后用显微镜低倍镜进行全面的观察，找出典型组织；最后用显微镜高倍镜放大，详细观察部分区域。在这个过程中，注意排除试样上划痕或灰尘的干扰。

（3）工件经热处理后晶粒粗大，为什么会发生这种现象？可以用什么方法弥补？

解答：可能发生了过热。对工件进行热处理时，因加热温度过高或保温时间过长而使奥氏体晶粒显著长大的现象称为过热。一般可用正火消除过热。因加热温度接近开始熔化的温度而使晶界处产生熔化或氧化的现象称为过烧。过烧无法挽救，只能报废工件。

（4）有的工件经热处理后发生变形，有的甚至开裂，为什么会发生这种现象？应如何减小和防止变形与开裂？

解答：工件经热处理尺寸和形状发生的变化称为变形。变形是热处理较难解决的问题，一般将变形量控制在一定范围内。要避免开裂，因为工件开裂后只能报废。

对工件进行热处理时变形和开裂都是由内应力引起的。根据产生原因的不同，内应力可分为热应力和组织应力。热应力是因工件加热和冷却时内外温度不均匀而使工件各部分热胀冷缩不均匀引起的应力。组织应力是因零件各部位组织转变时间不一致而引起的应力。对每一个热处理工件来讲，热应力和组织应力同时存在。当应力超过此工件的屈服点时会产生变形，当应力超过工件的抗拉强度时会产生开裂。

为了减小和防止变形与开裂，应采取以下措施：正确选用钢材；合理设计结构；采用合理锻造与预先热处理；采用合理的热处理工艺；冷、热加工密切配合且操作方法正确；等等。

1.6　实训安全

（1）学生进入实训场地时要听从指导教师安排，穿好工作服，扎紧袖口，戴好工作帽；认真听讲，仔细观摩，严禁嬉戏打闹，保持场地干净整洁。

（2）操作前要熟悉热处理工艺规程和所用设备，在掌握相关设备和工具的正确使用方法后，方可进行操作。

（3）不得私自乱动场地内的电器开关、设备、仪表、工件等。

（4）操作时必须穿戴必要的防护用品，如工作服、防护眼镜等。

（5）在热处理过程中，加热件附近不得存放易燃、可燃物品；禁止用易燃、可燃物做临时支撑。

（6）使用箱式电阻炉加热时，工件进、出炉前应切断电源，以防触电。

（7）开、关炉门要快，炉门打开的时间不能过长，以免炉温下降和降低炉膛的耐火材料与硅碳棒（电阻丝）的寿命。

（8）向箱式电阻炉中放、取试样时必须使用夹钳，夹钳必须擦干，不得沾有油和水；并且放、取试样时不能碰到硅碳棒（电阻丝）和热电偶。严禁徒手触摸训练场地内的工件，以免烫伤。

（9）从箱式电阻炉中取出试样进行淬火时，动作要迅速，以免温度下降，影响淬火质量。试样浸入淬火介质后应不断搅动，否则试样表面会由于冷却不均匀而出现软点。淬火时水温应保持在 20～30℃，水温过高时应及时换水。

（10）热处理工件冷却时要遵守操作规程，不准乱扔乱放，以免人员被烫伤。

（11）使用显微镜时，手和样品要保持清洁，试样上不得有水和腐蚀剂残余。装卸显微镜附件时要轻拿轻放，严禁用手或其他物品触摸镜头，更不要用嘴吹镜头。使用完毕应关闭照明电源，盖好防尘罩。

（12）使用硬度计时，试样面必须光滑，不应有氧化皮和污物，以免损伤硬度计。必须按照试验方法规定的测量硬度范围进行试验，以免压头使用不当而损坏。若不能确定被测试样的硬度范围，则应先采用较小的试验力进行试验。硬度计使用完毕，应去除预载荷，取出试样，关闭电源。压头使用完毕，应用纱布擦拭干净，应给压头涂少许防锈油，以防锈蚀。硬度计应保持清洁，使用完毕盖好防尘罩。

（13）发生意外时要镇静，立即切断电源，保护现场，并向指导教师报告事故经过。

（14）实训结束，应做好仪器设备的复位工作，关闭电闸，把试样、工具等放到指定位置。清扫实验室，关好门窗，在实训指导教师允许后方可离开。

1.7 小 结

碳钢和铸铁是新型工业化实体经济制造工业中应用广泛的金属材料，本章分析了铁碳合金相图；介绍了金属的力学性能及测试方法；介绍了钢的热处理工艺，包括普通热处理（退火、正火、淬火和回火）和钢的表面热处理，热处理可以提高材料的性能；简述了综合实训课题、实训中常遇见的问题解析及实训安全；等等。

1.8 思考与练习

1. 思考题

（1）金属材料的力学性能指标有哪些？各自的符号和单位是什么？

（2）实训车间的车床床身、齿轮、轴、螺栓、手锯、锤子、游标卡尺分别是用什么材料制造的？

（3）退火、正火、淬火的冷却方式有什么不同？什么是回火？回火有哪几种？分别用于什么场合？

（4）试为锉刀、机床主轴、弹簧选择合适的热处理方法。

2. 实训题

（1）金属材料的硬度实验，测定 20 钢、45 钢、T12 钢的硬度。

（2）常用碳钢（20 钢、45 钢、T12 钢）的平衡组织观察。

（3）45 钢经不同热处理（退火、正火、淬火、低温回火、调质热处理）后的组织观察。

第2章 铸 造

教学提示：铸造是现代工业体系中机械制造中毛坯成形的主要工艺。在机械制造业中，铸造零件的应用十分广泛。在一般机械设备中，铸件质量往往占机械总质量的 70% ~ 80% 甚至更高。学习本章前，学生应预习工程材料及成形工艺基础中的相关理论，结合本章内容，注重理论联系实际。

教学要求：通过本章学习，学生可对铸造工艺基础有初步了解；重点掌握砂型铸造的造型方法及铸造工艺设计；理解铸件缺陷的产生及预防方法；了解特种铸造及铸件结构设计。

将液态合金浇注、压射或吸入与零件的形态、尺寸适应的铸型空腔，凝固后获得一定形状与性能的铸件的成形方法称为铸造。铸件可直接或经过切削加工后成为零件。铸造能够制成形状复杂的零件，而且铸件的尺寸几乎不受限制。因为常用的铸造原材料来源广泛、价格低廉，所以铸件的成本较低，铸造在机械制造业中应用极其广泛。

2.1 砂型铸造

砂型铸造

将金属液浇入用型砂紧实的铸型，待凝固冷却后破坏铸型，取出铸件的铸造方法称为砂型铸造。砂型铸造适用于各种形状、尺寸及各种常用合金铸件的生产。砂型铸造的工艺流程如图 2.1 所示。

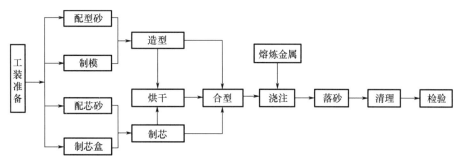

图 2.1　砂型铸造的工艺流程

2.1.1　造型材料

制造铸型的材料称为造型材料。它通常由原砂、黏结剂、水及其他附加物（如煤粉、木屑、重油等）按一定比例混制而成。根据黏结剂的种类不同，造型材料可分为黏土砂、树脂砂、水玻璃砂等。

1. 黏土砂

以黏土为黏结剂的型（芯）砂称为黏土砂。常用的黏土有膨润土和高岭土。此外，为防止铸件黏砂，还需在型砂中添加一定数量的其他附加物。根据浇注时铸型的干燥情况，铸造可分为湿型铸造、表干型铸造及干型铸造三种。湿型铸造具有生产效率高、铸件不易变形，适合中、小型铸铁件大批量流水作业等优点。表干型铸造和干型铸造适合大型复杂铸铁件生产。

2. 树脂砂

以合成树脂为黏结剂的型（芯）砂称为树脂砂。常用的树脂黏结剂有酚醛树脂、尿醛树脂和糠醇树脂三类。采用树脂砂制芯（型）主要有四种方法：壳芯法、热芯盒法、冷芯盒法和温芯盒法。树脂砂只适用于制作形状复杂的砂芯及大铸件造型。

3. 水玻璃砂

以水玻璃为黏结剂的型（芯）砂称为水玻璃砂，它是化学硬化砂。水玻璃砂具有型砂要求的强度高、透气性好、流动性好；易紧实，铸件缺陷少，内在质量高；造型（芯）周期短，耐火度高等特点，适合生产大型铸铁件及所有铸钢件。在国内二氧化碳硬化水玻璃砂用得最多。

2.1.2　造型方法

造型是指用型砂及模样等工艺装备制造铸型的过程，通常分为手工造型和机器造型两大类。

1. 手工造型

手工造型是全部用手工或手动工具完成的造型工序。其特点是操作方便灵活、适应性强、模样生产准备时间短；但生产率低、劳动强度大，只适用于单件或小批量生产。

常用手工造型方法的主要特点及适用范围见表 2-1。

表 2-1　常用手工造型方法的主要特点及适用范围

造型方法			主要特点	适用范围
按砂箱特征分	两箱造型		铸型由上型和下型组成,造型、起模、修型等操作方便。它是基本的造型方法	适用于各种生产批量,以及各种大、中、小型铸件
	三箱造型		铸型由上型、中型、下型三部分组成,中型的高度须与铸件两个分型面的间距相适应。三箱造型费工,应尽量避免使用	主要用于单件、小批量生产具有两个分型面的铸件
按模样特征分	整模造型		模样是整体的,铸件的分型面是平面,在多数情况下,型腔全部在下型内,上型无型腔。其造型简单,铸件不会产生错型缺陷	适用于一端为最大截面且为平面的铸件
	挖砂造型		模样是整体的,但铸件的分型面是曲面。为了起模方便,造型时手工挖去阻碍起模的型砂。每造一件就挖砂一次,生产率低	适用于单件或小批量生产分型面不是平面的铸件
	假箱造型		为了克服挖砂造型的缺点,先将模样放在一个预先做好的假箱上,再在假箱上造下型,假箱不参与浇注,省去挖砂操作。其操作简便,分型面整齐	适用于成批生产分型面不是平面的铸件
	分模造型		将模样沿最大截面处分为两半,型腔分别位于上型和下型内。其造型简单,节省工时	常用于最大截面在中部的铸件
	活块造型		铸件上有妨碍起模的小凸台、肋条等。制模时将此部分作成活块,起出主体模样后,从侧面取出活块。其造型费工,要求操作者的技术水平较高	主要用于单件、小批量生产带有凸出部分、难以起模的铸件
	刮板造型		用刮板代替模样造型,可大大降低模样成本,节约木材,缩短生产周期;但生产率低,要求操作者的技术水平较高	主要用于有等截面或回转体的大、中型铸件的单件或小批量生产

整模造型

挖沙造型

分模造型

活块造型

砂型实例

2.机器造型

机器造型是指用机器全部完成或至少完成紧砂操作的造型工序。与手工造型相比，机器造型能够显著提高劳动生产率以及铸件的尺寸精度、表面质量，减小加工余量，改善劳动条件，但设备及工艺装备费用高。机器造型是大批量生产砂型的主要方法。

（1）机器造型紧实砂型的方法。机器造型紧实砂型的方法很多，常用的有振压紧实法和压实紧实法等。

振压紧实法如图 2.2 所示，将砂箱放在带有模样的模板上，填满型砂后，靠压缩空气的动力使砂箱与模板一起振动而紧砂，再用压头压实型砂。

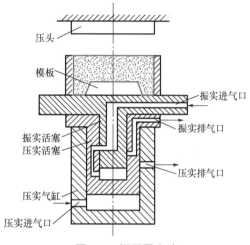

图 2.2　振压紧实法

压实紧实法的原理是直接在压力作用下使型砂紧实。如图 2.3 所示，固定在横梁上的压头将辅助框内的型砂从上面压入砂箱而紧实。

（2）起模方法。为了实现机械起模，机器造型使用的模样与底板连成一体，称为模板。模板上有定位销与砂箱精确定位。图 2.4 所示为顶箱起模示意图。起模时，四个顶杆在起模液压缸的驱动下，一起将砂箱顶起一定高度，从而使固定在模板上的模样与砂型脱离。

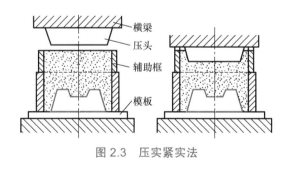

图 2.3　压实紧实法

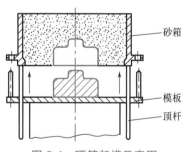

图 2.4　顶箱起模示意图

2.1.3　铸造工艺设计

铸造工艺包括：铸件浇注位置的选择、分型面的选择、铸造工艺参数的确定等。铸造工艺图是在零件图上绘制制造模样和铸型所需的技术资料，并表达铸造工艺方案的图形。

1. 铸件浇注位置的选择

铸件浇注位置是指浇注时铸件在铸型内的空间位置。浇注位置关系到铸件的内在质量和尺寸精度。选择浇注位置时，应遵循以下几个原则。

（1）铸件的重要加工面应处于型腔底面或侧面。浇注时，气体、夹杂物易漂浮在金属液上面，下面金属质量纯净、组织致密。图2.5所示为车床床身铸件的浇注位置，重要的导轨面、加工面朝下可以保证质量。

（2）铸件的大平面应朝下。防止金属液对型腔上表面有强烈的热辐射，使铸型拱起开裂而形成夹砂缺陷。如图2.6所示，铸件的大平面朝下。

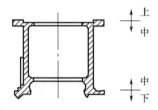

图2.5 车床床身铸件的浇注位置

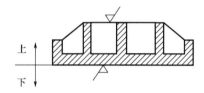

图2.6 具有大平面的铸件的正确浇注位置

（3）面积较大的薄壁部分应置于铸型下部或处于垂直或倾斜位置，利于金属充填，防止铸件产生浇不足、冷隔等缺陷。图2.7所示为箱盖的合理浇注位置。

（4）对于容易产生缩孔的铸件，应将厚大部分放在分型面附近的上部或侧面，以便直接在铸件厚壁处安置冒口，实现自下而上的定向凝固。

2. 分型面的选择

分型面是指铸件组元间的接合面。选择分型面时，应遵循以下原则。

（1）分型面应尽量选在铸件的最大截面处，以便起模。铸件按图2.8（a）所示确定分型面不便于起模，改为图2.8（b）所示的最大截面处便于起模。

图2.7 箱盖的合理浇注位置

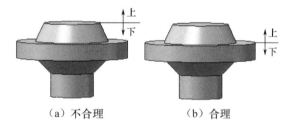

（a）不合理　　　　　（b）合理

图2.8 分型面应选在最大截面处

（2）应尽量使铸型只有一个分型面，以便采用工艺简单的两箱造型。分型面越多，造型越困难，误差越大，精度越低。绳轮铸件采用图2.9（a）所示方案，铸型需有两个分型面以取出模样，要采用三箱造型；采用图2.9（b）所示方案，铸型只有一个分型面，采用两箱造型即可。

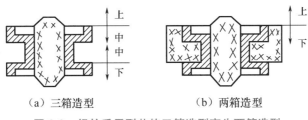

（a）三箱造型　　　　　　（b）两箱造型

图 2.9　绳轮采用型芯使三箱造型变为两箱造型

（3）尽量使铸件全部或大部分置于同一砂箱内，并使铸件的重要加工面、工作面、加工基准面及主要型芯位于下型，以便于型芯的安放和检验，降低上型箱的高度，便于合箱，防止错箱，保证铸件的尺寸精度。图 2.10 所示为管子堵头的分型面选择。

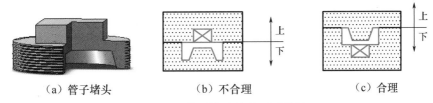

（a）管子堵头　　　　　（b）不合理　　　　　（c）合理

图 2.10　管子堵头的分型面选择

（4）尽量避免铸件的非加工面上有披缝，如图 2.11 所示。

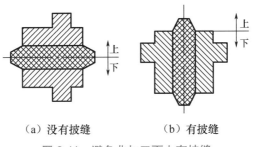

（a）没有披缝　　　　　　（b）有披缝

图 2.11　避免非加工面上有披缝

确定浇注位置和分型面时，一般应先保证铸件质量选择浇注位置，再通过简化造型工艺确定分型面。在生产中，如浇注位置和分型面的确定相互矛盾，则必须综合分析各种方案的利弊，选择最佳方案。

3. 铸造工艺参数的确定

铸造工艺参数是指设计铸造工艺时，需要确定的工艺数据，若选择不当则会影响铸件的精度、生产率和成本。常见的铸造工艺参数如下。

（1）收缩率。将铸件自高温冷却至室温时，尺寸缩小值与铸件名义尺寸的百分比——铸造收缩率 K 的表达式如下：

$$K = \frac{L_{模} - L_{件}}{L_{件}} \times 100\%$$

通常，灰铸铁的 $K=0.7\% \sim 1.0\%$，铸造碳钢的 $K=1.3\% \sim 2.0\%$，铸造锡青铜的 $K=1.2\% \sim 1.4\%$。

（2）机械加工余量。在铸件的加工面上为切削加工而增大的尺寸称为机械加工余量。灰铸铁的机械加工余量见表 2-2。

表 2-2　灰铸铁的机械加工余量　（单位：mm）

铸件最大尺寸	浇注位置	加工面与基准面的距离					
		<50	50～120	>120～260	>260～500	>500～800	>800～1250
<120	顶面、底面、侧面	3.5～4.5 2.5～3.5	4.0～4.5 3.0～3.5				
120～260	顶面、底面、侧面	4.0～5.0 3.0～4.0	4.5～5.0 3.5～4.0	5.0～5.5 4.0～4.5			
260～500	顶面、底面、侧面	4.5～6.0 3.5～4.5	5.0～6.0 4.0～4.5	6.0～7.0 4.5～5.0	6.5～7.0 5.0～6.0		
500～800	顶面、底面、侧面	5.0～7.0 4.0～5.0	6.0～7.0 4.5～5.0	6.5～7.0 4.5～5.5	7.0～8.0 5.0～6.0	7.5～9.0 6.5～7.0	
800～1250	顶面、底面、侧面	6.0～7.0 4.0～5.5	6.5～7.5 5.0～5.5	7.0～8.0 5.0～6.0	7.5～8.0 5.5～6.0	8.0～9.0 5.5～7.0	8.5～10 6.5～7.5

（3）最小铸出孔。一般应当铸出铸件较大的孔、槽，较小的孔用机械加工较经济。铸件毛坯的最小铸出孔见表 2-3。对于零件图上不要求加工的孔、槽及弯曲孔等，一般均应铸出。

表 2-3　铸件毛坯的最小铸出孔　（单位：mm）

生产批量	最小铸出孔的直径	
	灰铸铁件	铸钢件
大量生产	12～15	
成批生产	15～30	30～50
单件、小批量生产	30～50	50

（4）起模斜度。平行于起模方向的模样壁的斜度称为起模斜度，如图 2.12 所示。应根据模样高度及造型方法确定起模斜度。模样越高，斜度取值越小；内壁斜度比外壁斜度大；手工造型比机器造型的斜度大。

（5）铸造圆角。铸件上相邻两壁的交角应设计成圆角，防止在尖角处产生冲砂及裂纹等缺陷。圆角半径一般为相交两壁平均厚度的 1/3～1/2。

（6）型芯头。为保证型芯在铸型中的定位、固定和排气，在模样和型芯上都要设计型芯头。型芯头可分为垂直芯头和水平芯头两大类，如图 2.13 所示。

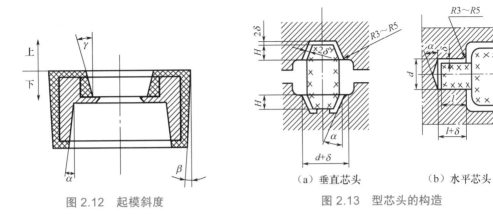

图 2.12　起模斜度　　　　　　　　　　　（a）垂直芯头　　　　　（b）水平芯头

图 2.13　型芯头的构造

4. 铸造工艺图的绘制

铸造工艺图是在零件图中用工艺符号、文字和颜色表示铸造工艺方案的图形。铸造工艺图中包括：铸件的浇注位置；铸型分型面；型芯的数量、形状、固定方法及下芯顺序；机械加工余量；起模斜度；收缩率；浇注系统；冒口；冷铁的尺寸和布置；等等。铸造工艺图是指导模样（芯盒）设计及制造、生产准备、铸型制造和铸件检验的基本工艺文件。依据铸造工艺图，结合所选造型方法，便可绘制模样（芯盒）图及铸型装配图（砂型合箱图）。图 2.14 所示为支座的零件图、铸造工艺图和模样图、合箱图。

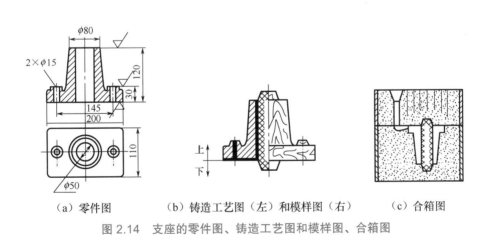

（a）零件图　　　　　　（b）铸造工艺图（左）和模样图（右）　　　　　（c）合箱图

图 2.14　支座的零件图、铸造工艺图和模样图、合箱图

5. 铸造工艺设计的一般程序

铸造工艺设计主要是指画铸造工艺图、铸件图、铸型装配图和编写铸造工艺卡片等。它是生产的指导性文件，也是生产准备、管理和铸件验收的依据。铸造工艺设计的质量对铸件的质量、生产率及成本有决定性作用。铸造工艺设计的内容和设计程序见表 2-4。

表 2-4　铸造工艺设计的内容和设计程序

项目	内容	用途及应用范围	设计程序
铸造工艺图	在零件图上用规定的红色、蓝色等符号表示浇注位置和分型面，机械加工余量，收缩率，起模斜度，反变形量，浇口、冒口系统，冷铁，铸肋，砂芯形状、数量及芯头尺寸，等等	制造模样、模板、芯盒等工装以及进行生产准备和验收的依据。适用于各种批量的生产	① 分析产品零件的技术条件和结构工艺性 ② 选择铸造方法及造型方法 ③ 确定浇注位置和分型面 ④ 确定铸造工艺参数 ⑤ 设计浇口、冒口、冷铁和铸肋 ⑥ 型芯设计
铸件图	把铸造工艺设计后改变零件形状、尺寸的地方都反映在铸件图上	铸件验收和机加工夹具设计的依据。适用于成批、大量生产或重要铸件的生产	⑦ 在完成铸造工艺图的基础上，画出铸件图
铸型装配图	表示浇注位置，型芯数量、固定和下芯顺序，浇口、冒口和冷铁布置，砂箱结构和尺寸，等等	生产准备、合箱、检验、工艺调整的依据。适用于成批、大量生产的重要件，单件的重型铸件	⑧ 通常在完成砂箱设计后画出
铸造工艺卡片	说明造型、造芯、浇注、打箱、清理等工艺操作过程及要求	生产管理的重要依据。根据批量填写必要条件	⑨ 综合整个设计内容

2.2　特 种 铸 造

　　除普通砂型铸造外的铸造方法统称特种铸造。它具有铸件精度和表面质量高、铸件内在性能好、原材料消耗量低、工作环境好等优点。

2.2.1　熔模铸造

蜡模

　　熔模铸造又称失蜡铸造。

　　1. 熔模铸造的工艺过程

　　（1）压型制造。压型［图 2.15（b）］是用来制造蜡模的专用模具，它是用根据铸件的形状和尺寸制作的母模［图 2.15（a）］制造的。当铸件精度要求高或大批量生产时，压型一般用钢、铜合金或铝合金经切削加工而成；当铸件精度要求不高或小批量生产时，可采用易熔合金（锡、铅等组成的合金）、塑料或石膏直接在母模上浇注而成。

（2）制造蜡模。蜡模材料常用 50% 石蜡和 50% 硬脂酸配制而成。将蜡模材料加热至糊状并在一定的压力下压入型腔，冷却后，从压型中取出蜡模［图 2.15（c）］。为提高生产率，常把数个蜡模熔焊在蜡棒上，形成蜡模组［图 2.15（d）］。

（3）制造型壳。在蜡模组表面浸挂一层由水玻璃和石英粉配制而成的涂料，然后在上面撒一层较细的硅砂，并放入固化剂（如氯化铵水溶液等）中硬化，使蜡模组外面形成由多层耐火材料组成的坚硬型壳（一般为 4～10 层，总厚度为 5～7mm）［图 2.15（e）］。

（4）熔化蜡模（脱蜡）。通常将带有蜡模组的型壳放在 80～90℃ 的水中，使蜡料熔化后从浇注系统中流出，形成脱蜡后的型壳［图 2.15（f）］。

（5）型壳的焙烧。把脱蜡后的型壳放入加热炉加热到 800～950℃，保温 0.5～2h，烧去型壳内的残蜡和水分，洁净型腔。为使型壳强度提高并防止型壳变形，可将其置于砂箱中，周围用粗砂充填，即造型，然后进行焙烧［图 2.15（g）］。

（6）浇注。从焙烧炉中取出型壳，在其周围堆放干砂，加固型壳，然后趁热（600～700℃）浇入合金液，并凝固冷却［图 2.15（h）］。

（7）脱壳和清理。用人工或机械方法去掉型壳、切除浇口和冒口，清理后即得铸件。

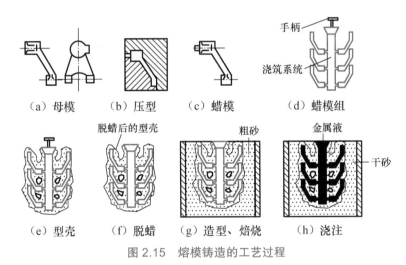

图 2.15　熔模铸造的工艺过程

2. 熔模铸造的特点和应用

熔模铸造的特点如下。

（1）由于铸型精密、没有分型面、型腔表面极其光洁，因此铸件精度高、表面质量好。熔模铸造是少、无切削加工的重要方法。例如熔模铸造的涡轮发动机叶片，铸件精度已达到无机械加工余量的要求。

（2）可制造形状复杂的铸件，其最小壁厚为 0.3mm，最小铸出孔径为 0.5mm。可用熔模铸造一次铸出由多个零件组成的复杂部件。

（3）铸造合金种类不受限制，用于高熔点和难切削合金（如高合金钢、耐热合金等）

成形时具有显著的优越性。

（4）生产批量基本不受限制，既可成批、大量生产，又可单件、小批量生产。

（5）工序复杂，生产周期长，原材料、辅助材料费用比砂型铸造高，生产成本较高，铸件不宜太大、太长，一般质量小于25kg。

熔模铸造的应用：生产汽轮机及燃气轮机的叶片、泵的叶轮、切削刀具，以及飞机、汽车、拖拉机、风动工具和机床上的小型零件。

2.2.2 消失模铸造

消失模

消失模制模

消失模浇注

消失模铸造又称实型铸造，是泡沫塑料模型采用无黏结剂干砂结合抽真空技术的实型铸造。它是将与铸件尺寸形状相似的泡沫模型黏结成模型簇，刷涂耐火涂料并烘干后，埋在干石英砂中振动造型，在负压下浇注，使模型气化，金属液占据模型位置，冷却凝固后形成铸件的铸造方法。

消失模铸造的工艺过程如下：先按工艺要求制成泡沫塑料模型，涂挂特制耐高温涂料，干燥后置于特制砂箱中，再按工艺要求填入干砂，振动紧实，在抽真空状态下浇注金属液，此时模型气化消失，金属液置换模型，复制出与泡沫塑料模型相同的铸件。

消失模铸造与传统铸造相比，具有如下显著优点。

（1）消失模铸造不需要分型和下型芯，特别适用于几何形状复杂、传统铸造难以完成的箱体类铸件、壳体类铸件、筒管类铸件。

（2）消失模铸造用干砂埋模型，干砂可反复使用，工业垃圾少，成本较低。

（3）消失模铸造没有飞边、毛刺等缺陷，清理工时减少。

（4）消失模铸造不仅适用于批量大的铸件进行机械化操作，还适用于批量小的产品手工拼接模型。

（5）消失模铸造不仅适用于中、小型铸件，还适用于大型铸件，如机床床身、大口径管件、大型冷冲模件、大型矿山设备配件等，其模型制造周期和生产周期短、成本低。

2.2.3 金属型铸造

金属型铸造是将金属液在重力作用下浇入金属铸型，以获得铸件的方法。因为其铸型可以反复使用几百次到几千次，所以又称永久型铸造。

1. 金属型的结构与材料

根据分型面位置的不同，金属型可分为垂直分型式金属型（图2.16）、水平分型式金属型和复合分型式金属型三种。其中垂直分型式金属型开设浇注系统，取出铸件比较方便，易实现机械化，应用较广。图2.17所示为铝合金活塞垂直分型式金属型。

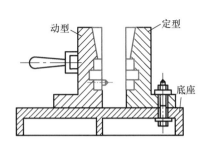

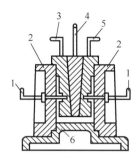

1—销孔金属型芯；2—半型；

3、4、5—分块金属型芯；6—底型。

图 2.16　垂直分型式金属型　　　　图 2.17　铝合金活塞垂直分型式金属型

金属型材料熔点一般应高于浇注合金的熔点。如浇注锡、锌、镁等低熔点合金，可用灰铸铁金属型；浇注铝、铜等合金，可用合金铸铁或钢制金属型。金属型的型芯有砂芯和金属芯两种，有色金属铸件常用金属芯。

2. 金属型的铸造工艺措施

由于金属型导热快，不具有退让性和透气性，直接浇注易产生浇不到、冷隔等缺陷及内应力和变形，且铸件易产生白口组织，因此，为了确保获得优质铸件和延长金属型的使用寿命，必须采取下列工艺措施。

（1）预热金属型，降低铸型冷却速度。

（2）表面喷刷防黏砂耐火涂料，以降低铸件冷却速度，防止金属液直接冲刷铸型。

（3）控制开型时间。浇注时，正确选择浇注温度和浇注速度。浇注后，待铸件冷却凝固后，及时从铸型取出，防止铸件开裂。通常铸铁件的开型温度为 780 ～ 950℃，开型时间为 10 ～ 60s。

3. 金属型铸造的特点及应用

金属型铸造的特点如下。

（1）尺寸精度高，尺寸公差等级为 IT12 ～ IT14，表面质量好，表面粗糙度 Ra=6.3 ～ 12.5μm，机械加工余量小。

（2）铸件的晶粒较细、力学性能好。

（3）可实现一型多铸，提高了劳动生产率，节省了造型材料。

（4）金属型的制造成本高，不宜生产大型、形状复杂、薄壁铸件；由于冷却快，因此铸件表面易产生白口组织，切削加工困难；受金属型材料熔点的限制，熔点高的合金不适宜用金属型铸造。

金属型铸造的应用：铜合金、铝合金等铸件（如活塞、连杆、气缸盖等）的大批量生产；铸铁件（如电熨斗底板等）的金属型铸造也有所发展，但其尺寸限制在 300mm 以内，质量不超过 8kg。

2.2.4　压力铸造

压力铸造（简称压铸）是在高压作用下，使液态或半液态金属以较高的速度充填金属

型腔，并在压力下成形和凝固而获得铸件的方法。

1. 压铸机和压力铸造工艺过程

压力铸造是在压铸机上完成的。压铸机根据压室工作条件的不同，分为热压室压铸机和冷压室压铸机两类。热压室压铸机的压室与坩埚连成一体，而冷压室压铸机的压室与坩埚分开。冷压室压铸机又可分为立式冷压室压铸机和卧式冷压室压铸机两种，其中卧式冷压室压铸机应用较多。压力铸造的工作原理如图 2.18 所示，将定量金属液浇入压室，柱塞向前推进，金属液经浇道压入压铸模型腔，经冷凝后开型，由推杆将铸件推出，完成压铸过程。冷压室压铸机可用于压铸熔点较高的非铁金属，如铜、铝和镁合金等。压力铸造铸型称为压型，分为定型和动型。

压力铸造

压力铸造

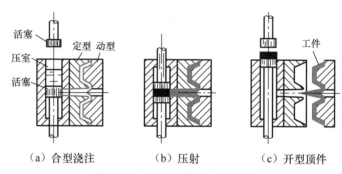

（a）合型浇注　　　（b）压射　　　（c）开型顶件

图 2.18　压力铸造的工作原理

2. 压力铸造的优缺点及应用

压力铸造具有如下优点。

（1）压铸件尺寸精度高，表面质量好，尺寸公差等级为 IT10 ～ IT12，表面粗糙度 Ra=0.8 ～ 3.2μm，可不经机械加工直接使用，而且互换性好。

（2）可以压铸壁薄、形状复杂及具有直径很小的孔和螺纹的铸件，如锌合金的压铸件最小壁厚为 0.8mm、最小铸出孔径为 0.8mm、最小可铸螺距为 0.75mm，还能压铸镶嵌件。

（3）压铸件的强度和表面硬度较高。在压力下结晶且冷却快，故压铸件表层晶粒细密，其抗拉强度比砂型铸件高 25% ～ 40%，但延伸率有所下降。

（4）生产率高，可实现半自动化生产及自动化生产。

压力铸造的缺点：气体难以排出；压铸件易产生皮下气孔；不能对压铸件进行热处理，也不宜在高温下工作；金属液凝固快，厚壁处来不及补缩，易产生缩孔和缩松；设备投资大，铸型制造周期长、造价高，不宜小批量生产。

压力铸造的应用：生产锌合金、铝合金、镁合金和铜合金等铸件；适用于汽车、拖拉机制造业，仪表和电子仪器工业，农业机械、国防工业、计算机、医疗器械等制造业。

2.2.5　离心铸造

离心铸造是指将熔融金属浇入旋转的铸型，使金属液在离心力的作用下充填铸型并凝固成形的铸造方法。

1. 离心铸造的类型

离心铸造的铸型采用金属型或砂型。离心铸造通常可分为卧式离心铸造和立式离心铸造两大类。铸型绕水平轴旋转的称为卧式离心铸造［图2.19（a）］，适合浇注长径比较大的管件；铸型绕垂直轴旋转的称为立式离心铸造［图2.19（b）］，适合浇注盘类铸件、环类铸件。

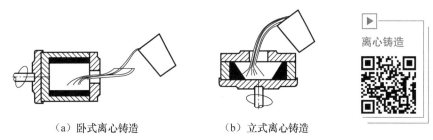

（a）卧式离心铸造　　　　　　　（b）立式离心铸造　　　　　　离心铸造

图2.19　离心铸造的类型

2. 离心铸造的特点及应用

离心铸造的特点如下。

（1）金属液能在铸型中形成中空的自由表面，不用型芯即可铸造中空铸件，简化了套筒类铸件、管类铸件的生产过程。

（2）可提高金属充填铸型的能力，一些流动性较差的合金和薄壁铸件都可以用离心铸造生产。

（3）受离心力的作用，气体和非金属夹杂物易从金属液中排出，产生缩孔、缩松、气孔和夹杂等缺陷的概率较小。

（4）无浇注系统和冒口，节约金属。

（5）可进行双金属铸造，如钢套内镶铜轴承等。

（6）铸件内表面质量较差，内孔的尺寸不精确，需采用较大的机械加工余量；铸件易产生成分偏析和密度偏析。

离心铸造的应用：主要用于大批量生产的铸铁和铜合金的管类铸件、套类铸件、环类铸件和小型成形铸件，如铸铁管、气缸套、铜套、双金属轴承、特殊钢的无缝管坯、造纸机滚筒等。

2.3　铸件结构设计

2.3.1　铸造工艺对铸件结构的要求

铸件结构设计应尽量使制模、造型、制芯、合型和清理等工序简化，提高生产效率。铸件结构设计应遵循以下原则。

1. 铸件外形力求简单、造型方便

（1）避免外部侧凹。若铸件在起模方向有侧凹，则增加分型面，使砂箱和造型工时增

加，也使铸件容易产生错型，影响铸件的外形和尺寸精度。如图 2.20（a）所示的端盖，上、下法兰使铸件产生侧凹，铸件具有两个分型面，必须采用三箱造型或增加环状外型芯，造型工艺复杂。改为图 2.20（b）所示结构，取消了上法兰，铸件只有一个分型面，可采用两箱造型，造型效率显著提高。

（a）不合理　　　　　　　　（b）合理

图 2.20　端盖的设计

（2）凸台、肋板的设计。设计铸件侧壁上的凸台、肋板时，考虑到起模方便，尽量避免使用活块和型芯。图 2.21（a）和图 2.21（c）所示凸台均妨碍起模，应将相近的凸台连成一片，并延长到分型面，如图 2.21（b）和图 2.21（d）所示，不需要活块和型芯，便于起模。

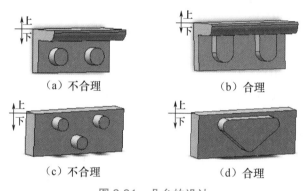

（a）不合理　　　　　　　　（b）合理

（c）不合理　　　　　　　　（d）合理

图 2.21　凸台的设计

2. 合理设计铸件内腔

铸件内腔通常由型芯形成，型芯被高温金属液包围，工作条件恶劣，极易产生铸造缺陷。

（1）尽量避免或减少型芯。图 2.22（a）所示悬臂支架采用方形中空截面，为形成内腔，必须采用悬臂型芯，型芯的固定、排气和出砂都很困难。若改为图 2.22（b）所示工字形开式截面，则可省去型芯。

（2）型芯要便于固定、排气和清理。型芯在铸型中的支撑必须牢固，否则型芯经不住浇注时金属液的冲击而产生偏芯缺陷，形成废品。如图 2.23（a）所示轴承架铸件，其内腔采用两个型芯，其中较大的型芯呈悬臂状，需用型撑加固。若改为图 2.23（b）所示结构，则可采用一个整体型芯形成铸件内腔，型芯能很好地固定，而且排气、清理都很方便。

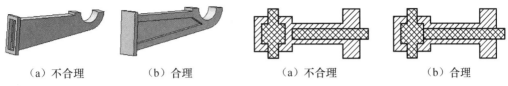

（a）不合理　　　（b）合理　　　　　　（a）不合理　　　（b）合理

图 2.22　悬臂支架　　　　　　　　图 2.23　轴承架铸件

（3）应避免封闭内腔。图 2.24（a）所示铸件呈封闭空腔结构，型芯固定、排气及清理均较困难，结构工艺性差。改为图 2.24（b）所示结构较合理。

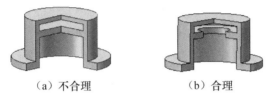

（a）不合理　　　　　　　　　（b）合理

图 2.24　铸件结构避免封闭内腔

3. 分型面尽量平直

如果分型面不平直，就需要采用挖砂或假箱造型，生产率低。图 2.25（a）所示杠杆铸件的分型面不平直，若改为图 2.25（b）所示平直分型面，则方便制模和造型。

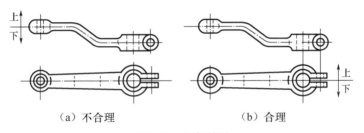

（a）不合理　　　　　　　　（b）合理

图 2.25　杠杆铸件

4. 铸件要有结构斜度

图 2.26（a）所示为无结构斜度的不合理结构。当铸件垂直于分型面的非加工面时，应设计出结构斜度，如图 2.26（b）所示。造型时有结构斜度容易起模，不易损坏型腔。

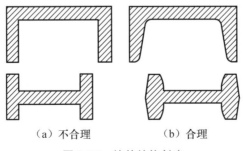

（a）不合理　　　　　（b）合理

图 2.26　铸件结构斜度

铸件的结构斜度和起模斜度：结构斜度是在零件的非加工面上设置的，直接标注在

零件图上，且斜度值较大；起模斜度是在零件的加工面上设置的，绘制铸造工艺图或模样图时使用，切削加工时切除。

2.3.2 合金铸造性能对铸件结构的要求

1. 合理设计铸件壁厚

铸件的壁厚越大，越有利于液态合金充填型腔，但是随着壁厚的增大，铸件心部的晶粒粗大，且易产生缩孔、缩松等缺陷；铸件壁厚减小，有利于获得细小晶粒，但不利于液态合金充填型腔，容易产生冷隔、浇不到等缺陷。为了获得完整、光滑的合格铸件，铸件壁厚应大于该合金在一定铸造条件下所能得到的"最小壁厚"。表 2-5 列出了砂型铸造铸件的最小壁厚。

表 2-5　砂型铸造铸件的最小壁厚　　　　　　　　（单位：mm）

铸件尺寸	铸钢	灰铸铁	球墨铸铁	可锻铸铁	铝合金	铜合金
<200×200	5～8	3～5	4～6	3～5	3～3.5	3～5
200×200～500×500	10～12	4～10	8～12	6～8	4～6	6～8
>500×500	15～20	10～15	12～20	—	—	—

当铸件壁厚不能满足力学性能要求时，常采用带加强肋的结构，如图 2.27 所示。

2. 壁厚应尽可能均匀

如图 2.28 所示，设计铸件时，应力求做到壁厚均匀。所谓壁厚均匀，是指铸件的各部分具有冷却速度相近的壁厚，内壁厚度要比外壁厚度小一些。

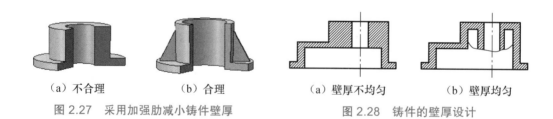

（a）不合理　　　　（b）合理　　　　　　（a）壁厚不均匀　　　（b）壁厚均匀
图 2.27　采用加强肋减小铸件壁厚　　　　　图 2.28　铸件的壁厚设计

3. 铸件壁的连接方式应合理

（1）铸件壁之间的连接应有结构圆角。直角转弯处易形成冲砂、砂眼等缺陷，同时容易在尖锐的棱角部分形成结晶薄弱区。此外，直角处还因热量积聚较多（热节）而容易形成缩孔、缩松，如图 2.29 所示。因此，要合理设计内圆角和外圆角。铸造圆角应与铸件壁厚适应。铸件的内圆角半径 R 见表 2-6。

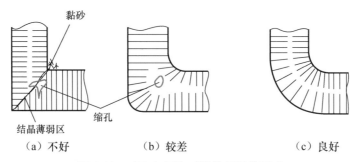

图 2.29　直角与圆角对铸件质量的影响

表 2-6　铸件的内圆角半径 R　　　　　　　　　　　　　（单位：mm）

$(a+b)/2$	<8	8 ~ 12	12 ~ 16	16 ~ 20	20 ~ 27	27 ~ 35	35 ~ 45	45 ~ 60
铸铁	4	6	6	8	10	12	16	20
铸钢	6	6	8	10	12	16	20	25

（2）铸件壁厚不同部分的连接，应力求平缓过渡，避免截面突变，以减小应力集中，防止产生裂纹，如图 2.30 所示。

（a）不合理　　　　　　　　　（b）合理

图 2.30　铸件壁厚的过渡形式

（3）连接处避免集中交叉和锐角 ［图 2.31（a）和图 2.31（b）］。当铸件两壁交叉时，中、小铸件采用交错接头，大型铸件采用环形接头 ［图 2.31（c）］。当铸件两壁采用锐角连接时，采用图 2.31（d）所示的过渡形式。

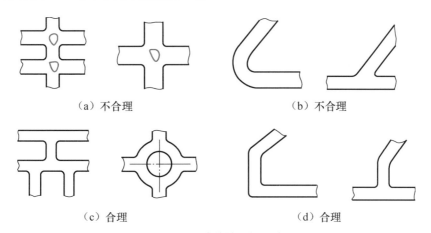

（a）不合理　　　　　　　　　　　　　（b）不合理

（c）合理　　　　　　　　　　　　　（d）合理

图 2.31　铸件的连接形式

4. 避免大平面

铸件上的大平面不利于金属液充填，易产生浇不到、冷隔等缺陷。而且大平面上方的砂型受高温金属液的烘烤容易掉砂，使铸件产生夹砂等缺陷；金属液中的气孔、夹渣上浮而滞留在上表面，产生气孔、渣孔。例如，将图 2.32（a）所示的大平面改为图 2.32（b）所示的斜面，可减少或避免上述缺陷。

5. 避免铸件收缩受阻

进行铸件结构设计时，应尽量使铸件自由收缩，避免在冷却凝固过程中铸件内部产生应力，导致变形和裂纹。如图 2.33 所示的轮形铸件，轮缘和轮毂较厚，轮辐较薄，铸件冷却收缩时易产生热应力。图 2.33（a）所示轮辐对称分布，虽然制作模样和造型方便，但因收缩受阻而易产生裂纹，若改为图 2.33(b) 所示奇数轮辐或图 2.33(c) 所示弯曲轮辐，则可利用铸件微量变形来减小内应力。

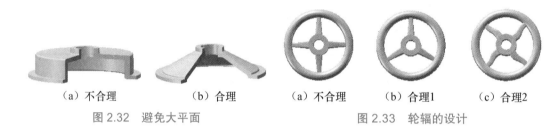

| （a）不合理 | （b）合理 | | （a）不合理 | （b）合理1 | （c）合理2 |

图 2.32 避免大平面 　　　　　　　图 2.33 轮辐的设计

以上介绍的只是砂型铸造铸件结构设计的特点，在特种铸造中，应根据不同的铸造方法及其特点进行铸件结构设计。

2.3.3 不同铸造方法对铸件结构的要求

对于采用特种铸造生产的铸件，不同的铸造方法对铸件结构有不同的要求。除考虑上述铸件结构的合理性和铸件结构的工艺性等一般原则外，还必须充分考虑不同特种铸造方法的特殊要求。

1. 熔模铸件

（1）便于蜡模制造。如图 2.34（a）所示铸件的凸缘朝内，注蜡后无法从压型中取出型芯，使蜡模制造困难。若改成图 2.34（b）所示结构，取消凸缘，则可克服上述缺点。

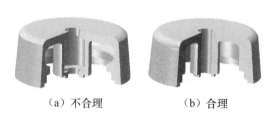

（a）不合理　　　　　　　（b）合理

图 2.34 便于抽出型芯的设计

（2）尽量避免大平面结构。当功能所需必须有大的平面时，应在大平面上设计工艺肋或工艺孔，以增大型壳的刚度，如图 2.35 所示。

（a）不合理　　　　　　　（b）合理

图 2.35　大平面上的工艺孔和工艺肋

（3）铸件上的孔、槽不能太小和太深。太小或太深的孔、槽会使制壳时涂料和砂粒很难进入蜡模的孔洞形成合适的型腔，同时会给铸件的清砂带来困难。一般铸孔直径应大于 2mm（薄件壁厚大于 0.5mm）。

（4）铸件壁厚不可太小，一般为 2～8mm。

（5）铸件的壁厚应尽量均匀，由于采用熔模铸造工艺时一般不用冷铁，少用冒口，而用直浇口直接补缩，因此要求铸件壁厚均匀，不能有分散的热节，且壁厚分布符合顺序凝固的要求，以便利用浇口补缩。

2.金属型铸件

（1）铸件结构一定要保证顺利出型。为保证从铸型中顺利取出铸件，铸件结构斜度应比砂型铸件大，如图 2.36 所示。

（2）金属型导热快，为防止铸件出现浇不足、缩松、裂纹等缺陷，铸件壁厚要均匀，且不能过小（Al-Si 合金壁厚为 2～4mm，Al-Mg 合金壁厚为 3～5mm）。

（3）铸孔的孔径不能过小、过深，以便金属型芯的安放和抽出。通常铝合金的最小铸出孔径为 8～10mm，镁合金和锌合金的孔径均为 6～8mm。

（a）不易抽芯　　　　　　（b）易抽芯

图 2.36　金属型铸件

3.压铸件

（1）压铸件上应尽量避免侧凹和深腔，以保证从压型中顺利取出压铸件。图 2.37 所示压铸件的两种设计方案中，图 2.37（a）所示的结构因侧凹朝内，故侧凹处无法抽芯。改为图 2.37（b）所示结构后，侧凹朝外，可按箭头方向抽出外型芯，可从压型中顺利取出压铸件。

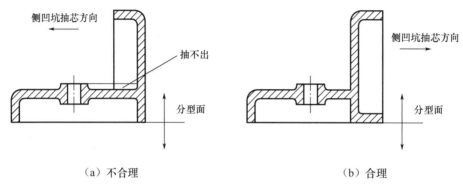

（a）不合理 （b）合理

图 2.37　压铸件的两种设计方案

（2）应尽可能采用薄壁且保证壁厚均匀。由于压铸工艺的特点，金属浇注和冷却都很快，厚壁处不易得到补缩而形成缩孔、缩松。压铸件适宜的壁厚如下：锌合金的壁厚为 1～4mm，铝合金的壁厚为 1.5～5mm，铜合金的壁厚为 2～5mm。

（3）对于复杂且无法取芯的铸件或局部有特殊性能（如耐磨、导电、导磁和绝缘等）要求的铸件，可采用镶嵌铸法，先把镶嵌件放在压型内，再与压铸件铸合在一起。为使镶嵌件在铸件中连接可靠，应在镶嵌件镶入铸件部分制出凹槽、凸台或滚花等。

2.4　综合实训课题

确定图 2.38 所示轴承座的造型工艺方案并完成造型操作。零件名称为轴承座，铸件质量约为 5kg，零件材料为 HT150，轮廓尺寸为 240mm×65mm×75mm，生产性质为单件生产。

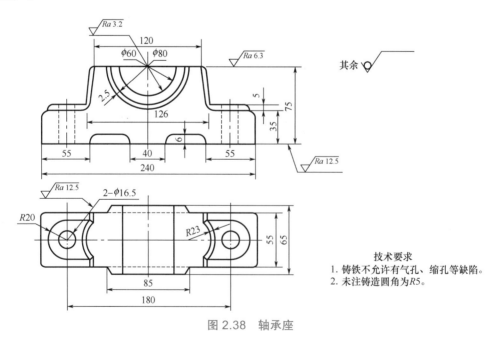

图 2.38　轴承座

技术要求
1. 铸铁不允许有气孔、缩孔等缺陷。
2. 未注铸造圆角为 R5。

1.造型工艺方案

（1）铸件结构及铸造工艺性分析。轴承座是轴承传动中的支承零件，其结构如图 2.38 所示。从图上看，轴承座的外形尺寸不大，形状也较简单。虽然零件材料是 HT150，但属厚实体零件，应注意防止缩孔、气孔的产生。从结构看，其底座是一个不连续的平面，其上两侧各有一个半圆形凸台，需制作活块并注意活块位置。

（2）造型方法。整模，取活块、两箱造型。

（3）铸型种类。因铸件较小，故宜采用面砂、背砂兼用的湿型。

（4）分型面。由于底面的加工精度比轴承部位低，并且座底都在一个平面上，因此选择从座底分型：座底面为上型，使整个型腔处于下型，也便于安放浇冒口。分型面如图 2.39 所示。

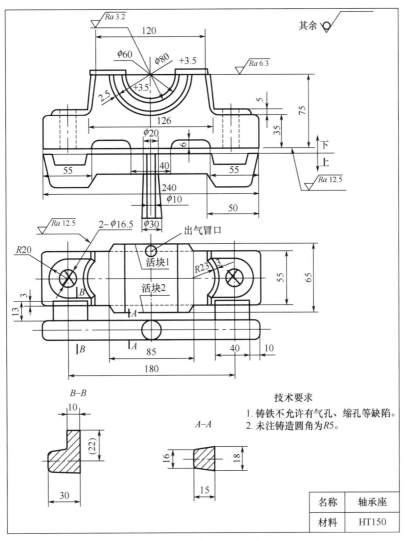

图 2.39　轴承座铸造工艺图

（5）浇冒口位置。轴承座的材质为 HT150，体积收缩较小，但属厚实体零件，仍要

注意缩孔缺陷。因此，内浇道引入的位置和方向很重要。根据铸件结构特点，应采用定向凝固原则，内浇道应从座底一侧的两端引入。采用顶注压边缝隙浇口，既可减小浇口与铸件的接触热节，又可避开中间厚实部分（图中的几何热节）的过热，还可缩短凝固时间，有利于得到合格铸件。另外，由于压边浇口补缩效果好，因此不需要设置补缩冒口。为防止产生气孔，可在顶部中间偏边的位置设置一个 $\phi 8 \sim \phi 10mm$ 的出气冒口。浇冒口位置、形状、尺寸如图2.39所示。

2. 造型工艺过程

（1）放置好模样，砂箱舂下型。首先填入适量面砂和背砂进行第一次舂实，舂实后，挖砂并准确地放置好两个活块；其次填入少量面砂舂实活块周围；最后填砂舂实。

（2）刮去下箱多余的型砂并翻箱。

（3）挖去下分型面上阻碍起模的型砂，修整分型面，撒分型砂。

（4）放置好上砂箱（要有定位装置），按工艺要求的位置放置好直浇口和冒口。

（5）舂上型。先填入适量的面砂、背砂，固定好浇冒口并舂几下加固，再先轻后重地舂好上型。

（6）刮平上箱多余的型砂，起出直浇口和冒口，扎出通气孔。

（7）开箱。

（8）起模。注意应先松模并取出模样、活块。

（9）按工艺要求开出横浇道和内浇道。

（10）修型。修理型腔及浇口和冒口。

（11）合型。

2.5　实训中常见问题解析

2.5.1　铸件的常见缺陷

气孔缺陷

　　铸件生产工序多，容易产生各种缺陷。砂型铸造铸件的常见缺陷有冷隔、浇不足、气孔、黏砂、夹砂、砂眼、胀砂等。

　　（1）冷隔和浇不足。金属液充型能力不足或充型条件较差，在型腔充满之前，金属液停止流动，使铸件产生浇不足或冷隔缺陷。浇不足时，铸件不能获得完整的形状；冷隔时，虽然铸件可获得完整的外形，但因存在未完全融合的接缝（图2.40），铸件的力学性能严重受损，甚至成为废品。

黏砂缺陷

　　防止浇不足和冷隔的方法有提高浇注温度与浇注速度、合理设计铸件壁厚等。

　　（2）气孔。在金属液结壳之前气体未及时逸出，在铸件内形成孔洞类缺陷，将会减小铸件的有效承载面积，且在气孔周围引起应力集中而降低铸件的抗冲击性和抗疲劳性。气孔还会降低铸件的致密性，致使某些要求承受水压试验的铸件报废。另外，气孔对铸件的耐蚀性和耐热性也有不良的影响。

防止气孔的有效方法有降低金属液中的含气量、增强砂型的透气性、在型腔最高处增设出气冒口等。

（3）黏砂。铸件表面黏附一层难以清除的砂粒称为黏砂，如图 2.41 所示。黏砂既影响铸件外观，又增大铸件清理和切削加工的工作量，甚至会影响机器的使用寿命。

图 2.40　冷隔

图 2.41　黏砂

防止黏砂的方法有在型砂中加入煤粉、在铸型表面涂刷防黏砂涂料等。

（4）夹砂。夹砂是铸件表面形成的沟槽和疤痕缺陷。用湿型铸造厚大平板类铸件时极易产生夹砂，大多产生在与砂型上表面接触的地方，铸件的上表面越大，型砂体积膨胀越大，形成夹砂的倾向性越大。

防止夹砂的方法是避免大的平面结构。

（5）砂眼。砂眼是在铸件内部或表面充塞型砂的孔洞类缺陷。砂眼主要是由型砂或芯砂强度低、型腔内散砂未吹尽、铸型被破坏、铸件结构不合理等产生的。

防止砂眼的方法有提高型砂强度、合理设计铸件结构、增大砂型紧实度。

（6）胀砂。浇注时，在金属液的压力作用下，铸型型壁移动，铸件局部胀大形成的缺陷为胀砂。

为了防止胀砂，应提高砂型强度、砂箱刚度、合箱时的压箱力或紧固力，并适当降低浇注温度，使金属液表面提早结壳，以降低金属液对铸型的压力。

2.5.2　铸件常见缺陷的鉴别

1. 缩孔与气孔的鉴别

缩孔和气孔是铸件中常见的孔眼类缺陷。缩孔是铸件在凝固过程中因补缩不良而产生的。气孔是因铸型（芯）的透气性不足，浇注时产生的大量气体不能及时排出而产生的。

（1）缩孔的鉴别。缩孔的特征是孔壁粗糙、形状极不规则，常出现在铸件最后凝固的厚大部位或铸壁的交接处，如图 2.42 所示。鉴别缩孔的主要方法如下：①若铸件缺陷的表面高低不平、非常粗糙，而且是暗灰色的、形状不规则的孔眼，则为缩孔。②若在铸件最后凝固的厚大部位或两壁相交的热节处，且位于其断面的中部或中上部位的孔眼，则为缩孔。③一般铸钢件厚大断面上较集中的孔眼缺陷为缩孔或气缩孔。

图 2.42　缩孔

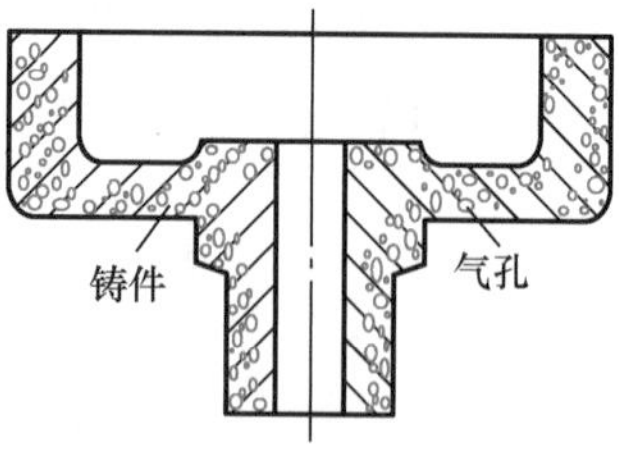

图 2.43　气孔

（2）气孔的鉴别。铸件中的气孔与缩孔有较大区别，气孔的特征如下：①孔壁光滑，内表面呈亮白色或轻微氧化色；②气孔呈圆形、长条形或不规则形状；③气孔的尺寸变化很大，大至几厘米，小至几分之一毫米；④气孔常以单个、数个或呈蜂窝状存在于铸件表面或靠近砂芯、冷铁、芯撑或浇口、冒口附近，有时遍布整个截面。图 2.43 所示为因型砂水分过多和透气性太差而产生的气孔。

2. 错型、错芯及偏芯的鉴别

（1）错型的鉴别。错型是铸件的一部分与另一部分在分型面处错开的缺陷，一般是由合型定位不准确造成的，如图 2.44 所示。

（2）错芯的鉴别。错芯是指砂芯在分芯面处错开，使铸件的内腔产生变形，如图 2.45 所示。铸件外表面形状正确。

（3）偏芯的鉴别。偏芯是指因砂芯的位置发生了不应有的变化而使铸件形状及尺寸与图样不符，如图 2.46 所示。

图 2.44　错型

图 2.45　错芯

图 2.46　偏芯

3. 浇不到与未浇满的鉴别

（1）浇不到的鉴别。浇不到是指铸件上有残缺，轮廓形状不完整或轮廓完整但边角呈圆形，色泽光亮。浇不到常出现在远离浇口的部位及薄壁处，通常由金属液的流动性太差或流动阻力太大造成。图 2.47 所示为由浇不到造成的不完整圆环铸件。

（2）未浇满的鉴别。未浇满是指在铸件浇注位置的上部产生缺肉，缺肉处的铸件边角略呈圆形。未浇满与浇不到不同，未浇满是因进入型腔的金属液不足而产生的，如浇包中的金属液不够或浇注中断等，如图 2.48 所示。

图 2.47　由浇不到造成的不完整圆环铸件

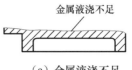

（a）金属液浇不足

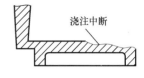

（b）浇注中断

图 2.48　未浇满

2.6　铸造安全

　　因为铸造生产工序繁多，起重运输工作量大，金属液温度较高，极易发生烧伤、烫伤现象，同时铸造的集体操作性很强，所以实习时每人都应重视生产安全，严格遵守安全技术操作规程和制度，防止发生事故。其中，主要注意以下几个方面。

　　（1）进入铸造车间时，应注意地面的物品、空中的起重机；穿戴好劳动保护用品，如石棉服装、手套、皮靴、防护眼镜等。

　　（2）砂箱堆放平稳，搬动砂箱时要注意轻放，以防砸伤；禁止使用有裂纹的砂箱，尤其是箱把、吊轴等处有裂纹的砂箱。

　　（3）混砂机转动时，不得用手扒料和清理碾轮，不得伸手到机盆内添加黏结剂等附加物料；所有破碎、筛分、落砂、混辗和清理设备应尽量采用密闭方法，减少车间的粉尘。

　　（4）浇注前清理场地，炉前出铁口和出渣口地面必须干燥、无积水，扒渣等工具不得生锈或沾有水分，浇包必须烘干，浇注时注意安全。

　　（5）取、放铸件前应注意是否冷却，清理铸件时要避免伤人。

2.7　小　　　结

　　本章主要内容有铸造工艺基础；砂型铸造造型，特种铸造；铸件结构设计及铸造新技术；铸造安全。

2.8　思考与练习

1. 思考题

　　（1）什么是铸造？其有什么特点？

　　（2）型砂应具备哪些性能？这些性能如何影响铸件的质量？

　　（3）什么是顺序凝固原则和同时凝固原则？两种凝固原则各应用于什么场合？

　　（4）冒口、冷铁的作用分别是什么？它们应分别设置在铸件的什么位置？

　　（5）试述分型面选择的原则？它与浇注位置选择原则有什么关系？

　　（6）常见的铸造缺陷有哪些？它们的特点及产生的原因分别是什么？

（7）试比较熔模铸造、金属型铸造、离心铸造、压力铸造的特点及应用。

2. 实训题

图 2.49 所示铸件为单件生产，分别应采用什么造型方法？试确定最佳分型面，并绘制铸造工艺图。

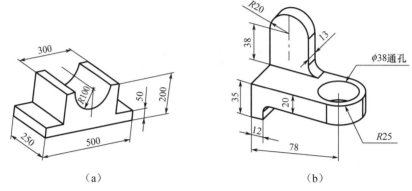

（a）　　　　　　　　　　（b）

图 2.49　实训题

第**3**章
锻　　压

教学提示： 锻压是利用外力使金属坯料产生塑性变形，获得所需尺寸、形状及性能的毛坯或零件的加工方法。锻压是金属压力加工的主要方式，也是机械制造中毛坯生产的主要方法。在学习过程中，学生应理论联系实际。

教学要求： 通过本章学习，学生应了解锻压的特点、分类及应用；初步掌握自由锻、模锻与胎模锻、板料冲压的特点及应用；熟悉锻造和板料冲压的实训操作与安全技术；了解现代塑性加工的发展趋势。

锻压是机械制造中毛坯和零件生产的主要方法，常分为自由锻、模锻与胎模锻、板料冲压、轧制等，如图 3.1 所示。

锻压加工中的金属材料是具有一定塑性的黑色金属或有色金属。它们可以在冷态或热态下发生塑性变形。

与其他金属加工方法相比，锻压加工得到的毛坯和零件组织得到了改善、力学性能得到了提高，具有材料利用率高、零件尺寸精度高、生产率高等特点。

锻压加工是金属成形的主要技术，在机械制造、军工、航空航天、汽车、轻工、家用电器等行业中都得到广泛应用。

随着新技术的发展，锻压加工生产中出现了许多新工艺、新技术，如精密模锻、径向锻造、超塑性成形等，它们的开发与应用使锻压加工的使用范围扩大，并使锻压加工与数字化结合。

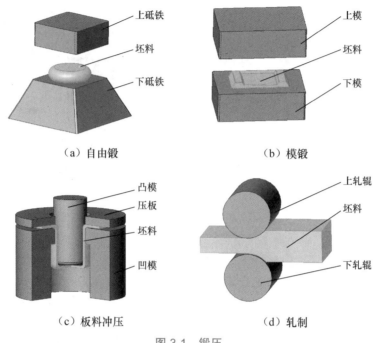

　　（a）自由锻　　　　　　　　　　　　　（b）模锻

　　（c）板料冲压　　　　　　　　　　　　（d）轧制

图 3.1　锻压

3.1　自　由　锻

自由锻件

　　在自由锻锻造过程中，金属坯料在上、下砧铁间受压变形时，可朝各个方向自由流动，不受限制，其形状和尺寸主要由操作者的技术控制。

　　自由锻分为手工锻造和机器锻造两种，手工锻造只适合单件生产小型锻件，机器锻造是自由锻的主要生产方法。

3.1.1　锻造工艺基础

自由锻

　　锻造是毛坯成形的重要手段，尤其在工作条件复杂、力学性能要求高的重要结构零件制造中占有重要地位。锻造的原理是在外力的作用下，使加热金属坯料产生塑性变形，控制金属流动，使其成形为所需形状、尺寸和组织。

　　自由锻的特点如下。

　　（1）工艺灵活，工具简单，设备和工具的通用性强，成本低。

　　（2）应用范围较广，可锻造的锻件质量从不及 1kg 到 300t。在重型机械中，自由锻是生产大型锻件和特大型锻件的唯一成形方法。

　　（3）锻件精度较低，机械加工余量较大，生产率低。

　　（4）金属流动的方向不受限制，可以生产各种形状、尺寸的毛坯或零件。为了得到所需形状、尺寸，金属坯料要经过多次变形，故自由锻生产率较低、劳动强度大，一般只适合单件小批量生产。

3.1.2　锻造设备

自由锻采用的设备有空气锤、油压机和水压机。

空气锤是依靠产生的冲击力使金属坯料变形，但由于能力有限，因此只用来锻造中、小型锻件。油压机和水压机依靠产生的压力使金属坯料变形，可产生很大的作用力，能锻造质量为300t的锻件，是重型机械厂锻造生产的主要设备。

1. 空气锤

空气锤是以压缩空气为动力并携带动力装置的设备。空气锤的外形及结构如图3.2所示。小型自由锻锻件通常都在空气锤上锻造。

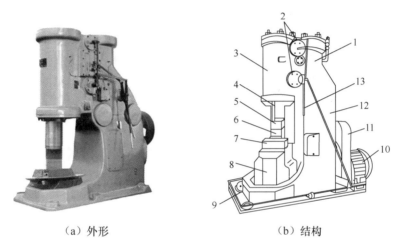

　　　　（a）外形　　　　　　　　　　（b）结构

1—压缩缸；2—旋阀；3—工作缸；4—锤头；5—上砧铁；6—下砧铁；7—砧垫；8—砧座；9—踏杆；
10—电动机；11—减速机构；12—锤身；13—手柄。

图3.2　空气锤的外形及结构

空气锤通过电动机驱动。电动机通过减速机构和曲柄连杆机构推动压缩缸中的压缩活塞产生压缩空气，再通过上、下旋阀的配气作用，压缩空气进入工作缸的上部或下部，或直接与大气连通，从而使压缩活塞连同锤杆和锤头一起实现上悬、下压、连续打击等动作，以完成对坯料的锻造。锤头的上悬、下压等动作是通过手柄和踏杆控制上、下旋阀来实现的。

（1）空转。空转是空气锤的启动状态或工作间歇状态。压缩缸的上、下气道通过旋阀与大气连通，压缩空气不进入工作缸，电动机空转，锤头不工作。

（2）上悬。锤头上悬时，可进行安放锻件、检查锻件的尺寸、更换工具、清除氧化皮等辅助性操作。压缩缸与工作缸的上气道都经上旋阀与大气连通，压缩空气只能从压缩缸的下气道经下旋阀进入工作缸的下部。下旋阀内有一个逆止阀，可防止压缩空气倒流，使锤头保持在上悬位置。

（3）下压。锤头下压时，可进行弯曲、扭转等操作。压缩缸上气道和工作缸下气道与大气连通，压缩空气从压缩缸下部经逆止阀及中间通道进入工作缸上部，从而使锤头向下

压紧锻件。

（4）连续打击。压缩缸和工作缸都不与大气连通，压缩缸不断把压缩空气送入工作缸，推动锤头上下往复运动。

空气锤的吨位根据压缩活塞、锤杆和上砧铁等落下部分的质量表示。常用的空气锤吨位为 65～750kg，主要生产 100kg 以下的小型锻件。

2. 油压机和水压机

油压机和水压机适用于大型锻件。由于它们用静压力代替锤锻的冲击力，因此坯料的变形速度低，变形抗力小；而且产生的压力比较大（如一些重型机械厂的大型水压机能产生数万吨压力），使坯料被压下的量大，锻透深度大，锻件内部质量好。一般大型锻件的自由锻都在水压机上进行。图 3.3 所示为我国自主研发的万吨级油压机和水压机，该类装备属于大国重器，在大型装备研发制造领域发挥了重要作用。

（a）油压机   （b）水压机

图 3.3　万吨级油压机和水压机

3. 自由锻工具

自由锻的常用工具如图 3.4 所示。砧铁和手锤既可以作为手工自由锻的工具，又可以作为机器自由锻的辅助工具。

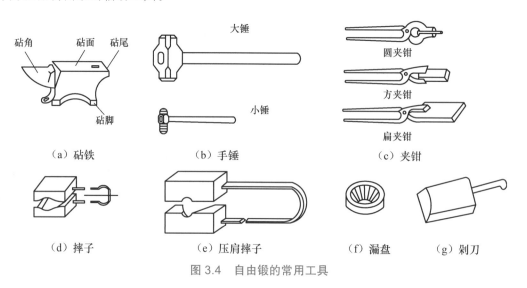

（a）砧铁   （b）手锤   （c）夹钳

（d）摔子   （e）压肩摔子   （f）漏盘   （g）剁刀

图 3.4　自由锻的常用工具

3.1.3 锻造方法

自由锻的锻造成形过程是使金属产生塑性变形，达到锻件所需形状、尺寸的一系列变形工序。根据工序实施阶段和作用的不同，自由锻的锻造成形过程可以分为基本工序、辅助工序和精整工序三大类。基本工序是使锻件基本成形的工序，主要有镦粗、拔长、冲孔、弯曲、扭转和切割等；在基本工序前，使坯料预先产生少量变形的工序是辅助工序，如压肩、倒棱、压钳口等；在基本工序后，使锻件产生少量变形的工序是精整工序，主要用于修整锻件表面的形状和尺寸，如滚圆、摔圆、平整、矫直等。

下面简要介绍几种基本工序。

1. 镦粗

镦粗是使坯料高度减小、横截面面积增大的工序。它主要用于锻造齿轮锻坯及凸缘、圆盘等锻件，也可作为提高拔长时锻造比和冲孔前的预备工序。

镦粗有完全镦粗和局部镦粗两种，局部镦粗又可分为端部镦粗和中间镦粗。

（1）完全镦粗：对坯料全长加热后，使其直立在砧铁上，锤击坯料，使其全长镦粗，主要用于镦粗棒料和不带尾部的钢锭。

（2）端部镦粗：把端部加热的坯料直立在砧铁上，或对坯料全长加热后插在漏盘或胎模内镦粗。对于中小型低碳钢锻件，如果加热部分过长，则可把不需要镦粗的部分浸入水中冷却再镦粗。

端部镦粗的方法如图3.5所示。漏盘内镦粗适用于小批量锻件；胎模内镦粗适用于大批量锻件。

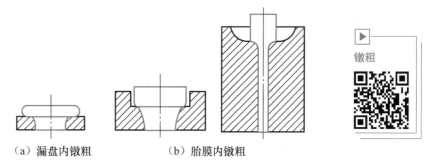

镦粗

（a）漏盘内镦粗　　　　（b）胎膜内镦粗

图3.5　端部镦粗的方法

（3）中间镦粗：用来锻造中间大、两端小的锻件，如带双面凸台的齿轮等。其原理是把坯料两端拔细后，直立在两个漏盘中间进行镦粗。

2. 拔长

拔长是使坯料横截面面积减小、长度增大的工序，如图3.6所示。

拔长用于制造长且横截面面积小的零件（如轴、拉杆、曲轴等）和长轴类空心零件（如炮筒、透平机主轴、圆环、套筒等）。拔长还常用来改善锻件内部质量。因为拔长的压缩变形是通过逐次进给和反复转动毛坯进行的，所以拔长是所有锻造工序中消耗最多工时的工序。

图3.6　拔长

3. 冲孔

拔长

冲孔

冲孔是在坯料上冲出透孔或不透孔的工序。锻造带孔锻件和空心锻件时都需要进行冲孔。常用的冲孔方法有实心冲子冲孔［图3.7（a）］、空心冲子冲孔［图3.7（b）］和垫环冲孔三种。

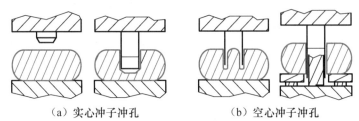

（a）实心冲子冲孔　　　　　（b）空心冲子冲孔

图 3.7　常用冲孔方法

冲孔常用来制造空心件（如齿轮毛坯、圆环、套筒等）和对锻件质量要求高的大工件，可采用空心冲子冲孔去掉质量较小的铸件中心部分。

4. 弯曲

弯曲是将坯料弯成所需外形的工序。弯曲通常分为角度弯曲和成形弯曲两种，如图3.8所示。

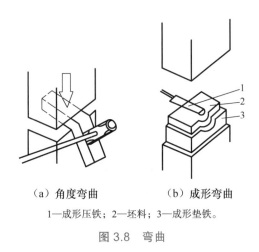

（a）角度弯曲　　　　（b）成形弯曲

1—成形压铁；2—坯料；3—成形垫铁。

图 3.8　弯曲

成形弯曲通常是在胎模中进行的，即在简单工具中改变坯料曲线成形为所需外形。

5. 扭转

切割

扭转是在保持坯料轴线方向不变的情况下，将坯料的一部分相对于另一部分扳转一定角度的工序。

6. 切割

切割是分割坯料或切除锻件余料的工序。

3.1.4 锻件结构工艺性

设计自由锻锻件时，除应满足使用性能要求外，还必须考虑锻造工艺的特点，一般力求简单和规则，以使自由锻成形方便、节约金属、保证质量和提高生产率。

3.2 模锻与胎模锻

模锻是在冲击力或压力作用下，迫使加热后的金属坯料在锻模模膛内变形，从而获得锻件的方法。

胎模锻是在自由锻设备上使用简单的非固定模具（胎模）生产锻件的方法。

模锻

胎膜锻

3.2.1 锻造工艺基础

胎模锻一般采用自由锻方法制坯，然后在胎模中成形。胎模锻兼具自由锻和模锻的特点。由于胎模锻可以采用多个模具，每个模具都能完成模锻工艺中的一个工序，因此可以生产出不同外形、不同复杂程度的锻件。

与自由锻相比，胎模锻生产率较高，锻件表面质量好，机械加工余量较小，材料的利用率较高，但是由于每锻一个锻件，胎模都需要搬上、搬下一次，劳动强度大。因此，胎模锻只适用于小型锻件的中、小批量生产，大批量生产采用模锻。

与自由锻相比，模锻的特点如下。

（1）模锻件形状可以比较复杂，用模膛控制金属流动，可生产较复杂的模锻件，如图3.9所示。

（2）力学性能高，模锻使锻件内部的锻造流线比较完整。

（3）锻件质量较高，表面光洁，尺寸精度高，节约材料与机械加工工时。

（4）生产率较高，操作简单，易实现机械化，批量越大成本越低。

（5）设备及模具费用高，设备吨位大，锻模加工工艺复杂，制造周期长。

（6）模锻件不能太大，一般不超过150kg。

因此，模锻只适用于中、小型锻件批量或大批量生产。

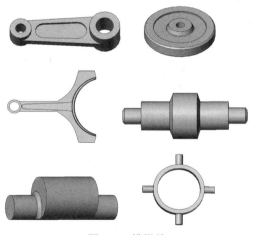

图3.9　模锻件

3.2.2 锻造设备

模锻按使用设备的不同分为锤上模锻、曲柄压力机模锻、摩擦压力机模锻等。

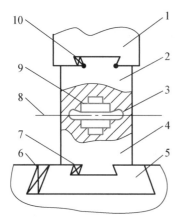

1—锤头；2—上模；3—飞边槽；4—下模；5—模垫；
6，7，10—楔铁；8—分模面；9—模腔。

图 3.10　锤上锻模采用的锻模

1.锤上模锻

锤上模锻所用设备为模锻锤，其产生的冲击力使金属变形。常用的压力设备为空气模锻锤。

1）模锻结构

锤上模锻采用的锻模如图 3.10 所示。带有燕尾的上模 2 和下模 4 分别用楔铁 10 和楔铁 7 固定在锤头 1 和模垫 5 上，模垫 5 用楔铁 6 固定在砧座上。上模随锤头做上下往复运动。

2）模腔的类型

根据作用的不同，模腔可分为制坯模腔和模锻模腔。

（1）制坯模腔。对于形状复杂的模锻件，为了使坯料形状基本接近模锻件形状，使金属合理分布和很好地充满模锻模腔，需要预先在制坯模腔内制坯。常见的制坯模腔有以下四种。

① 拔长模腔［图 3.11（a）］：用来减小坯料某部分的横截面面积，以增大该部分的长度。

② 滚压模腔［图 3.11（b）］：在坯料长度基本不变的前提下，用来减小一部分坯料的横截面面积，以增大另一部分的横截面面积。

③ 弯曲模腔［图 3.11（c）］：对于弯曲的杆类模锻件，需采用弯曲模腔来弯曲坯料。

④ 切断模腔［图 3.11（d）］：在上模与下模的角部组成的一对刀口，用来切断金属。

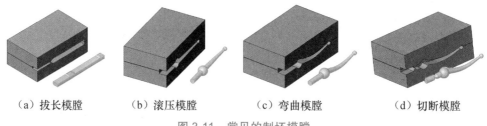

（a）拔长模腔　　　（b）滚压模腔　　　（c）弯曲模腔　　　（d）切断模腔

图 3.11　常见的制坯模腔

（2）模锻模腔。由于金属在模锻模腔中整体发生变形，因此作用在锻模上的抗力较大。模锻模腔分为终锻模腔和预锻模腔。

① 终锻模腔。由于终锻模腔的作用是使坯料变形到锻件所需的形状和尺寸，因此它的形状应与锻件的形状相同。考虑收缩，终锻模腔的尺寸应比锻件尺寸放大一个收缩量。另外，模腔四周有飞边槽，用以增大金属从模腔中流出的阻力，使金属更好地充满模腔，同时容纳多余金属。对于具有通孔的锻件，由于不可能靠上、下模的凸起部分把金属完全挤压到旁边，因此终锻后在孔内留有薄薄一层金属，称为冲孔连皮。只有冲掉冲孔连皮和飞边后，才能得到具有通孔的模锻件。

② 预锻模腔。预锻模腔的作用是使坯料变形到接近锻件的形状和尺寸，然后进入终锻模腔。预锻模腔与终锻模腔的主要区别是前者的圆角和模锻斜度较大，没有飞边槽。对

于形状简单或批量不大的模锻件，也可以不设预锻模腔。

根据模锻件复杂程度的不同，所需变形的模腔数量不相等，可将锻模设计成单腔锻模或多腔锻模。多腔锻模是在一副锻模上具有多个模腔的锻模，如弯曲连杆模锻件的锻模。弯曲连杆的模锻过程如图 3.12 所示。

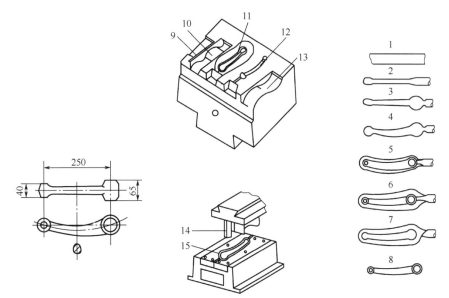

1—原始坯料；2—延伸；3—滚压；4—弯曲；5—预锻；6—终锻；7—飞边；8—锻件；9—延伸模腔；
10—滚压模腔；11—终锻模腔；12—预锻模腔；13—弯曲模腔；14—切边凸模；15—切边凹模。

图 3.12　弯曲连杆的模锻过程

锤上模锻具有工艺适应性强的特点，在锻造加工中得到广泛应用。但是，其具有振动和噪声大、劳动条件差、生产率低、能耗大等不足，故近年来大吨位模锻锤逐渐被压力机取代。

2. 曲柄压力机模锻

曲柄压力机是一种机械式压力机，其外形和结构如图 3.13 所示。当离合器 7 在接合状态下时，电动机 3 的转动通过带轮 1、带轮 2、传动轴 4、齿轮 5、齿轮 6 传递给曲柄 8，再经曲柄连杆机构使滑块 10 做上下往复直线运动。当离合器 7 在脱开状态下时，带轮 1（飞轮）空转，制动器 15 使滑块 10 停在确定的位置。锻模分别安装在滑块 10 和工作台 11 上。顶杆 12 用来从模腔中推出锻件，以实现自动取件。曲柄压力机的吨位为 2000～120000kN。

曲柄压力机模锻的特点如下。

（1）工作时无振动、噪声小。曲柄压力机作用于金属上的变形力是静压力，且变形抗力由机架本身承受，不传递给地基。

（2）滑块行程固定。每个变形工序都可以在滑块的一次行程中完成。

（3）精度高、生产率高。曲柄压力机具有良好的导向装置和自动顶件机构，锻件的余量、公差和模锻斜度都比锤上模锻小，且生产率高。

 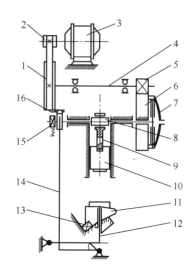

（a）外形　　　　　　　　　　　（b）结构

1，2—带轮；3—电动机；4—传动轴；5，6—齿轮；7—离合器；8—曲柄；9—连杆；10—滑块；
11—工作台；12—顶杆；13—楔铁；14—顶件机构；15—制动器；16—凸轮。

图 3.13　曲柄压力机的外形和结构

（4）使用镶块式模具。镶块式模具制造简单，更换容易，节省贵重的模具材料。曲柄压力机锻模如图 3.14 所示，模腔由镶块 3 和镶块 8 构成，镶块用螺栓 4 和压板 7 固定在模板 1 和模板 5 上，导柱 9 用来保证上、下模之间的最大合模精度，顶杆 2 和顶杆 6 的端面构成模腔的一部分。

（5）曲柄压力机价格高。

曲柄压力机模锻适用于大批量生产中、小型锻件。

3. 摩擦压力机模锻

摩擦压力机

摩擦压力机的工作原理如图 3.15 所示。锻模分别安装在滑块 7 和机座 9 上，电动机 5 经皮带 6 使摩擦盘 4 旋转，改变操作杆位置可以使摩擦盘沿轴向左右移动，飞轮 3 可分别与两侧的摩擦盘接触而获得不同方向的旋转，并带动螺杆 1 转动，在螺母 2 的约束下，螺杆的转动转变为滑块的上下滑动，从而实现模锻生产。

在摩擦压力机的工作过程中，滑块运动速度为 0.5～1.0m/s，具有一定的冲击作用，且滑块行程可控，这与锻锤相似，坯料变形过程中的抗力由机架承受，形成封闭力系，这也是压力机的特点。摩擦压力机兼具锻锤和压力机的工作特性。

摩擦压力机模锻的特点如下。

（1）工艺适应性好。摩擦压力机滑块行程不固定，可进行镦粗、弯曲、预锻、终锻等工序，还可进行校正、切边和冲孔等操作。

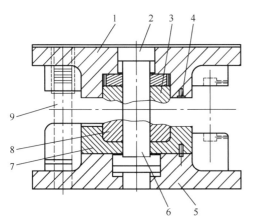

1，5—模板；2，6—顶杆；3，8—镶块；
4—螺栓；7—压板；9—导柱。

图 3.14　曲柄压力机锻模

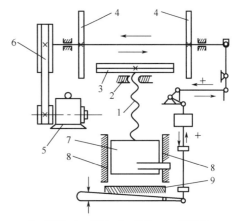

1—螺杆；2—螺母；3—飞轮；4—摩擦盘；
5—电动机；6—皮带；7—滑块；8—导轨；9—机座。

图 3.15　摩擦压力机的工作原理

（2）摩擦压力机承受偏心载荷的能力差，通常只适用于单腔锻模进行模锻。对于形状复杂的锻件，需要在自由锻设备或其他设备上制坯。

（3）模具设计和制造简化。由于滑块打击速度不高，设备本身具有顶料装置，因此既可以采用整体式锻模，又可以采用组合式模具。

（4）生产率较低。由于滑块运动速度低，因此生产效率低，特别适合锻造低塑性合金钢和非铁金属（如铜合金）等。

摩擦压力机模锻适合中、小型锻件（如铆钉、螺钉阀、齿轮、三通阀等）的小批量或中批量生产。

综上所述，摩擦压力机具有结构简单、造价低、投资少、使用及维修方便、工艺用途广泛等优点，我国中、小型锻造车间大多采用这类设备。

3.2.3　锻造方法

模锻与胎膜锻的锻造方法与自由锻类似，都可以完成毛坯的镦粗、拔长、冲孔、弯曲、扭转和切割等，不同的是模锻与胎膜锻的零件在胎模中成形。模锻与胎膜锻的锻造方法可以参考自由锻的锻造方法。

3.2.4　锻造结构工艺性

进行模锻零件设计时，应遵循以下原则。

（1）必须具有一个合理的分模面，以保证模锻成形后易从锻模中取出，并且使敷料最少、锻模易制造。

（2）考虑斜度和圆角，模锻件上与分模面垂直的非加工表面，应设计出模锻斜度。两个非加工表面形成的角（包括外角和内角）都应按模锻圆角设计。

（3）只有与其他机件配合的表面才需要进行机械加工，由于模锻件尺寸精度较高、表面粗糙度低，因此零件的其他表面均应设计为非加工表面。

（4）外形应力求简单、平直和对称，为了使金属容易充满模膛而减少工序，尽量避免模锻件截面间差别过大或具有薄壁、高筋、高台等结构。图 3.16（a）所示零件有一个高且薄的凸缘，金属难以充满模膛，且使锻模制造和成形后取出锻件较困难；图 3.16（b）所示模锻件扁且薄，模锻时，薄部金属冷却快，变形抗力剧增，易损坏锻模。

（5）应避免深孔或多孔结构，便于模具制造和延长模具的使用寿命。

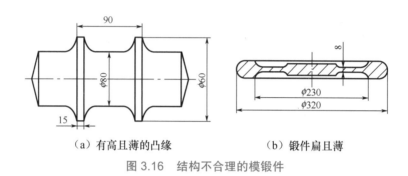

（a）有高且薄的凸缘　　　　　　（b）锻件扁且薄

图 3.16　结构不合理的模锻件

3.3　板料冲压

板料冲压是金属塑性加工的基本方法，它是通过装在压力机上的模具对板料施压，使之产生分离或变形，从而获得一定形状、尺寸和性能的零件或毛坯的加工方法。板料冲压件的厚度一般都不超过 2mm。由于板料冲压通常是在常温或低于板料再结晶温度的条件下进行的，因此又称冷冲压。只有当板料厚度超过 8mm 或材料塑性较差时才采用热冲压。

3.3.1　板料冲压的特点及应用

板料冲压与其他加工方法相比，具有以下特点。

（1）板料冲压所用原材料必须具有足够的塑性，如低碳钢、高塑性的合金钢、不锈钢，铜、铝、镁及其合金等。

（2）冲压件尺寸精度高、表面光洁、质量稳定、互换性好，一般不需要进行机械加工，可直接装配使用。

（3）可加工形状复杂的薄壁零件。

（4）生产率高，操作简便，成本低，工艺过程易实现机械化和自动化。

（5）可利用塑性变形的加工硬化提高零件的力学性能，在材料消耗少的情况下获得强度大、刚度大、质量好的零件。

（6）由于冲压模具结构复杂、加工精度要求高、制造费用高，因此板料冲压只适合大批量生产。

　　板料冲压广泛用于汽车、拖拉机、家用电器、仪器仪表、飞机、导弹及日用品的生产。

　　板料冲压的基本工序有冲裁、拉深、弯曲和成形等。

3.3.2　冲裁

　　冲裁是使坯料沿封闭轮廓分离的工序，包括落料和冲孔。落料时，冲落的部分为成品，余料为废料。因冲孔是为了获得带孔的冲裁件，故冲落部分是废料。

1. 变形与分离过程

　　冲裁使板料变形与分离的过程如图 3.17 所示，包括以下三个阶段。

　　（1）弹性变形阶段。冲头（凸模）接触板料继续向下运动的初始阶段，将使板料产生弹性压缩、拉伸与弯曲等变形。

　　（2）塑性变形阶段。冲头继续向下运动，板料中的应力达到屈服极限，板料金属产生塑性变形，当变形达到一定程度时，在凸凹模刃口处出现微裂纹。

　　（3）断裂分离阶段。冲头继续向下运动，形成的微裂纹逐渐扩展，上、下裂纹相遇重合后，板料断裂分离。

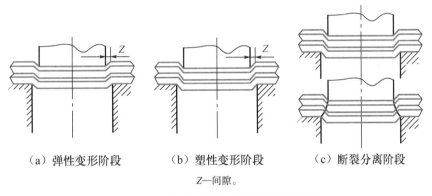

（a）弹性变形阶段　　　　（b）塑性变形阶段　　　　（c）断裂分离阶段

Z—间隙。

图 3.17　冲裁使板料变形与分离的过程

2. 凸凹模间隙

　　凸凹模间隙不仅严重影响冲裁件的断面质量，还影响模具的使用寿命等。

　　当冲裁间隙合理时，上、下裂纹基本重合，获得的工件断面较光洁、毛刺最小，如图 3.18（a）所示；当间隙过小时，上、下裂纹比间隙合理时向外错开一段距离，在冲裁件断面形成毛刺和夹层，如图 3.18（b）所示；当间隙过大时，材料中的拉应力增大，塑性变形阶段过早结束，裂纹向内错开，不仅光亮带小，而且毛刺和剪裂带较大，如图 3.18（c）所示。

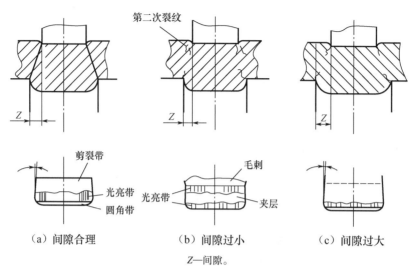

Z—间隙。

图 3.18 冲裁模间隙对断面质量的影响

一般情况下，冲裁模单面间隙为板料厚度的 5% ～ 25%。

因此，选择合理的间隙对冲裁生产至关重要。当冲裁件断面质量要求较高时，应选取较小的间隙值；当对冲裁件断面质量无严格要求时，应尽可能增大间隙，以利于延长模具的使用寿命。

3.确定刃口尺寸

凸模和凹模刃口的尺寸取决于冲裁件尺寸及冲裁模间隙。

（1）设计落料模时，以凹模尺寸（落料件尺寸）为设计基准，然后根据间隙确定凸模尺寸，即用减小凸模刃口尺寸来保证间隙值；设计冲孔模时，以凸模尺寸（冲孔件尺寸）为设计基准，然后根据间隙确定凹模尺寸，即用增大凹模刃口尺寸来保证间隙值。

（2）考虑冲模的磨损，落料件外形尺寸会随凹模的磨损而增大，而冲孔件内孔尺寸随凸模的磨损而减小。为了保证零件的尺寸精度，并延长模具的使用寿命，落料凹模的基本尺寸应取工件的最小工艺极限尺寸；冲孔时，凸模基本尺寸应取工件的最大工艺极限尺寸。

4.修整

修整是利用修整模沿冲裁件外缘或内孔刮削薄薄一层金属，以切掉冲裁件上的剪裂带和毛刺。修整分为外缘修整和内孔修整，如图 3.19 所示。

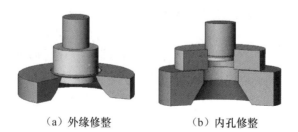

（a）外缘修整   （b）内孔修整

图 3.19 修整

修整的机理与切削加工相似。对于大间隙冲裁件，单边修整量一般为板料厚度的 10%；对于小间隙冲裁件，单边修整量小于板料厚度的 8%。

3.3.3 拉深

拉深（也称拉延）是利用模具冲压坯料，使平板坯料成形为开口空心零件的工序，如图 3.20 所示。

拉深

1. 变形过程

将直径为 D 的平板坯料放在凹模上，在凸模的作用下，坯料被拉入凸模和凹模的间隙中，变成内径为 d、高度为 h 的杯形零件，其拉深过程变形分析如图 3.21 所示。

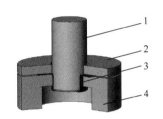

1—凸模；2—压边圈；3—坯料；4—凹模。

图 3.20　拉深

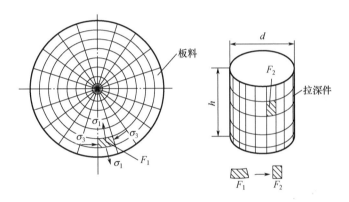

图 3.21　拉深过程变形分析

（1）筒底区。金属基本不变形，只传递拉力，受径向拉应力和切向拉应力的作用。

（2）筒壁部分。筒壁部分是由凸缘部分经塑性变形后转化而成的，受轴向拉应力的作用，形成拉深件的直壁，厚度减小，直壁与筒底过渡圆角处被拉薄得最严重。

（3）凸缘区。凸缘区是拉深变形区，这部分金属在径向拉应力和切向压应力的作用下，凸缘不断收缩而逐渐转化为筒壁，顶部厚度增大。

2. 拉深系数

拉深件直径 d 与坯料直径 D 的比值称为拉深系数，用 m 表示。拉深系数是衡量拉深变形程度的指标。拉深系数越小，拉深件直径越小，变形程度越大，坯料被拉入凹模越困难，越易产生拉穿废品。一般情况下，拉深系数 $m \geqslant 0.5$。

如果拉深系数过小，不能一次拉深成形，则可采用多次拉深工艺（图 3.22）。但在多次拉深过程中，加工硬化现象严重。为保证坯料具有足够的塑性，首先，在一两次拉深后，应安排工序间的退火工序；其次，拉深系数应一次比一次大，总拉深系数等于每次拉深系数的乘积。

3. 拉深缺陷及预防措施

拉深缺陷有起皱和拉裂，如图 3.23 所示。

凸缘受切向压应力的作用，厚度的增大使其容易产生褶皱。在筒形件底部圆角附近拉应力最大，壁厚减小最严重，易产生拉裂。

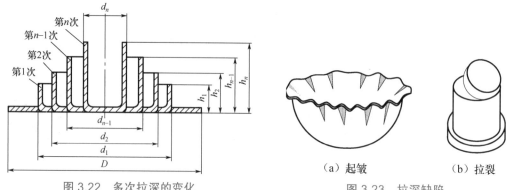

图 3.22　多次拉深的变化

（a）起皱　　　　（b）拉裂

图 3.23　拉深缺陷

拉深缺陷

采取以下措施可防止拉深时出现起皱和拉裂。

（1）限制拉深系数 $m \geqslant 0.5$。

（2）拉深模具的工作部分必须加工成圆角，凹模圆角半径 $R_d = (5 \sim 10)t$（t 为板料厚度），凸模圆角半径 $R_p < R_d$。

（3）控制凸模与凹模之间的间隙，间隙 $Z = (1.1 \sim 1.5)t$。

（4）使用压边圈，可有效防止起皱。

（5）涂润滑剂，减小摩擦力和内应力，延长模具的使用寿命。

3.3.4　弯曲

弯曲是利用模具或其他工具将一部分坯料相对另一部分弯曲成一定的角度和圆弧的工序。弯曲过程如图 3.24 所示。

弯曲

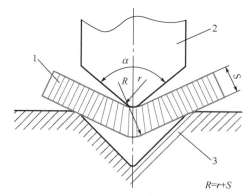

$R = r + S$

1—工件；2—凸模；3—凹模。

图 3.24　弯曲过程

坯料弯曲时，其变形区仅限于曲率发生变化的部分，且变形区内侧受压缩，外侧受拉伸，板料中心部位的一层材料不产生应力和应变，称为中性层。

弯曲变形区最外层的金属受切向拉应力和切向伸长变形最大。当最大拉应力超过材料的屈服极限时，形成弯裂。内侧金属也会因受压应力过大而在弯曲角内侧失稳起皱。

在弯曲过程中要注意以下几个问题。

（1）考虑最小弯曲半径 r_{min}。弯曲半径越小，变形程度越大。为防止材料弯裂，应使 r_{min} 不小于板料厚度的 25%。若材料塑性好，则弯曲半径可小些。

（2）考虑材料的纤维方向。弯曲时，应尽可能使弯曲线与坯料纤维方向垂直，使弯曲时的拉应力方向与纤维方向一致。

（3）考虑回弹现象。弯曲变形与其他塑性变形一样，在总变形中存在部分弹性变形，去掉外力后，塑性变形保留，而弹性变形部分恢复，从而使坯料产生与弯曲变形方向相反的变形，这种现象称为回弹或弹复。回弹会影响弯曲件的尺寸精度。一般设计弯曲模时，使模具角度与工件角度差一个回弹角（回弹角一般小于 10°），以在弯曲回弹后得到较准确的弯曲角度。

3.3.5　成形

使板料毛坯或制件产生局部拉伸或压缩变形来改变形状的冲压工艺统称成形。成形应用广泛，既可以与冲裁、弯曲、拉深等结合，制成形状复杂、强度高、刚性好的制件，又可以单独使用，制成形状特异的制件。成形主要包括翻边、胀形等。

1. 翻边

翻边是将内孔或外缘翻成竖直边缘的冲压工序。

内孔翻边在生产中应用广泛，其过程如图 3.25 所示。翻边前坯料孔径是 d_0，翻边的变形区是外径为 d_1 内径为 d_p 的圆环区。在凸模压力作用下，变形区金属内部产生切向拉应力和径向拉应力，且切向拉应力远大于径向拉应力，在孔缘处切向拉应力达到最大值。随着凸模下压，圆环内各部分的直径不断增大，直至翻边结束，形成内径为凸模直径的竖起边缘，如图 3.26（a）所示。

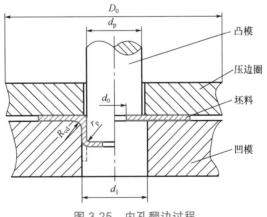

图 3.25　内孔翻边过程

由于内孔翻边的主要缺陷是裂纹，因此，内孔翻边高度不宜过大。当零件所需凸缘的高度较大时，可采用先拉深、后冲孔、再翻边的工艺，如图 3.26（b）所示。

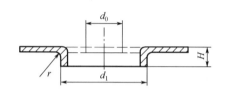

（a）先冲孔后翻边

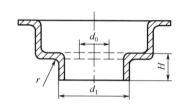

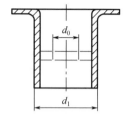

（b）先拉深、后冲孔、再翻边

图 3.26　内孔翻边举例

2. 胀形

胀形是利用局部变形使半成品部分内径胀大的冲压工序。胀形可以分为管坯胀形、橡皮胀形、机械胀形、气体胀形、液压胀形等。

图 3.27 所示为管坯胀形。在凸模的作用下，管坯内的橡胶变形，管坯直径增大，管坯靠向凹模。胀形结束后，凸模抽回，橡胶恢复原状，从胀形件中取出橡胶。凹模采用分瓣式，使工件易取出。

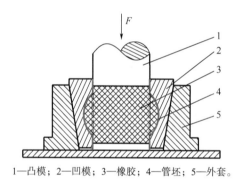

1—凸模；2—凹模；3—橡胶；4—管坯；5—外套。

图 3.27　管坯胀形

3.3.6　板料冲压件的结构工艺性

设计板料冲压件时，不仅应使其具有良好的使用性能，而且必须考虑冲压加工的工艺特点。影响冲压件工艺性的主要因素有冲压件的形状、尺寸、精度和表面质量等。

1. 冲压件的形状

（1）冲压件的形状应力求简单、对称，尽可能采用圆形、矩形等规则形状，以便冲压模具的制造、坯料受力和变形均匀。

（2）冲压件的形状应便于排样，以提高材料的利用率。冲压件排样方式如图 3.28 所示，其中图 3.28（d）所示为采用无搭边排样（用落料件的一个边作为另一个落料件的边缘），其材料利用率最高，但是毛刺不在同一个平面上，而且尺寸不容易准确，因此只有对冲压件质量要求不高时才采用。有搭边排样（各落料件之间均留有一定尺寸的搭边）的优点是毛刺小、冲压件尺寸精度高，但材料消耗多，如图 3.28（a）至图 3.28（c）所示。

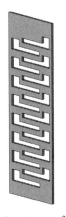

（a）182.7mm^2　　　（b）117mm^2　　　（c）112.63mm^2　　　（d）97.5mm^2

图3.28　冲压件排样方式

（3）用加强筋提高刚度，以实现用薄板材料代替厚板材料，节省金属。

（4）采用冲压－焊接结构。对于形状复杂的冲压件，先分别冲制若干简单件，再焊接成复杂件，以简化冲压工艺，降低成本。冲压－焊接结构件如图3.29所示。

（5）采用冲口工艺，以减少组合件。冲口工艺结构如图3.30所示。

图3.29　冲压－焊接结构件

图3.30　冲口工艺结构

2. 冲压件的尺寸

（1）冲压件上的转角应为圆角，避免工件产生应力集中和模具破坏。

（2）冲压件应避免采用过长的槽和悬臂结构，以防凸模过细而冲压时折断，孔与孔之间的距离或孔与零件边缘之间的距离不能太小。冲压件结构如图3.31所示。

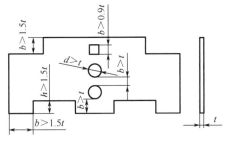

图3.31　冲压件结构

（3）弯曲件的弯曲半径应大于材料许用最小弯曲半径，弯曲件上的孔应位于弯曲变形区外，如图 3.32 所示，$L>1.5t$；弯曲件的直边长度 $H>2t$，如图 3.33 所示。

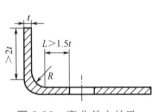

图 3.32　弯曲件上的孔

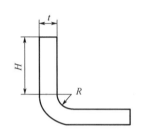

图 3.33　弯曲件直边长度

3. 冲压件的精度和表面质量

冲压件的精度不应超过工艺所能达到的一般精度，冲压工艺的一般精度如下：落料不超过 IT10；冲孔不超过 IT9；弯曲不超过 IT9 ～ IT10；拉深件的高度尺寸精度为 IT8 ～ IT10，经整形工序后精度为 IT6 ～ IT7。

一般对冲压件表面质量的要求不应高于原材料的表面质量，否则要增加切削加工等工序，使产品成本提高。

3.4　现代塑性加工的发展趋势

随着中国式现代化发展的深入推进，对塑性加工生产提出了越来越高的要求，不仅要生产各种毛坯，还要直接生产更多零件。近年来，在锻造生产方面出现了许多特种工艺并得到迅速发展，如精密模锻、挤压、轧制及超塑性成形等。现代塑性加工正向着高精度、智能化的方向发展。

3.4.1　精密模锻

精密模锻是在模锻设备上锻造出形状复杂、精度高的锻件的锻造工艺。例如精密锻造锥齿轮，其齿形部分可直接锻出而不必再进行切削加工。精密模锻件的尺寸精度为 IT12 ～ ITl5，表面粗糙度 $Ra=1.6 ～ 3.2\mu m$。

保证精密模锻的主要措施如下。

（1）精确计算原始坯料的尺寸，否则会增大锻件尺寸公差，降低精度。

（2）精密制造模具，精锻模腔的精度必须比锻件精度高两级；精锻模应有导向结构，以保证合模准确。

（3）采用无氧化或少氧化加热法，尽量减少坯料表面形成的氧化皮。

（4）精细清理坯料表面，除净坯料表面的氧化皮、脱碳层及其他缺陷等。

（5）在模锻过程中，要很好地冷却锻模和进行润滑。

一般在刚度大、运动精度高的设备（如曲柄压力机、摩擦压力机、高速锤等）上进行精密模锻。精密模锻具有精度高、生产率高、成本低等优点；但由于模具制造复杂、对坯料尺寸和加热等要求高，因此只适合大批量生产。

3.4.2 挤压

挤压是使坯料在挤压模内受压被挤出模孔而变形的加工方法。

按金属的流动方向与凸模运动方向的不同，挤压可分为如下四种。

（1）正挤压。金属的流动方向与凸模运动方向相同，如图 3.34（a）所示。

（2）反挤压。金属的流动方向与凸模运动方向相反，如图 3.34（b）所示。

（3）复合挤压。在挤压过程中，一部分金属的流动方向与凸模运动方向相同，另一部分金属的流动方向与凸模运动方向相反，如图 3.34（c）所示。

（4）径向挤压。金属的流动方向与凸模运动方向呈 90°，如图 3.34（d）所示。

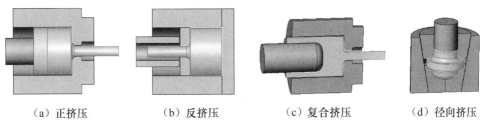

（a）正挤压　　　　　（b）反挤压　　　　　（c）复合挤压　　　　　（d）径向挤压

图 3.34　挤压成形

根据金属坯料变形温度的不同，挤压还可分为冷挤压、热挤压和温挤压。

（1）冷挤压。冷挤压通常在室温下进行。冷挤压零件表面粗糙度较低（Ra=0.2～1.6μm）、精度高（IT6～IT7）；变形后的金属组织为冷变形强化组织，故产品的强度高；但金属的变形抗力较大，变形程度不宜过大。冷挤压时，可以通过对坯料进行热处理和润滑等提高性能。

（2）热挤压。热挤压时，坯料变形温度与锻造温度基本相同。在热挤压中，金属的变形抗力小，允许的变形程度较大，生产率高；但产品表面粗糙度较高，精度较低。热挤压广泛用于冶金部门生产铝、铜、镁及其合金的型材和管材等，也越来越多地用于生产机器零件和毛坯。

（3）温挤压。温挤压时，金属坯料变形的温度介于室温与再结晶温度之间（100～800℃）。与冷挤压相比，变形抗力低，变形程度增大，提高了模具的使用寿命；与热挤压相比，坯料氧化脱碳少，表面粗糙度低（Ra=3.2～6.3μm），产品尺寸精度较高。温挤压适合挤压中碳钢和合金钢件。

挤压的工艺特点如下。

（1）挤压时，金属坯料处于三向受压状态，可提高金属坯料的塑性，扩大了金属材料的塑性加工范围。

（2）可制出形状复杂、深孔、薄壁、异形断面的零件。

（3）挤压零件的精度高，表面粗糙度低，尤其是冷挤压成形。

（4）挤压变形后，零件内部的纤维组织基本沿零件外形分布而不被切断，从而提高了

零件的力学性能。

（5）材料利用率可达 70%，生产率比其他锻造方法高。

（6）挤压是在专用挤压机（如液压式、曲轴式、肘杆式等）上进行的，也可在适当改造后的通用曲柄压力机或摩擦压力机上进行。

3.4.3 轧制

轧制是生产型材、板材和管材的主要加工方法。因为轧制具有生产率高、质量好、成本低，并可大量减少金属材料消耗等，所以在零件生产中得到越来越广泛的应用。

根据轧辊轴线与坯料轴线方向的不同，轧制分为纵轧、横轧、斜轧、楔横轧等。

1. 纵轧

纵轧是轧辊轴线与坯料轴线垂直的轧制方法。纵轧包括型材轧制和辊锻轧制等。

图 3.35（a）所示为辊锻轧制过程。坯料通过装有弧形模块的一对做相反旋转运动的轧辊变形的方法称为辊锻。辊锻轧制既可作为模锻前的制坯工序，又可直接辊锻工件。

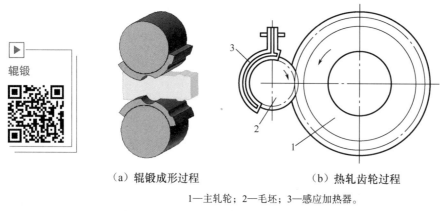

（a）辊锻成形过程　　　　　（b）热轧齿轮过程

1—主轧轮；2—毛坯；3—感应加热器。

图 3.35　辊锻成形过程及热轧齿轮过程示意图

辊锻成形适用于生产以下三种锻件。

（1）扁断面的长杆件，如扳手、活动扳手、链环等。

（2）带有头部、沿长度方向横截面递减的锻件，如叶片等。

（3）连杆件：用辊锻工艺锻制连杆生产率高，工艺过程简化，但需进行后续的精整工艺。

2. 横轧

横轧是轧辊轴线与坯料轴线平行，坯料在两轧辊摩擦力的带动下做反向旋转的轧制方法。利用横轧工艺轧制齿轮是一种少切削加工齿轮的工艺。图 3.35（b）所示为热轧齿轮过程。轧制前，用感应加热器 3 加热毛坯外缘，然后将带齿形的主轧轮 1 进行径向进给，迫使轧轮与毛坯 2 对碾，在对碾过程中，轧轮 1 继续径向送进到一定的距离，使坯料金属流动而形成轮齿。

采用横轧工艺可轧制直齿轮，也可轧制斜齿轮。由于被轧制的锻件内部流线与齿形轮廓一致，因此可提高齿轮的力学性能和工作寿命。

3. 斜轧

轧辊轴线与坯料轴线相交一定角度的轧制方法称为斜轧，也称螺旋斜轧。两个同向旋转的轧辊交叉并呈一定角度，轧辊上带有所需的螺旋型槽，使坯料螺旋式前进，从而轧制出形状呈周期性变化的毛坯或零件。

图 3.36 所示为螺旋斜轧（轧制周期性变形的长杆件和轧制钢球），可连续生产，效率高，且节省材料。

（a）轧制周期性杆件　　　　（b）斜轧钢球

图 3.36　螺旋斜轧

4. 楔横轧

楔横轧是带有楔形模具的两个或三个轧辊，向相同的方向旋转，棒料在其作用下反向旋转的轧制方法，如图 3.37 所示。其变形过程主要靠两个楔形凸块压缩坯料，使坯料径向尺寸减小，长度增大。楔横轧主要用于加工阶梯轴、锥形轴等对称的毛坯或零件。

3.4.4　超塑性成形

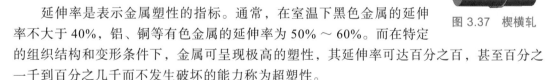

图 3.37　楔横轧

延伸率是表示金属塑性的指标。通常，在室温下黑色金属的延伸率不大于 40%，铝、铜等有色金属的延伸率为 50% ～ 60%。而在特定的组织结构和变形条件下，金属可呈现极高的塑性，其延伸率可达百分之百，甚至百分之一千到百分之几千而不发生破坏的能力称为超塑性。

1. 超塑性成形的特点

材料在超塑性状态下的变形应力只有常态下变形应力的几分之一至几十分之一，进入稳定阶段后，不出现加工硬化现象，极易成形，可采用板料冲压、挤压、模锻等方法制出形状复杂的零件。随着超塑性材料的日益发展，超塑性成形的应用越来越多。

2. 超塑性的分类

超塑性主要可分为结构超塑性和相变超塑性。

（1）结构超塑性。具有直径小于 $10\mu m$ 的微细晶粒的金属材料，在一定恒温和一定低变形速率下进行拉伸变形时获得的超塑性称为结构超塑性，又称恒温塑性或微细晶粒超塑性。

晶粒尺寸是影响结构超塑性的主要因素，晶粒细化程度决定了金属材料获得超塑性的可能性。

在一定温度（约为熔点的一半）下，微晶超塑性变形发生在一定的变形速率范围（$\varepsilon=10^{-2}\sim10^{-4}s^{-1}$）内。

（2）相变超塑性。具有固态相变的金属在相变温度附近进行加热与冷却循环，反复发生相变或同素异构转变，同时在低应力下变形，可产生极大延伸性的现象，称为相变超塑性或动态超塑性。相变超塑性的特点是变形中伴随相变所表现出来的超塑性。

3. 超塑性成形工艺的应用

（1）超塑性气压成形。超塑性气压成形是以压缩气体为动力，使处于超塑性状态的金属材料等温热胀，以产生大变形量来生产零件的工艺。

（2）超塑性拉伸成形。利用辅助压力模具对室温下具有超塑性的材料进行薄板超塑性拉伸成形。超塑性拉伸成形时，单次拉伸的最大杯深与杯的直径比大于11，是常规拉伸时的15倍。

（3）超塑性挤压成形。超塑性挤压成形是将坯料直接放入模具一起加热，达到最佳超塑性恒定温度后恒定慢速加载，保持压力，在封闭的模具中进行压缩成形的工艺。在变形过程中，模具保持与变形金属相同的恒温，改善了金属的流动性，降低了挤压力。

（4）超塑性无模拉拔成形。基于超塑性材料对温度及变形速率的敏感特性，对工件局部进行感应加热，在控制加热温度的条件下控制速度进行拉拔，实现超塑性变形，制出截面为矩形、圆形等简单形状的管状、棒状零件的方法称为超塑性无模拉拔成形。

3.4.5 塑性加工的发展趋势

金属塑性成形工艺的发展有着悠久的历史，在计算机的应用、先进技术和设备的开发和应用等方面均取得显著进展，并向着高科技、自动化和精密成形的方向发展。

1. 先进成形技术的开发和应用

（1）发展省力成形工艺。塑性加工工艺与铸造、焊接工艺相比，具有产品内部组织致密、力学性能好且稳定的优点。但是传统塑性加工工艺往往需要大吨位压力机，相应的设备质量及初期投资非常大，可以采用超塑性成形、液态模锻、旋压、辊锻、楔横轧、摆动辗压等方法降低变形力。

（2）提高成形精度。"少无余量成形"可以减少材料消耗、节省后续加工、降低成本。提高产品精度一方面要使金属能充填模腔中很精细的部位，另一方面要有很小的模具变形。由于等温锻造模具与工件的温度一致、工件流动性好、变形力小、模具弹性变形小，因此是实现精锻的好方法。由于粉末锻造容易得到最终成形所需的精确的预制坯，因此既节省材料又节省能源。

（3）复合工艺和组合工艺。粉末锻造（粉末冶金＋锻造）、液态模锻（铸造＋模锻）

等复合工艺有利于简化模具结构，提高坯料的塑性成形性能，应用越来越广泛。采用热锻—温整形、温锻—冷整形、热锻—冷整形等组合工艺有利于大批量生产高强度、形状较复杂的锻件。

2. 计算机技术的应用

（1）塑性成形过程的数值模拟。计算机技术已应用于模拟和计算工件塑性变形区的应力场、应变场和温度场；预测金属充填模腔情况、锻造流线的分布和缺陷产生情况；可分析变形过程的热效应及其对组织结构和晶粒度的影响。

（2）CAD/CAE/CAM 的应用。在锻造生产中，可利用 CAD/CAM 技术进行锻件、锻模设计，材料选择、坯料计算，制坯工序、模锻工序及辅助工序设计，确定锻造设备及锻模加工等工作。在板料冲压成形中，随着数控冲压设备的出现，CAD/CAE/CAM 技术得到了充分的应用，尤其是冲裁件 CAD/CAE/CAM 系统应用较成熟。

（3）增强成形柔度。柔性加工是应变能力很强的加工方法，适合产品多变的场合。在市场经济条件下，柔度高的加工方法具有较强的竞争力。计算机控制和检测技术广泛应用于自动生产线，塑性成形柔性制造系统已在发达国家应用于生产。

3. 实现产品—工艺—材料的一体化

以前，塑性成形往往是"来料加工"。近年来，随着机械合金化的出现，可以不通过熔炼得到各种性能的粉末，塑性加工时可以自配材料经热等静压再经等温锻造得到产品。

4. 配套技术的发展

（1）模具生产技术。发展高精度、高寿命模具和简易模具（柔性模、低熔点合金模等）的制造技术以及开发通用组合模具、成组模具、快速换模装置等。

（2）坯料加热方法。火焰加热方式较经济，工艺适应性强，仍是国内外主要坯料加热方法。生产效率高、加热质量和劳动条件好的电加热方式的应用逐年增加。少、无氧化加热方法和相应设备将得到进一步开发和应用。

3.5 综合实训课题

3.5.1 锻造技术操作

锻造的基本工序有镦粗、拔长、冲孔、弯曲、扭转等。

1. 镦粗

镦粗使毛坯高度减小、横截面面积增大。镦粗可以提高锻件的力学性能，分为整体镦粗和局部镦粗，如图 3.38 所示。

镦粗用于制造大截面、小高度的零件（如齿轮、圆盘等），是为冲孔进行的预备工序，或为拔长进行的预备工序（增大拔长时的锻造比）。

镦粗的操作要点如下。

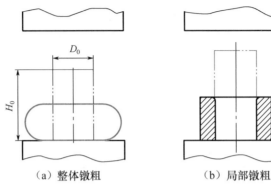

|(a)整体镦粗|(b)局部镦粗|

图 3.38　镦粗

（1）合适的高径比。镦粗时，圆形截面毛坯的高径比 $H_0 : D_0$ 不应大于 3，方形或矩形截面毛坯的高宽比不大于 4。高径比过大，容易产生纵向弯曲，使变形失去稳定，会镦弯，如不及时校正而继续镦粗则会使坯料产生折叠。

（2）坯料端面与轴线垂直。对端面与轴线不垂直的坯料进行镦粗时，需要压紧坯料，锤击校正端面，以防镦歪。

（3）合适的漏盘。镦粗时，漏盘上口部位应采用圆角过渡，且要有 5°～7° 的斜度。

（4）及时修整，消除鼓形。镦粗后，要及时翻转 90°，边滚动边锤击，消除鼓形。

2. 拔长

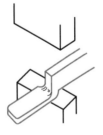

图 3.39　拔长

拔长使坯料横截面面积减小、长度增大，如图 3.39 所示。

拔长用于制造长且截面面积小的零件或制造长轴类空心零件，如轴类、炮筒、圆环、套筒等。

拔长的操作要点如下。

（1）合适的送进量。送进量直接影响拔长效率和锻件质量。送进量太大，拔长效率会降低，金属主要向坯料宽度方向流动；送进量太小，变形区容易出现双鼓形，还容易产生夹层。合适的送进量 $L/B = 0.4～0.8$，其中 L 是送进量，B 是砧铁宽度。拔长时的送进方向和送进量如图 3.40 所示。

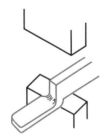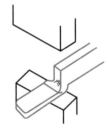

|(a)送进量合适|(b)送进量太大，拔长效率低|(c)送进量太小，产生夹层|

图 3.40　拔长时的送进方向和送进量

（2）合适的压下量。拔长时，增大压下量不但可提高生产率，而且可以强化心部变形，锻合内部缺陷。拔长时，希望采取大压下量变形。但是压下量太大（如坯料的宽度与厚度比超过 2.5），翻转后继续拔长容易发生折叠变形。

（3）在拔长过程中要不断翻转坯料。

（4）套筒类锻件的坯料要先冲孔再拔长，坯料边旋转边轴向送进，严格控制送进量。送进量太大，会使坯料内孔尺寸增大。

（5）拔长后要进行修整，如调平、矫直，使锻件表面光洁、尺寸准确。

3. 冲孔

冲孔是利用冲头在镦粗后的坯料上冲出透孔或不透孔的锻造工序。常用的冲孔方法有实心冲子冲孔、空心冲子冲孔和垫环冲孔三种。冲孔常用来制造空心件或锻件质量要求高的大工件，可采用空心冲子冲孔去掉质量较小的铸件中心部分。

冲孔的工艺要点如下。

（1）冲孔前，要对坯料镦粗，使冲孔深度减小、端面平整。

（2）冲孔前，要将坯料加热到始锻温度，使坯料塑性提高，防止冲裂。

（3）要先试冲，如有偏差，可及时修正，保证孔位正确。

（4）冲孔时，要使冲孔的轴线垂直于砧面，防止冲斜。

（5）一般的锻件通孔采用双面冲孔，较薄的坯料可采用单面冲孔。

（6）冲孔的孔径一般要小于坯料直径的 1/3，以防止坯料胀裂。

4. 弯曲

弯曲是将坯料弯曲成规定形状的锻造工序。弯曲使坯料金属纤维组织不被切断，从而提高了锻件质量，可用来锻造吊钩、角尺及弯板等锻件。

根据弯曲件的不同形状和尺寸，通常有以下几种弯曲方法。

（1）在锻锤上用上砧铁压紧锻件的一端或中间，用大锤把锻件的一端或两端打弯，也可用天车拉弯。

（2）在垫模中弯曲。

（3）在弯曲架上弯曲。

弯曲的工艺要点如下。

（1）当锻件多处弯曲时，弯曲的顺序一般是首先弯端部，其次弯曲线部分与直线部分交界处，最后弯曲其余圆弧部分。

（2）弯曲锻件的加热部分不宜过长，最好只限于受弯曲的一端，注意加热均匀。

5. 扭转

扭转是将坯料的一部分相对于另一部分绕轴线旋转一定角度的锻造工序。扭转可用来锻造曲柄位于不同平面的曲轴、连杆及麻花钻头等锻件。

扭转时，扭转区域的坯料长度减小，而横截面面积稍增大。

扭转方法：把接近扭转区的部分紧固在虎钳上或用锤砧压住，另一端用扳手或叉子夹住进行扭转，也可以用大锤打击扭转。

3.5.2 手工锻造实例

螺钉头的锻造方法有两种：一种是镦粗法，另一种是接火法。因为镦粗法的效率较高，所以机器上受力比较大的螺钉多采用镦粗法。采用接火法锻造比较快，并且较容易。

镦粗法的操作范例：先将铁条或钢条结成所需长度（比螺钉头长），约为镦粗螺钉头时所需长度，再加上螺钉头的全长。把材料接好后，先烧红一端（或全部烧红而在水中浸冷另一端）并夹出，用锤力打击，使它一端镦粗，如图 3.41（a）所示。把漏盘放在砧铁上，把螺钉头插入漏盘的孔中，把头部镦粗部分打平，如图 3.41（b）所示。从漏盘中取出，在砧铁上打成六角形的粗坯。此时螺钉头冷却，不能再打，放入炉中重新烧红后刻成图 3.41（c）所示的六角形状并放入漏盘，修平头部，用杯形模具覆在螺钉头上，用锤打击，使头部的六角和边缘的棱角略带圆弧，如图 3.41（d）所示。最后量其长度是否与要求尺寸相符，若过长则切去多余长度。这样，一个六角螺钉头就锻造出来了。

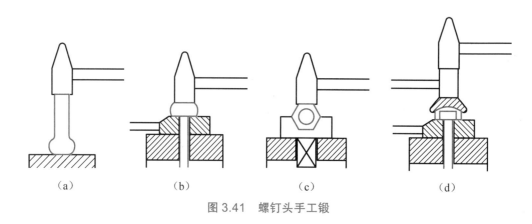

（a）　　　　　　（b）　　　　　　（c）　　　　　　（d）

图 3.41　螺钉头手工锻

3.5.3　板料冲压实训操作

板料冲压的基本工序有冲裁、拉深、弯曲和成形等，它们都是在冲压机或压力机上完成的。它们的主要区别是使用的模具不同。板料冲压技能操作主要是对压力机的操作，其中冲模的正确安装和使用是板料冲压技能的主要内容。

1. 安装、调整冲模的一般步骤

（1）检查冲床运转是否正常，图纸、工艺文件、材料、毛坯和模具是否准备好。

（2）将模具与冲床的接触面擦拭干净。

（3）用手盘动飞轮（大、中型冲床用微动按钮），调节滑块到最高位置（上止点），并转动调节螺杆，将连杆调节到最小长度。

（4）对有导向装置的模具，可在导向件吻合状态下将上、下模一起安放到冲床工作台上；对无导向装置的模具，将一块木板或软且平整的平板放在工作台上，把上模放在其上。

（5）用手盘动飞轮（大、中型冲床用微动按钮），使滑块靠近上模，并将上模的模柄对准滑块孔（对于无模柄的上模，使滑块的 T 形槽与上模凸耳对准）。然后使滑块缓慢下降，直至滑块下平面紧贴上模板的上平面，拧紧紧固螺栓，将上模固定于滑块上。

（6）对无导向装置的模具，撤除木板（或平板），安装下模，用上述方法使滑块下降，同时使上模和下模对准。

（7）初步调整冲床的闭合高度。

（8）紧固无导向装置的下模。

（9）用上述方法使滑块回到上止点。

（10）安装无误后，在上、下模的配合部分（导向装置、工作零件之间）涂润滑剂，然后开空车冲几次，进一步检查冲模的安装、紧固、调整是否妥当。

（11）试冲。试冲时，逐步调整闭合高度，直至符合要求。然后紧固调节螺杆，调整打料装置和其他装置（如弹性卸料装置等）。

2. 冲模的维护保养

冲模的维护保养对保证正常生产、提高制件质量、延长模具使用寿命有重要作用。冲模的维护保养应该注意如下事项。

（1）安装调整模具前应将冲床上的打料装置暂时调整到最高位置，检查冲床和冲模的闭合高度是否适应，冲模上的卸料装置是否与冲床配套，冲模的上、下模和冲床的滑块底面、工作台面是否擦拭干净。

（2）安装调整好模具后，应检查模具内外有无异物或其他工具。

（3）在使用模具过程中，应定时润滑其工作表面（如凸凹模刃口或工作型腔）和活动配合表面（如导向装置）。严禁在冲压过程涂润滑剂，必须在停机时进行。同时要注意毛坯有无异常情况，当毛坯出现不允许的硬折、过厚、严重翘曲等现象时停止作业。

（4）拆卸模具时，用手盘动飞轮（大、中型冲床用微动按钮），使滑块缓慢下降，使上、下模处于闭合状态。然后松开固定上模的紧固零件，使滑块上升至上止点，脱开上模，卸除紧固下模的零件。

（5）卸下的模具应及时交回模具库或指定存放点。存放前，应将模具擦拭干净并涂油防锈。

3.5.4　冷冲模实训操作

1. 冲裁模的安装调整

当冲裁模的上、下模吻合时，应保证上模的工作零件（凸模或凹模）含入下模的工作零件（凸模或凹模）。含入的深度要适当，更重要的是必须保证吻合的凸、凹模周边有均匀的间隙。间隙不适当或不均匀将直接影响冲裁件的质量。冲裁模的安装调整应确保上、下模吻合时模具间隙均匀。上、下模含入的深度是依靠调节冲床连杆长度来实现的。

对于有导向装置的冲裁模，其安装调整比较方便，要保证导向装置运动顺利而无发涩现象。导向装置（如导柱和导套）的配合是比较精密的，以保证上、下模的配合间隙均匀。

对于无导向装置的冲裁模，可在凹模刃口周围衬以纯铜箔或硬纸板调整。铜箔或纸板厚度相当于凸、凹模之间的单面间隙。当冲裁件毛坯厚度大于1.5mm时，因模具间隙较大，故可用上述衬垫的方法调整。对于较薄毛坯的冲裁模，可用操作者观测凸、凹模吻合后周边缝隙的方法调整模具。对于直边刃口的冲裁模，还可用塞尺测试间隙的方法调整模具。

2. 弯曲模的安装调整

对于有导向装置的弯曲模，调整安装比较简单，上模和下模的位置都由导向装置决定。

一般用调节冲床连杆长度的方法调整上、下模在冲床上的相对位置。应使上模随滑块到达下止点位置时，既能压实工件，又不发生硬性顶撞或在下止点发生"顶住"或"咬住"现象。

粗略调整上模在冲床上的位置后，再在上凸模下平面与下模卸料板之间垫一块比毛坯略厚的垫片（一般为毛坯厚度的 1.0 ～ 1.2 倍），采用调节连杆长度的方法反复盘动飞轮（大、中型冲床用微动按钮），直到使滑块正常通过下止点而无阻滞或盘不动（"顶住"或"咬住"现象）。盘动飞轮数周，可以固定下模进行试冲。试冲合格后，可将各紧固零件再拧紧一次并再次检查，然后正式生产。

如果调整上模的位置偏下或者忘记在模具中清理垫片等杂物，则在冲压过程中，上模和下模会在行程下止点剧烈撞击，严重时可能损坏模具或冲床。

如果有试件（现成的弯曲件），就把试件放在模具工作位置上安装调整模具，更方便、更快捷。

3. 拉深模的安装调整

拉深模的安装调整与弯曲模相似，但具有如下特点。

拉深模除有打料装置、弹性卸料装置等在冲裁模、弯曲模调试中遇到的问题外，还存在压边装置的调整问题。若调整压边装置压力过大，则拉深件易破裂；若调整压边装置压力过小，则拉深件易出现褶皱。

如果冲压对称或者封闭形状的拉深件（如筒形件），则安装调整模具时，可将上模紧固在冲床滑块上，将下模放在工作台上且不紧固。先在凹模洞壁均匀放置几个与工件料厚相等的衬垫，再使上、下模吻合，可以自动对中，间隙均匀。调整好闭合位置后，把下模紧固在工作台上。

3.6　实训中常见问题解析

通常在实训中会遇到各种问题，下面对一些常见的问题进行解析。

1. 为什么锻造金属时，变形量越大，越难加工？

因为金属在塑性变形中发生了加工硬化现象。加工硬化使金属的硬度和变形抗力增大、塑性下降，并使金属内存在内应力。要消除加工硬化、提高塑性，需要增加热处理工序。

2. 镦粗时，常发生纵向弯曲、侧表面纵向裂纹、双鼓形或折叠，如何避免和纠正？

如果了解这些缺陷产生的原因，就知道如何避免和纠正了。产生纵向弯曲的原因有坯料高度与坯料边长或直径之比太大；坯料端面不平整，砧铁歪斜。在实训中，要选择合适的坯料高度与坯料边长或直径之比，通常要求其小于 2.5；坯料端面和砧铁平整。

侧表面纵向裂纹是因砧铁与坯料端面之间的摩擦力及砧铁对坯料端面的冷却作用形成

的。在实训中，锻造温度不要太低，材料不要过热，或者采用塑性强的材料可以减小产生纵向裂纹的倾向。

双鼓形或折叠是毛坯在过高或过低打击能量作用下，坯料变形集中在上、下两端形成双鼓形，继续打击锻造可能发展成折叠，减小坯料高度并采用合适的打击能量可以避免。

3.锻造中，轴向裂纹是如何形成的？

用平砧拔长圆形毛坯时，如果压下量较小，则接触面较窄、较长，金属多做横向流动，形成横向拉力。由于越接近轴心部分，受到的拉力越大，因而易在锻件内部产生裂纹。如果增大压下量，变形分布情况改变（接触面增宽），就可以减小内部的横向拉力。

4.模锻时，锻不足、充不满和错移的原因分别是什么？

锻不足是由毛坯温度太低、在终锻模腔内锤击次数不够、设备吨位不足、飞边桥部设计部当合仓部太小、坯料体积太小或终锻模腔磨损等造成的。

充不满主要是由毛坯温度不够、塑性差、金属流动慢、设备吨位不足或锤击次数太少、制坯和终锻模腔设计不合理、毛坯体积与截面面积大小选择不合理等造成的。

错移主要是由锤头与导轨之间的间隙过大、锻模平衡锁扣或导柱设计不合理、锻模安装不准确等造成的。

5.锻模损坏的主要形式是什么？如何避免？

在实训中，常遇到的锻模损坏形式有锻模破裂、锻模热裂、锻模磨损、锻模变形等。

防止锻模损坏的主要措施有选用耐高温且硬度和强度高的锻模材料；选用合适的模具热处理规范，改善锻模内部质量；进行合理的锻模设计，适当增大锻模斜度、圆角半径，使锻件更易脱模，设计型槽时应使模具有足够的承载面积，并选用合理的飞边槽；提高模具加工质量和模腔表面光洁度；使用锻模要遵守工艺操作规范，注意维护，使用模具前预热，严防冷打击，并控制终锻温度，仔细清除氧化皮，提高操作水平；保持锻锤良好状态，保证锻模燕尾基面与锤头或模座的燕尾槽良好接触；使用适当的冷却润滑剂，但应避免急冷急热，并尽量少用油类润滑剂，防止型槽过早变形。

3.7　锻压实训安全

1.锻造实训安全

（1）锻造前，必须仔细检查设备及工具，观察楔铁、螺钉等有无松动，夹钳、摔子、砧铁、冲头等有无开裂或其他缺陷。

（2）在锻造过程中，严格按照掌钳工指令操作，严禁在操作过程中谈笑打闹等。

（3）夹钳钳口形状必须与坯料的截面形状、尺寸相符，以保证夹持牢固。用夹钳夹牢工件后，放在下砧中央，且要求确保放正、放平、放稳，以防飞出。

（4）严禁将夹钳或其他工具的柄部对准身体正面，而应置于体侧，以防工具受力后退时戳伤身体。

（5）脚踩踏杆时，脚跟不许悬空，以便稳定操作踏杆。非锤击时，应随即使脚离开踏

杆，以防误踏。

（6）锤头应做到"三不打"，即模具或坯料未放稳不打、过烧或已冷坯料不打、砧上无坯料不打。

（7）放置及取出工件、清除氧化皮时，必须用夹钳、长扫把等工具，严禁将手伸入锤头的行程中。

（8）不要直接用手触摸锻件和钳口。

（9）不要在锻造时易飞出毛刺、料头、火星、铁渣的危险区停留。

2.冲压实训安全

（1）未经指导教师允许，不得擅自启动设备。

（2）无论是在运转还是在停车中，都不许把手伸入模具中间。

（3）严禁连冲。不许把脚一直放在离合器踏板上进行操作，应每冲一次踩一下，随即脱离踏板。

（4）禁止用手直接取、放冲压件，清理坯料、废料或工件时需戴手套，以免划伤，且最好采用工具取、放冲压件。

（5）多人操作一台设备时，要分工明确、协调配合。

（6）当设备处于运转状态时，不得离开操作岗位。操作停止时，要切断电源，使设备停止运转。

3.8 小　结

锻压是机械制造中毛坯和零件生产的主要方法，尤其在工作条件复杂、对力学性能要求高的重要结构零件的制造中具有重要的地位。锻压分为自由锻、模锻与胎模锻、板料冲压等。

自由锻分为手工锻造和机器锻造，手工锻造只适合单件生产小型锻件，机器锻造是自由锻的主要生产方法。与自由锻相比，胎模锻生产率较高、锻件表面质量好、加工余量较小、材料利用率较高。板料冲压是金属塑性加工的基本方法之一，它通过装在压力机上的模具对板料施压而产生分离或变形，从而获得一定形状、尺寸和性能的毛坯或零件。板料冲压与其他加工方法相比，具有尺寸精度高、表面光洁、质量稳定、互换性好、生产率高、工艺过程易实现机械化和自动化等优点。

3.9 思考与练习

1.思考题

（1）锻压的实质是什么？与铸造相比，锻压有什么特点？

（2）锻造前，坯料加热的作用是什么？

（3）什么是自由锻？其有什么特点和应用范围？

（4）镦粗时，如何防止和纠正镦歪及夹层？

（5）冲床的组成和各部分的作用分别是什么？

（6）冲模通常包括哪些部分？各部分的作用分别是什么？

2. 实训题

根据图 3.42 所示尺寸打造一把宝剑，材质为 45 钢。分析采用的锻造方法和具体工艺步骤。

图 3.42　宝剑

第4章
焊　　接

教学提示： 焊接是形成金属材料不可拆卸连接的工艺方法。焊接工艺方法多种多样，连接材料包括钢、铸铁以及铝、镁、钛、铜及其合金等，主要用于制造金属构件，在机械制造工业中占有重要的地位，尤其是在大型桥梁、船舶等大国重器建设中发挥了重要作用。学习本章内容前，学生需预习，并理论联系实际。

教学要求： 通过本章学习，学生可了解焊条电弧焊、气焊与气割、电阻焊和钎焊等焊接工艺的特点及应用；熟悉常用焊接设备；掌握电弧焊、气焊的基本操作和工艺设计方法。

焊接是利用加热和（或）加压，并且用（或不用）填充材料，借助金属原子的结合与扩散，使分离的两部分金属牢固地、永久地结合的工艺。焊接主要用于制造金属构件，如锅炉、压力容器、管道、车辆、船舶、桥梁、飞机、火箭、起重机等。此外，焊接还可以与铸、锻、冲压工艺结合成复合工艺，用于生产大型复杂件。

焊接方法很多，常见的有如下三类。

（1）熔化焊。熔化焊的原理是将焊件连接处局部加热到熔化状态，然后冷却凝固成一体，不加压力完成焊接。在工业生产中，常用的熔化焊方法有焊条电弧焊、气焊、埋弧焊、CO_2 气体保护焊、氩弧焊和电渣焊等。

（2）压力焊。在焊接过程中，必须对焊件施加压力（加热或不加热）来完成焊接的方法称为压力焊，如电阻焊等。

（3）钎焊。使低熔点的填充金属（称钎料）熔化后，与固态焊件金属相互扩散，形成原子间的结合而实现连接的方法称为钎焊，主要有软钎焊和硬钎焊等。

在焊接工艺中，被焊接的材料俗称母材。焊接材料指的是焊条、焊丝、钎料等。采用焊接方法连接的接头称为焊接接头，如图 4.1 所示，它由焊缝、熔合区和热影响区组成。在焊接过程中，局部受热熔化的金属形成熔池，熔池金属冷却凝固形成焊缝。焊缝附近受热影响（但未熔化）而使组织和力学性能变化的区域称为热影响区。焊缝向热影响区过渡且范围很小（0.1～1mm）的区域称为熔合区。焊缝各部分名称如图 4.2 所示。

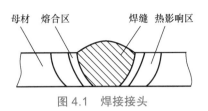

图 4.1　焊接接头

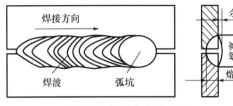

图 4.2　焊缝各部分名称

4.1　焊条电弧焊

以电弧为焊接热源的熔化焊方法称为电弧焊，简称弧焊。手工操纵焊条进行的电弧焊称为焊条电弧焊。焊条电弧焊设备简单、维修容易、焊钳小、使用灵活，是焊接生产中应用广泛的方法。

手工焊件

4.1.1　焊条电弧焊过程

1. 电弧的产生

电弧是在焊条（电极）和工件（电极）之间产生强烈、稳定、持久的气体放电现象。焊条与工件接触，瞬间有强大的电流流经焊条与焊件接触点，产生强烈的电阻热，并将焊条与工件表面加热到熔化甚至蒸发、气化。电弧引燃后，弧柱中充满高温电离气体，放出大量的热和光。

2. 焊接电弧的结构

电弧由阴极区、阳极区和弧柱区三部分组成，如图 4.3 所示。阴极区是电子供应区，温度约为 2400K；阳极区为电子轰击区，温度约为 2600K；弧柱区是阴、阳两极之间的区域，温度较高，一般为 5000 ～ 8000K。对于直流弧焊机，工件接阳极、焊条接阴极称为正接；工件接阴极、焊条接阳极称为反接。

为保证顺利引弧，焊接电源的空载电压（引弧电压）应是电弧电压（工作电压）的 1.80 ～ 2.25 倍，电弧稳定燃烧时所需的电弧电压为 29 ～ 45V。

3. 焊条电弧焊的操作过程

用焊钳夹持焊条，将焊钳和工件分别接到电焊机的两个电极，引燃电弧，电弧使母材熔化而形成熔池，焊条金属芯熔化并以熔滴形式借助重力和电弧吹力进入熔池，燃烧、熔化的药皮进入熔池而成为熔渣浮在熔池表面，保证熔池不受空气的侵害。药皮分解产生的气体环绕在电弧周围，以隔绝空气，保护电弧、熔滴和熔池金属。当焊条向前移动，母材继续熔化时，原熔池和熔渣凝固，形成焊缝和渣壳。焊条电弧焊如图 4.4 所示。

手工焊

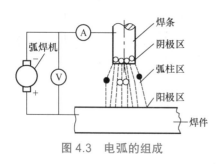

图 4.3　电弧的组成

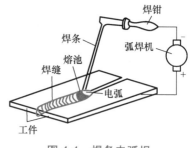

图 4.4　焊条电弧焊

4.1.2　焊条电弧焊设备

1．弧焊机的种类

焊条电弧焊的主要设备是弧焊机，常用的弧焊机有交流弧焊机和直流弧焊机两类。

1）交流弧焊机

交流弧焊机实际上是一种特殊的变压器，又称弧焊变压器，如图 4.5 所示。其结构简单、使用方便、容易维修、价格低，但电弧稳定性较差。在我国交流弧焊机使用非常广泛。

2）直流弧焊机

生产中常用的直流弧焊机有整流式直流弧焊机和逆变式直流弧焊机（图 4.6）等。

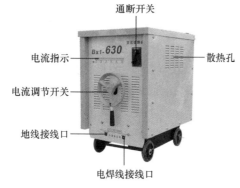

图 4.5　交流弧焊机

图 4.6　逆变式直流弧焊机

（1）整流式直流弧焊机。整流式直流弧焊机把交流电经过变压、整流转变成直流电。它既弥补了交流弧焊机电弧稳定性不好的缺点，又具有噪声小、省电、省料、效率高、制造和维修简便等优点，但价格比交流弧焊机高。

（2）逆变式直流弧焊机。逆变式直流弧焊机是近些年发展起来的一种高效、节能、采用电子控制方式的弧焊机。其工作原理如下：380V 交流电经三相桥式全波整流转变成高压脉冲直流电，经滤波转变成高压直流电，再经逆变器转变成几千赫兹到几万或几十万赫兹的中频高压交流电，再经过中频变压器降压、全波整流转变成适合焊接的低压直流电。逆变式直流弧焊机体积小、质量轻、高效节能、适应性强，是比较理想的直流弧焊机。

2. 弧焊机的主要技术参数

弧焊机的主要技术参数标识在铭牌上，主要有初级电压、空载电压、工作电压、输入容量、电流调节范围和负载持续率等。

（1）初级电压。初级电压是指弧焊机所要求的电源电压。一般交流弧焊机的初级电压为 220V 或 380V（单相），直流弧焊机的初级电压为 380V（三相）。

（2）空载电压。空载电压是指弧焊机在未焊接时的输出端电压。一般交流弧焊机的空载电压为 60～80V，直流弧焊机的空载电压为 50～90V。

（3）工作电压。工作电压是指弧焊机在焊接时的输出端电压。一般弧焊机的工作电压为 20～40V。

（4）输入容量。输入容量是指输入弧焊机的电流和电压的乘积，它表示弧焊机传递功率的能力，其单位是 kV·A。

（5）电流调节范围。电流调节范围是指弧焊机正常工作时可提供的焊接电流范围。

（6）负载持续率。负载持续率是指在规定工作周期内，弧焊机有焊接电流的时间所占的平均百分率。国家标准规定焊条电弧焊的工作周期为 5min。

4.1.3 焊条电弧焊焊条

1. 焊条的组成与作用

焊条主要由焊芯和药皮两部分组成，如图 4.7 所示。

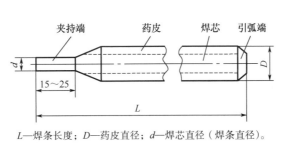

L—焊条长度；D—药皮直径；d—焊芯直径（焊条直径）。

图 4.7 焊条

（1）焊芯。焊芯采用焊接专用金属丝。结构钢焊条一般含碳量低、有害杂质少、含有一定合金元素，如 H08A 等。不锈钢焊条的焊芯采用不锈钢焊丝。焊芯直径为 $\phi2$、$\phi2.5$、$\phi3.2$、$\phi4$、$\phi5$ 等，单位为 mm。

焊芯有两个作用，一是作为电极导电；二是熔化后作为填充金属与熔化的母材共同组成焊缝金属。因此，可以通过焊芯调整焊缝金属的化学成分。

（2）药皮。药皮是压涂在焊芯表面的涂料层，其原材料有矿石、铁合金、有机物和化工产品等。

药皮主要有三个作用：一是起稳弧作用，如药皮的某些成分可促使气体离子电离，使电弧易引燃和保持燃烧稳定；二是起保护作用，药皮中含有造渣剂、造气剂等，产生气体和熔渣，对焊缝金属起双重保护作用；三是起冶金处理作用，药皮中含有脱氧剂、合金剂、

89

稀渣剂等，使熔化金属顺利进行脱氧、脱硫、去氢等冶金化学反应，并补充被烧损的合金元素。

2. 焊条的种类、型号与牌号

（1）焊条种类。焊条按用途不同分为十大类：结构钢焊条、钼和铬钼耐热钢焊条、低温钢焊条、不锈钢焊条、堆焊焊条、铸铁焊条、镍及镍合金焊条、铜及铜合金焊条、铝及铝合金焊条、特殊用途焊条。其中，结构钢焊条分为碳钢焊条和低合金钢焊条。

结构钢焊条按药皮性质不同分为酸性焊条和碱性焊条，酸性焊条的药皮中含有大量酸性氧化物（SiO_2、MnO_2 等），碱性焊条的药皮中含大量碱性氧化物（如 CaO）。

（2）焊条的型号与牌号。焊条型号是国家标准中规定的焊条代号。在焊接结构生产中应用较广的有碳钢焊条和低合金钢焊条，型号见 GB/T 5117—2012《非合金钢及细晶粒钢焊条》和 GB/T 5118—2012《热强钢焊条》。其中碳钢焊条型号由字母 E 和四位数字组成，如 E4303、E5016、E5017 等，其含义如下。

"E"表示焊条。前两位数字表示熔敷金属的最小抗拉强度，单位为 kgf/mm^2。第三位数字表示焊条的焊接位置，"0"及"1"表示焊条适合全位置焊接（平、立、仰、横）；"2"表示只适合平焊和平角焊；"4"表示适合向下立焊。第三位和第四位数字组合时表示焊接电流种类及药皮类型，如"03"为钛钙型药皮，交流或直流正、反接；"15"为低氢钠型药皮，直流反接。

焊条牌号是焊条生产行业统一的焊条代号。焊条牌号用一个大写汉语拼音字母和三位数字表示，如 J422、J507 等。拼音表示焊条的大类，如"J"表示结构钢焊条，"Z"表示铸铁焊条；前两位数字代表焊缝金属抗拉强度等级，单位为 kgf/mm^2；末尾数字表示焊条的药皮类型和焊接电流种类，1 ~ 5 为酸性焊条，6、7 为碱性焊条。

4.1.4 焊条电弧焊焊接工艺

焊条电弧焊的主要工艺参数有焊条直径、焊接电流、电弧电压及焊接速度等。其直接影响焊接质量和生产率。

1. 焊接工艺参数的选择

（1）焊条直径。选择焊条直径主要依据焊件厚度，同时考虑接头形式和焊接位置等。在保证焊接质量的前提下，应尽可能选用大直径焊条，以提高生产率。低碳钢焊条直径、焊接电流与焊件厚度的关系见表 4-1。

表 4-1　低碳钢焊条直径、焊接电流与焊件厚度的关系

焊件厚度 δ/mm	2	3	4 ~ 5	6 ~ 8
焊条直径 d/mm	2	3.2	4	5
焊接电流 I/A	55 ~ 60	100 ~ 130	160 ~ 210	220 ~ 280

（2）焊接电流。焊接电流是焊条电弧焊的主要工艺参数，主要依据焊条的直径选择。

（3）电弧电压。电弧电压由弧长决定，并与弧长成正比。一般电弧长度小于或等于焊条直径，即所谓的短弧焊。

（4）焊接速度。焊接速度是指焊条沿焊接方向移动的速度。进行焊条电弧焊时，一般不规定焊接速度，由操作者凭经验掌握。

2. 焊接工艺参数对焊缝形状的影响

焊接工艺参数对焊接质量有很大的影响。图 4.8 所示为焊接电流和焊接速度对焊缝形状的影响。

选用合适的焊接电流和焊接速度可得到规则的焊缝，如图 4.8（a）所示。焊波均匀且呈椭圆形，焊缝到母材过渡平滑，外观尺寸符合要求。

焊接电流太小时，焊缝到母材过渡突然，熔宽和熔深减小，余高增大，如图 4.8（b）所示。

焊接电流太大时，焊条熔化过快，飞溅多，焊波变尖，熔宽和熔深增大，焊缝下塌，甚至出现烧穿，如图 4.8（c）所示。

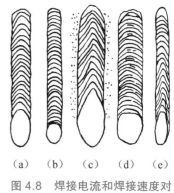

图 4.8 焊接电流和焊接速度对焊缝形状的影响

焊接速度太低时，焊波变圆，熔宽、熔深和余高均增大，如图 4.8（d）所示。

焊接速度太高时，焊波变尖，熔宽、熔深和余高均减小，如图 4.8（e）所示。

4.1.5 焊接接头设计与焊接位置

1. 焊接接头设计

焊接接头设计应根据焊件的结构形状、强度要求、工件厚度、焊后变形量、焊条消耗量、坡口加工难易程度、焊接方法等因素综合考虑决定，主要包括焊接接头形式和焊接坡口形式等。

（1）焊接接头形式。焊接碳钢和低合金钢的常用接头形式有对接、搭接、角接和 T 形接等，如图 4.9 所示。

（2）焊接坡口形式。焊接坡口有 I 形坡口（又称不开坡口）、Y 形坡口、双 Y 形坡口（又称 X 形坡口）、U 形坡口（图 4.10）。不同的接头形式有不同的坡口，主要根据焊件厚度选择。

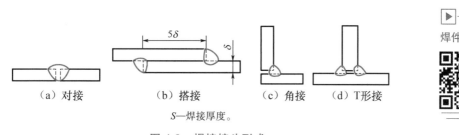

焊件接头

（a）对接 （b）搭接 （c）角接 （d）T形接

S—焊接厚度。

图 4.9 焊接接头形式

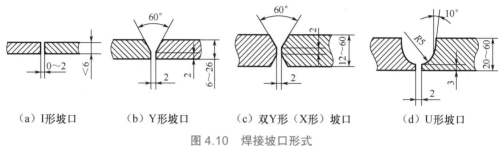

（a）I形坡口　　（b）Y形坡口　　（c）双Y形（X形）坡口　　（d）U形坡口

图 4.10　焊接坡口形式

焊接时，对 I 形坡口、Y 形坡口和 U 形坡口，可根据实际情况采用单面焊或双面焊完成（图 4.11）。一般情况下，因为双面焊容易焊透，所以尽量采用双面焊。当焊件较厚时，为了焊满坡口，要采用多层焊或多层多道焊，如图 4.12 所示。

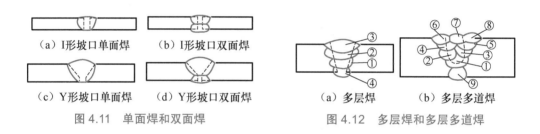

（a）I形坡口单面焊　　（b）I形坡口双面焊

（c）Y形坡口单面焊　　（d）Y形坡口双面焊

图 4.11　单面焊和双面焊

（a）多层焊　　（b）多层多道焊

图 4.12　多层焊和多层多道焊

2. 焊接位置

焊接时，焊件接缝的空间位置称为焊接位置。一般焊接位置有平焊、立焊、横焊和仰焊四种，如图 4.13 所示。

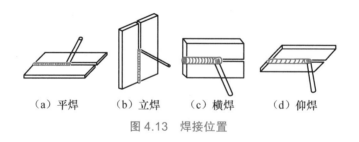

（a）平焊　　（b）立焊　　（c）横焊　　（d）仰焊

图 4.13　焊接位置

4.1.6　焊接缺陷和焊接质量检验

1. 焊接缺陷

焊接接头的不完整性称为焊接缺陷。焊接缺陷使构件的承载能力降低，应力集中使构件易开裂、疲劳强度降低。常见的焊接缺陷及其产生原因见表 4.2。

表 4-2　常见的焊接缺陷及其产生原因

缺陷名称	图示	说明	产生原因
未焊透	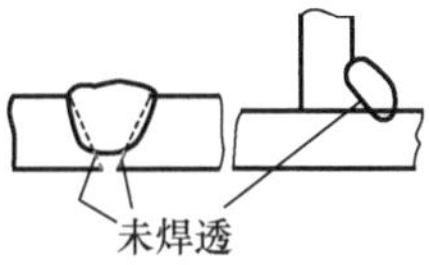	接头根部未完全焊透	装配间隙或坡口尺寸太小；焊接太快；焊接电流过小、电弧过长；焊条未对准焊缝中心；等等
咬边	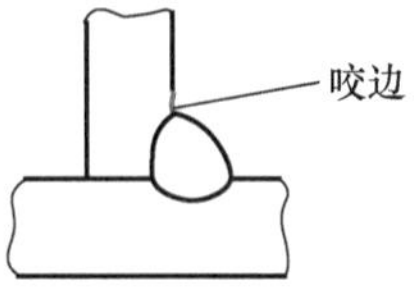	沿焊趾的母材部位产生的沟槽或凹陷	焊接电流太大、电弧过长；焊条角度和运条不当；焊接太快；等等
气孔	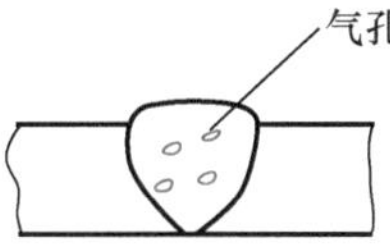	焊缝中留有的空洞	焊条潮、焊件脏；焊接太快、焊接电流过小、电弧过长；焊件的碳和硅含量高；等等
焊瘤	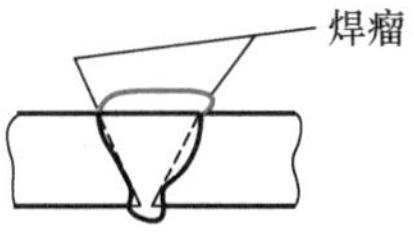	熔化金属流动到未熔化的母材上而形成的金属瘤	焊条熔化太快；电弧过长；运条不当；焊接太慢；等等
裂纹	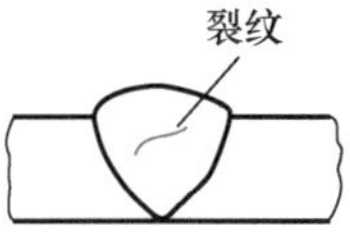	焊接接头处的缝隙	焊件的碳、硫、磷含量高；焊缝冷却快；焊接应力过大；等等
凹坑	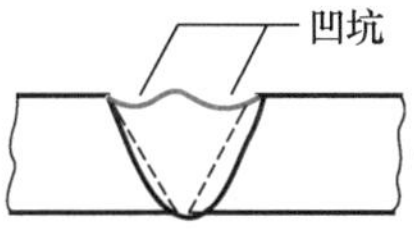	焊缝表面或背面形成的低于母材表面的区域	坡口尺寸不当；装配不良；焊接电流、焊接速度与运条不当；等等
夹渣	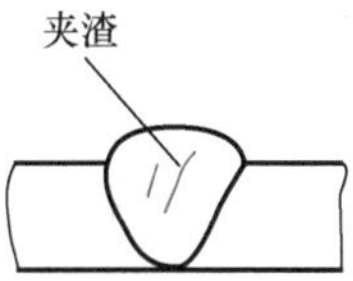	残留在焊缝中的熔渣	焊件不洁净；焊接电流小；焊缝冷却快；多层焊时，各层熔渣未除净；等等

2.焊接质量检验

焊接质量检验是焊接生产中的重要环节。通过检验发现缺陷，分析其产生原因及预防方法，以便提高焊接质量。

焊接质量检验包括外观检验和密封试验。外观检验是用肉眼或低倍放大镜观察是否存在表 4-2 中的缺陷。密封试验是必须对承受较大压力的容器进行的检验。密封试验包括水压试验、煤油试验和氨水试验。

4.1.7　焊接应力和焊接变形

焊接后，焊件内部会产生残余应力，同时产生焊接变形。焊接应力与外加载荷叠加，造成局部应力过大，焊件产生新的变形或开裂甚至失效。因此，设计和制造焊接结构时，

必须设法减小焊接应力，防止过量变形。

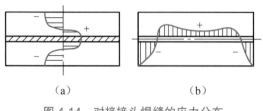

（a）　　　　　　　（b）

图 4.14　对接接头焊缝的应力分布

1. 应力与变形的形成

（1）形成原因。在熔焊过程中，焊接接头区域受不均匀的加热和冷却，加热的金属受周围冷金属的约束而不能自由膨胀，这部分金属产生残余应力及残余变形。

（2）应力的大致分布。对接接头焊缝的应力分布如图 4.14 所示，焊缝往往受拉应力。

（3）变形的基本形式。常见的焊接残余变形的基本形式有尺寸收缩、角变形、弯曲变形、扭曲变形和翘曲变形五种，如图 4.15 所示。但在实际焊接结构中，这些变形并不是孤立存在的，而是多种变形共存并相互影响的。

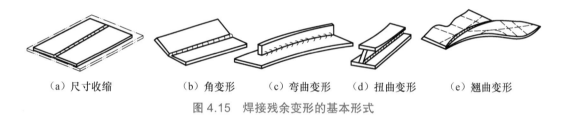

（a）尺寸收缩　　　（b）角变形　　　（c）弯曲变形　　（d）扭曲变形　　　（e）翘曲变形

图 4.15　焊接残余变形的基本形式

2. 减小或消除应力的措施

可以从设计和工艺两方面综合考虑来减小焊接应力。设计焊接结构时，应采用刚性较低的接头形式、尽量减小焊缝数量和截面尺寸、避免焊缝集中等，可以采取以下工艺措施。

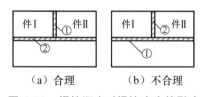

（a）合理　　　　（b）不合理

图 4.16　焊接顺序对焊接应力的影响

（1）合理选择焊接顺序。应尽量使焊缝较自由地收缩，减小焊接应力，如图 4.16 所示。

（2）锤击法。使用一定形状的小锤均匀、迅速地敲击焊缝金属，使其伸长，抵消部分收缩，从而减小焊接应力。

（3）预热法。预热法的原理是焊接前对焊件进行加热，可以减小焊接区金属与周围金属的温差，从而尽可能减小不均匀塑性变形。它是有效的减小焊接应力的方法。

（4）热处理法。为了消除焊接结构中的焊接残余应力，生产中通常采用去应力退火。对于碳钢和低、中合金钢，焊接后可以把焊件整体或焊接接头局部加热到 $600 \sim 650℃$，保温一定时间后缓慢冷却，一般可以消除 $80\% \sim 90\%$ 的焊接残余应力。

3. 变形的预防与矫正

焊接变形对结构生产的影响比焊接应力大。在实际焊接结构中，要尽量减小变形。

（1）预防焊接变形的方法。设计焊接结构时，应合理地选用焊缝的尺寸和形状，尽可能减少焊缝，焊缝的布置应力求对称。在焊接结构生产中，通常可采用以下工艺措施。

① 反变形法。根据经验或经过测定，在焊接结构组焊时使焊件反向变形，以抵消焊接变形，如图 4.17 所示。

② 刚性固定法。刚性高的结构焊接后变形一般较小；当焊件的刚性较低时，利用外加刚性拘束减小焊接变形的方法称为刚性固定法。

③ 选择合理的焊接方法和焊接工艺参数。选用能量比较集中的焊接方法，如采用 CO_2 保护焊、等离子弧焊代替气焊和焊条电弧焊，以减小薄板焊接变形。

④ 选择合理的装配焊接顺序。对于截面和焊缝布置对称的简单结构，先装配成整体，再按合理的焊接顺序生产，可以减小焊接变形，如图 4.18 所示，最好能同时对称施焊。

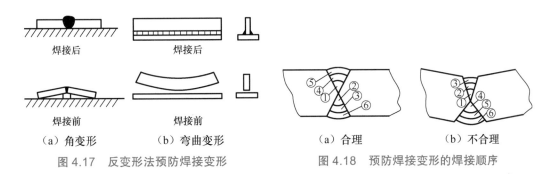

图 4.17　反变形法预防焊接变形　　　　图 4.18　预防焊接变形的焊接顺序

（2）矫正焊接变形的方法。矫正焊接变形的方法有机械矫正和火焰矫正。机械矫正的原理是利用外力使焊件产生与焊接变形方向相反的塑性变形，二者相互抵消，可采用辊床、压力机、矫直机等设备，也可手工锤击矫正。火焰矫正的原理是利用局部加热产生压缩塑性变形，在冷却过程中，局部加热部位收缩使焊件产生挠曲，从而达到矫正焊接变形的目的。

4.2　气焊与气割

4.2.1　气焊火焰

气焊是以气体火焰为热源的焊接方法，如图 4.19 所示。气焊通常使用乙炔＋氧气。

与焊条电弧焊相比，气焊设备及操作简单、灵活性强、熔池温度易控制、易实现单面焊双面成形。气焊不需要电源，给野外作业带来便利。但气焊热源的温度较低，加热缓慢，生产率低，焊件变形大，焊缝保护效果较差。

气焊一般应用于厚度小于 3mm 的低碳钢薄板和薄壁管及铸铁件的补焊，要求不高的铝、铜及其合金也可以采用气焊。

改变氧气和乙炔的比例，可获得中性焰、碳化焰、氧化焰三种火焰，如图 4.20 所示。

图 4.19　气焊

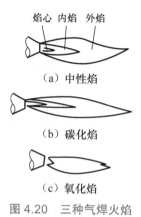

图 4.20　三种气焊火焰

（1）中性焰。氧气和乙炔的体积混合比为 1.1 ～ 1.2 时燃烧所形成的火焰称为中性焰，又称正常焰。它由焰心、内焰和外焰三部分构成。焰心呈尖锥状，轮廓清晰，色白明亮；内焰呈蓝白色，轮廓不清晰，微微闪动，主要利用内焰加热焊件；外焰由里到外逐渐从淡紫色到橙黄色。中性焰在焰心前面 2 ～ 4mm 处温度最高，可达 3150℃。中性焰适用于焊接低碳钢、中碳钢、普通低合金钢、不锈钢、纯铜等。

（2）碳化焰。碳化焰是指氧气和乙炔的体积混合比小于 1.1 时燃烧所形成的火焰。由于氧气较少，燃烧不完全，过多的乙炔分解为碳和氢，其中碳会渗到熔池中造成焊缝增碳。碳化焰比中性焰的火焰长，也由焰心、内焰和外焰构成，整个火焰长且软。其明显特征是焰心呈亮白色，内焰呈乳白色，外焰为橙黄色。碳化焰的最高温度为 3000℃。碳化焰适用于焊接高碳钢、铸铁和硬质合金等。

（3）氧化焰。氧气和乙炔的体积混合比大于 1.2 时燃烧所形成的火焰称为氧化焰。氧化焰比中性焰短，分为焰心和外焰两部分。由于火焰中有过多的氧，因此对熔池金属有强烈的氧化作用，一般气焊时不宜采用。只有在气焊黄铜、镀锌铁板时才采用轻微氧化焰，以利用其氧化性在熔池表面形成氧化物薄膜，减少低沸点的锌的蒸发。氧化焰的最高温度为 3300℃。

4.2.2　气焊设备

气焊设备主要有氧气瓶、乙炔瓶（或乙炔发生器）、减压器、回火保险器、焊炬等。

（1）氧气瓶。氧气瓶是运送和贮存高压氧气的容器，容积为 40L，瓶内最大压力约为 15MPa。氧气瓶外表为天蓝色，并用黑漆标明"氧气"字样。

放置氧气瓶时必须平稳可靠，不与其他气瓶混在一起；氧气瓶不能靠近气焊场所或其他热源；禁止撞击氧气瓶；严禁沾染油脂；夏天要防止暴晒，冬天氧气瓶阀冻结时严禁用火烤，应用热水解冻。

（2）乙炔瓶。乙炔瓶外表为白色，并用红漆标明"乙炔"和"火不可近"字样。

乙炔瓶内装有多孔性填充物（如活性炭、木屑等），以提高安全储存压力，瓶内工作压力约为 1.5MPa。使用乙炔瓶时，除应遵守氧气瓶使用规则外，还应该注意瓶体的温度不能超过 30 ～ 40℃；搬运、装卸、存放和使用乙炔瓶时都必须直立放稳，不能卧放；不能遭受剧烈的振动；存放乙炔瓶的场所注意通风。

（3）减压器。减压器是将高压气体转变为低压气体的调节装置。对不同性质的气体，必须选用符合自身要求的专用减压器。

通常，气焊时所需的工作压力较低，如氧气压力为 0.2 ～ 0.4MPa，乙炔压力不超过 0.15MPa。因此，必须降低气瓶内输出的气体压力后使用。减压器的作用是降低气体压力，并使输送给焊炬的气体压力稳定，以保证火焰稳定燃烧。

（4）回火保险器。正常气焊时，火焰在焊炬的焊嘴外面燃烧，但当气体供应不足、焊嘴阻塞、焊嘴太热或焊嘴离焊件太近时，火焰会沿乙炔管路向里燃烧，这种现象称为回火。回火保险器的作用是截留回火气体，保证乙炔发生器的安全。

（5）焊炬。焊炬的作用是将乙炔和氧气按一定比例均匀混合，气体由焊嘴喷出后，点火燃烧，产生气体火焰。氧乙炔射吸式焊炬的组成及实物如图 4.21 所示。常用焊炬牌号有 H01-2 和 H01-6 等，其中"H"表示焊炬，"0"表示手工，"1"表示射吸式，"2"和"6"分别表示可焊接低碳钢的最大厚度为 2mm 和 6mm。

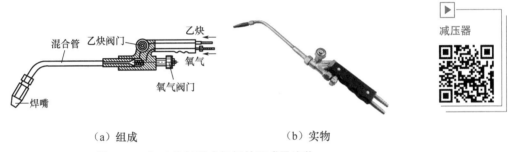

（a）组成　　　　　（b）实物

图 4.21　氧乙炔射吸式焊炬的组成及实物

4.2.3　焊丝和焊剂

1. 焊丝

气焊焊丝作为填充金属，它是表面不涂药皮的金属丝，与熔化的母材一起形成焊缝。焊丝的化学成分应该与母材的成分匹配。常用焊丝牌号有 H08 和 H08A 等。焊丝直径一般为 2 ～ 4mm，根据焊接件厚度选择。为了保证焊接接头的质量，焊丝直径与焊接件的厚度不宜相差过大。

2. 焊剂

气焊焊剂又称焊粉，其作用是在焊接过程中避免形成高熔点稳定化合物，防止夹渣，提高金属液的湿润性，保护熔池金属。

气焊低碳钢时，由于气体火焰能保护焊接区，因此一般不使用气焊焊剂。但是在焊接铸铁、不锈钢、耐热钢或非铁合金时，必须使用气焊焊剂。常用气焊焊剂牌号有 CJ101、CJ201、CJ301 和 CJ401。其中，CJ101 为不锈钢和耐热钢气焊焊剂，CJ201 为铸铁气焊焊剂，CJ301 为铜及铜合金气焊焊剂，CJ401 为铝及铝合金气焊焊剂。

4.2.4 气割

氧气切割（简称气割）是根据某些金属（如铁）在氧气流中能够剧烈氧化（燃烧）的原理，利用割炬进行切割。

气割时，用割炬代替焊炬，其余设备与气焊相同。割炬的组成及实物如图4.22所示。

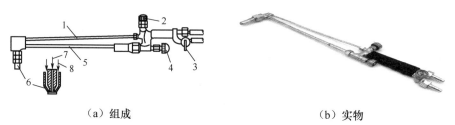

（a）组成　　　　　　　　　　　　　（b）实物

1—气割氧气管；2—气割氧阀门；3—乙炔阀门；4—预热氧阀门；
5—预热焰混合气体管；6—割嘴；7—氧气；8—混合气体。

图 4.22　割炬的组成及实物

1. 气割的过程

气割的过程是用氧气+乙炔火焰将割口附近的金属预热到燃点（约为1300℃，呈黄白色）。然后打开气割氧阀门，氧气射流使高温金属立即燃烧，生成的氧化物被氧流吹走。金属燃烧时产生的热量和氧气+乙炔火焰将邻近金属预热到燃点，沿切割线以一定的速度移动割炬，即可形成割口。气割的过程是金属在纯氧中燃烧的过程，而非熔化过程。

2. 金属气割的条件

金属只有满足下列条件才能进行气割。

（1）金属的燃点必须低于熔点。这是保证在燃烧过程中切割的基本条件，否则切割时金属先熔化，使割口过宽，难以形成平整的割口。低碳钢的燃点低于熔点，适合气割。但随着含碳量的增加，低碳钢的燃点升高，熔点降低，当含碳量为0.7%时其燃点与熔点大致相等；当含碳量大于0.7%时，低碳钢难被气割。铸铁的燃点高于熔点，不能气割。

（2）燃烧生成的金属氧化物的熔点应低于金属本身的熔点，同时流动性要好；否则会在割口表面形成固态氧化物，阻碍下层金属与氧气接触，使气割过程不能正常进行。如高铬高镍不锈钢燃烧时生成大量 Cr_2O_3 熔渣，熔点高、黏度大；铝及铝合金燃烧生成高熔点的 Al_2O_3，这些材料都不适合气割，可以用等离子切割。

（3）金属燃烧时放出大量的热，而且金属本身的导热性要低。这是为了保证下层及割口附近的金属有足够的预热温度，使气割过程连续进行。由于铜及铜合金燃烧时放热较少且导热性很好，因而不能气割。

满足上述条件的金属有纯铁、低碳钢、中碳钢和普通低合金结构钢等。

4.3　电阻焊和钎焊

4.3.1　电阻焊

电阻焊是将焊件组合后通过电极施加压力，利用电流通过焊件及其接触处所产生的电阻热，将焊件局部加热到塑性或熔化状态，然后在压力作用下形成焊接接头的焊接方法。

按焊件接头形式和电极形状的不同，电阻焊主要有点焊、缝焊和对焊三种形式，如图 4.23 所示。

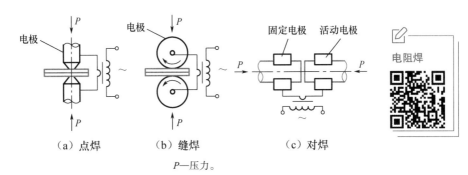

（a）点焊　　　（b）缝焊　　　（c）对焊

P—压力。

图 4.23　电阻焊

1. 点焊

点焊［图 4.23（a）］的原理是利用柱状电极加压通电，在搭接焊件接触面之间产生电阻热，加热焊件并使其局部熔化，形成一个熔核（周围为塑性态），然后在压力作用下熔核结晶成焊点。

影响点焊质量的主要因素有焊接电流、通电时间、电极压力及焊件表面清理情况等。

点焊主要适用于焊接厚度为 0.05 ～ 6.00mm 的薄板、冲压结构及线材，其广泛用于制造汽车、飞机等的薄壁结构及罩壳等。

2. 缝焊

缝焊［图 4.23（b）］过程与点焊相似，只是用旋转的盘状电极代替柱状电极。焊接时，盘状电极压紧焊件并转动（也带动焊件向前移动），配合断续通电，形成连续重叠的焊点。

缝焊主要用于制造要求密封性的薄壁结构，如油箱、小型容器与管道等。其适用于焊接厚度小于 3mm 的薄板结构。

3. 对焊

对焊［图 4.23（c）］是利用电阻热使两个焊件在整个接触面焊接起来的方法，可分为电阻对焊和闪光对焊。

对焊主要用于焊接刀具、管子、钢筋、钢轨、锚链、链条等。

4.3.2 钎焊

钎焊是以熔点比焊件低的钎料为填充金属，加热时钎料熔化而母材不熔化，利用液态钎料润湿母材，填充接头间隙并与母材相互扩散而焊接焊件的方法。

钎焊接头的承载能力很大程度上取决于钎料。根据钎料熔点的不同，钎焊可分为硬钎焊与软钎焊两类。

1. 硬钎焊

钎料熔点高于450℃、焊接接头强度高于200MPa的钎焊称为硬钎焊。其钎料有铜基钎料、银基钎料等；钎剂主要有硼砂、硼酸、氟化物和氯化物等。硬钎焊主要用于焊接受力较大的钢铁和铜合金构件，如自行车架、刀具等。

2. 软钎焊

钎料熔点低于450℃、焊接接头强度较低（一般不超过70MPa）的钎焊称为软钎焊。例如锡焊，所用钎料为锡铅，钎剂有松香、氧化锌溶液等。软钎焊广泛用于焊接电子元器件。

3. 钎焊的特点

与一般熔化焊相比，钎焊有如下特点。

（1）焊件加热温度较低，组织和力学性能变化很小，变形小，焊接接头光滑平整，焊件尺寸精确。

（2）可焊接性能差异很大的异种金属，对焊件厚度的差别没有严格限制。

（3）生产率高，焊件整体加热时，可同时钎焊多条接缝。

（4）设备简单，投资费用少。

但钎焊的焊接接头强度较低，尤其是动载强度低，允许的工作温度不高。

4.4　其他焊接方法

4.4.1　埋弧焊

1. 埋弧焊设备与焊接材料

（1）设备。埋弧焊的动作程序和焊接过程弧长的调节都是由电器控制系统完成的。埋弧焊设备由焊车、控制箱和焊接电源三部分组成。埋弧焊电源有交流电和直流电两种。

（2）焊接材料。埋弧焊的焊接材料有焊丝和焊剂。

2. 埋弧焊的过程

埋弧焊时，将焊剂均匀地堆覆在焊件上，形成厚度为40～60mm的焊剂层，焊丝连续进入焊剂层下的电弧区，使电弧平稳燃烧，随着焊车的匀速移动，电弧焊缝自行移动。

埋弧焊焊缝形成过程如图 4.24 所示。在颗粒状焊剂层下燃烧的电弧使焊丝、焊件熔化形成熔池，焊剂熔化形成熔渣，蒸发的气体使液态熔渣形成封闭的熔渣泡，有效阻止空气侵入熔池和熔滴，使熔化金属得到焊剂层和熔渣泡的双重保护，同时阻止熔滴向外飞溅，既避免弧光四射，又减少热量损失、增大熔深。随着焊丝沿焊缝的移动，熔池凝固成焊缝，密度小的熔渣结成覆盖焊缝的渣壳。没有熔化的大部分焊剂可回收再利用。

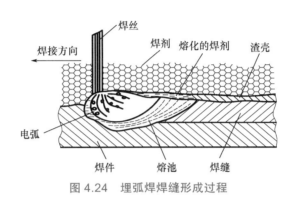

埋弧焊

图 4.24　埋弧焊焊缝形成过程

3. 埋弧焊的特点及应用

埋弧焊与焊条电弧焊相比，生产率高、成本低，一般埋弧焊的电流强度比焊条电弧焊高 4 倍，焊接质量好、稳定性高，劳动条件好，没有弧光和飞溅；但埋弧焊适应性较差，不能焊接空间位置焊缝及不规则焊缝，设备一次性投资较大。

埋弧焊适用于成批生产的中、厚板结构件的长直焊缝及环焊缝的平焊。

4.4.2　气体保护焊

1. 氩弧焊

氩弧焊是以氩气为保护气体的电弧焊。氩气是惰性气体，可使电极和熔化金属不受空气的有害作用。在高温条件下，氩气与金属既不发生反应，又不溶入金属。

1）氩弧焊的种类

根据电极的不同，氩弧焊可分为非熔化极氩弧焊和熔化极氩弧焊，如图 4.25 所示。

（1）非熔化极氩弧焊。非熔化极氩弧焊（也称钨极氩弧焊）常以高熔点的铈钨棒做电极，焊接时，铈钨极不熔化，只起导电和产生电弧的作用。焊接钢材时，多采用直流电源正接，以减少钨极的烧损；焊接铝、镁及其合金时采用直流电源反接，此时焊件做阴极，起"阴极破碎"作用，能消除氧化膜，使焊缝成形美观。

非熔化极氩弧焊需要加填充金属，可以是焊丝，也可以在焊接接头中填充金属条或采用卷边接头。

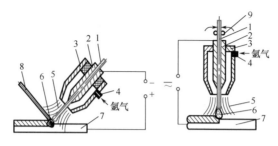

（a）非熔化极氩弧焊　　　（b）熔化极氩弧焊

1—电极或焊丝；2—导电嘴；3—喷嘴；4—进气管；5—氩气流；
6—电弧；7—焊件；8—填充焊丝；9—送丝辊轮。

图 4.25　氩弧焊示意图

为减少钨极损耗，非熔化极氩弧焊的焊接电流不能太大，一般适合焊接厚度小于 4mm 的薄板件。

（2）熔化极氩弧焊。熔化极氩弧焊以焊丝做电极，焊接电流比较大，母材熔深大，生产率高，适合焊接中厚板，比如厚度大于 8mm 的铝容器。为了使焊接电弧稳定，通常采用直流电源反接，对铝焊工件正好有"阴极破碎"作用。

2）氩弧焊的特点

（1）用氩气保护可焊接化学性质活泼的非铁金属及其合金或特殊性能钢，如不锈钢等。

（2）电弧燃烧稳定，飞溅少，表面无熔渣，焊缝成形美观，质量好。

（3）电弧在气流压缩下燃烧，热量集中，焊缝周围气流冷却，热影响区小，焊接后变形量小，适宜薄板焊接。

（4）明弧可见，操作方便，易自动控制，可实现各种位置焊接。

（5）氩气价格较高，焊件成本高。

综上所述，氩弧焊主要适合焊接铝、镁、钛及其合金，稀有金属，不锈钢，耐热钢，等等。脉冲钨极氩弧焊还适合焊接厚度小于 0.8mm 的薄板。

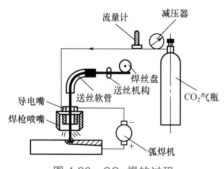

图 4.26　CO_2 焊的过程

2. CO_2 气体保护焊

CO_2 气体保护焊简称 CO_2 焊，以廉价的 CO_2 为保护气体，既能降低焊接成本，又能充分利用气体保护焊的优势。CO_2 焊的过程如图 4.26 所示。

CO_2 气体经焊枪喷嘴沿焊丝周围喷射，形成保护层，使电弧、熔滴和熔池与空气隔绝。由于 CO_2 气体是氧化性气体，在高温下能使金属氧化，烧损合金元素，因此不能焊接易氧化的非铁金属和不锈钢。CO_2 气体冷却能力强，熔池凝固快，焊缝中易产生气孔。若焊丝的含碳量高，则飞溅较多。因此，要使用冶金中能产生脱氧和渗合金的特殊焊丝完成 CO_2 焊。常用的 CO_2 焊焊丝是 H08Mn2SiA，其适合焊接抗拉强度小于 600MPa 的低碳钢和普通低合金结构钢。为了稳定电弧，减少飞溅，CO_2 焊采用直流反接。

　　CO_2 焊的操作方式有自动焊接和半自动焊接两种，广泛使用的是半自动焊接。其设备主要有焊接电源、焊枪、送丝系统、供气系统和控制系统等。

　　CO_2 焊只能采用直流电源，主要有硅整流电源、晶闸管整流电源和逆变电源等。

CO₂ 焊

　　焊枪的主要作用是输送焊丝和 CO_2 气体、传导焊接电流等，其冷却方式有水冷和气冷两种。焊接电流大于 600A 时采用水冷，小于 600A 时采用气冷。

　　供气系统由 CO_2 气瓶、预热器、高压和低压干燥器、减压器和流量计等组成。

CO₂ 焊

　　常用的送丝方式有推丝式和拉丝式等。其中，推丝式应用最广，适合直径大于 1mm 的钢焊丝；拉丝式适合直径小于 1mm 的钢焊丝。

　　CO_2 焊的优点是生产率高、成本低、焊接热影响区小、焊后变形量小、适应性强、能全位置焊接，易实现自动化；缺点是焊缝成形稍差、飞溅较多、焊接设备较复杂。此外，由于 CO_2 是氧化性保护气体，因此不宜焊接非铁金属和不锈钢。

　　CO_2 焊主要适用于焊接低碳钢和强度级别不高的普通低合金结构钢焊件，焊件厚度最大为 50mm（对接形式）。

4.4.3　电渣焊

　　利用电流通过熔渣时产生的电阻热，同时加热熔化焊丝和母材进行焊接的方法称为电渣焊。

1. 电渣焊的过程

　　如图 4.27 所示，两个焊件垂直放置且相距 20 ～ 40mm，两侧装有冷却铜滑块，底部加装引弧板，顶部加装引出板。焊接开始时，焊丝与引弧板短路引弧。电弧将不断加入的焊剂溶化为焊渣并形成渣池，当焊渣达到一定厚度时，迅速插入焊丝，电弧熄灭，电弧过程转化为电渣过程，渣池电阻热使焊丝和焊件熔化形成熔池，并保持 1700 ～ 2000℃。随着焊丝的送进，熔池不断上升，冷却铜滑块上移，同时底部被冷却铜滑块冷却形成焊缝。渣池始终位于熔池上方，既产生热量又保护熔池。根据焊件厚度不同，可选择单焊丝或多焊丝进行电渣焊。

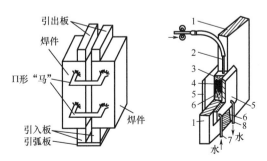

1—焊件；2—焊丝；3—渣池；4—熔池；5—冷却铜滑板；6—焊缝；7—冷却水进管；8—冷却水出管；
9—引出板；10—Ⅱ形"马"；12—引弧板。

图 4.27　电渣焊示意图

2. 电渣焊的特点及应用

（1）可一次焊成大厚件。如单丝可焊厚度为 40 ～ 60mm，单丝摆动可焊厚度为 60 ～ 150mm，三丝摆动可焊厚度为 450mm。

（2）生产率高，成本低。不需要开坡口即可一次焊成。

（3）焊接质量好。由于渣池覆盖在熔池上，因此熔池保护好，焊缝自下而上结晶，利于熔池中气体和杂质的排出。

（4）热影响区较大，晶粒粗大，易产生过热组织，焊缝力学性能较差，焊后需要进行正火处理。

电渣焊适合碳钢、合金钢、不锈钢等材料的焊接，主要用于厚度大于 40mm 的焊件。

4.4.4 摩擦焊

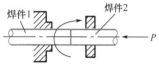

图 4.28　摩擦焊示意图

摩擦焊是利用焊件间相互摩擦产生的热量，同时加压进行焊接的方法。图 4.28 所示为摩擦焊示意图。首先将两焊件夹在焊机上，加一定压力使焊件紧密接触。然后一个焊件做旋转运动，另一个焊件向其靠拢，使焊件接触摩擦而产生热量，待焊件端面被加热到高温塑性状态时，立即使焊件停止旋转，同时对端面增大压力，使两焊件产生塑性变形而焊接。

摩擦焊

摩擦焊的特点如下。

（1）接头质量好且稳定。在摩擦焊过程中，焊件接触表面的氧化膜与杂质被清除，因此接头组织致密，不易产生气孔、夹渣等缺陷。

（2）可焊接的金属较多。摩擦焊不仅可焊接同种金属，还可焊接异种金属。

（3）生产率高、成本低。焊接操作简单，不需要对接头进行特殊处理，不需要焊接材料，易实现自动控制，电能消耗少。

（4）设备复杂，一次性投资较大。

摩擦焊主要用于旋转件的压焊，非圆形截面焊接比较困难。

4.4.5 等离子弧焊与切割

普通电弧焊中的电弧不受外界约束，称为自由电弧，电弧区内的气体尚未完全电离，能量也未高度集中起来。等离子弧是经过压缩的高能量密度的电弧，它具有高温（24000 ～ 50000K）、高速（为声速的数倍）、高能量密度（10^5 ～ 10^6W/cm²）的特点。

1. 等离子弧的产生

等离子电弧的发生装置如图 4.29 所示。在钨极和焊件之间加较高电压，高频振荡使气体电离形成电弧，此电弧被强迫通过具有细孔道的喷嘴时，弧柱截面尺寸减小，称为机械压缩效应。

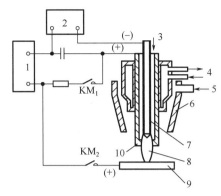

1—焊接电源；2—高频振荡器；3—等离子气；4—冷却水；5—保护气体；
6—保护气罩；7—钨极；8—等离子弧；9—焊件；10—喷嘴。

图 4.29　等离子弧的发生装置

当通入一定压力和流量的氮气或氩气时，冷气流均匀地包围电弧，形成一层环绕弧柱的低温气流层，弧柱被进一步压缩，这种压缩作用称为热压缩作用。

同时，电弧周围存在磁场，电弧中定向运动的电子、离子流在自身磁场作用下，使弧柱被进一步压缩，此压缩称为电磁压缩。

在机械压缩、热压缩和电磁压缩的共同作用下，弧柱直径被压缩到很小的范围内，弧柱内的气体电离度很高，成为稳定的等离子弧。

2.等离子弧焊接

等离子弧焊接是利用等离子弧作为热源进行焊接的一种熔焊方法。它以氩气为等离子气，同时通入氩气作为保护气体。等离子弧焊接使用专用的焊接设备和焊炬，焊炬可保证在等离子弧周围通以均匀的氩气流，以使熔池和焊缝不受空气的有害作用。因此，等离子弧焊接实际上是一种有压缩效应的非熔化极氩弧焊。等离子弧焊接除具有氩弧焊的优点外，还具有以下特点。

等离子弧焊接

（1）由于等离子弧能量密度大，弧柱温度高，穿透能力强，因此焊接厚度小于 12mm 的焊件可不开坡口，能一次焊透，实现单面焊双面成形。

（2）焊接速度高，生产率高，焊接热影响区小，焊缝宽度和高度较均匀，焊缝表面光洁。

（3）当电流为 0.1A 时，电弧仍能稳定燃烧，并保持良好的挺直度和方向性，故可以焊接很薄的箔材。

但是等离子弧焊接设备比较复杂，气体消耗量大，只适合在室内焊接。另外，小孔形等离子弧焊接不适合手工操作，灵活性比非熔化极氩弧焊差。

等离子弧焊接广泛应用于焊接铜合金、合金钢、钨、钼、钴、钛等金属焊件，如钛合金导弹壳体、波纹管及膜盒、微型继电器、电容器的外壳等。

3.等离子弧切割

等离子弧切割原理如图 4.30 所示，它是利用高温、高速、高能量密度的等离子焰流冲力大的特点，将被切割材料局部加热熔化并随即吹除，从而形成较整齐的割口。其割口窄，切割面的质量较好，切割速度快，切割厚度可达 150 ～ 200mm。

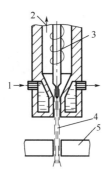

1—冷却水；2—等离子气；3—钍钨极；4—等离子弧；5—焊件。

图 4.30　等离子弧切割原理

等离子弧可以切割不锈钢，铸铁，铝、铜、钛、镍、钨及其合金，等等。

4.4.6　电子束焊接

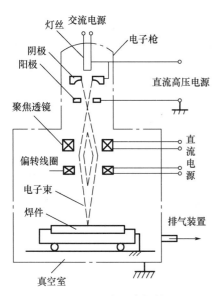

图 4.31　电子束焊接

电子束焊接

电子束焊接是利用高速、集中的电子束轰击焊件表面产生的热量进行焊接的一种熔焊方法。电子束焊接可分为高真空型、低真空型和非真空型等。

电子束焊接如图 4.31 所示。电子枪、焊件及夹具全部装在真空室内。电子枪由灯丝、阴极、阳极及聚焦透镜等组成。当阴极被灯丝加热到 2600K 时能射出大量电子。这些电子在阴极与阳极（焊件）间的高压作用下，经电磁透镜聚集成电子流束，以极高速度（160000km/s）射向焊件表面，使电子的动能转变为热能，其能量密度（$10^6 \sim 10^8 \text{W/cm}^2$）比普通电弧大 1000 倍，使焊件金属迅速熔化甚至气化。根据焊件的熔化程度，适当移动焊件，即能得到要求的焊接接头。

电子束焊接具有以下优点。

（1）效率高、成本低。电子束的能量密度很高（为焊条电弧焊的 5000 ～ 10000 倍），穿透能力强，焊接快，焊缝深宽比大，在大批量或厚板焊件生产中的焊接成本约为焊条电弧焊的50%。

（2）电子束可控性好、适应性强。焊接工艺参数范围大且稳定，单道焊熔深为 0.03 ～ 300mm；既可以焊接低合金钢，不锈钢，铜、铝、钛及其合金，又可以焊接稀有金属、难熔金属、异种金属和非金属陶瓷等。

（3）焊接质量很好。由于在高真空下进行焊接，无有害气体和金属电极污染，因此可保证焊缝金属的高纯度；焊接热影响区小，焊件变形量也很小。

（4）即使是厚件也不用开坡口，焊接时，一般不需要另加填充金属。

电子束焊接的主要缺点是焊接设备复杂，价格高，使用维护技术要求高，焊件尺寸受真空室限制，对接头装配质量要求严格。

电子束焊接在航空航天、核能、汽车等领域获得广泛应用，如焊接航空发动机喷管、起落架、压缩机转子、叶轮组件、反应堆壳体、齿轮组合件等。

4.4.7　激光焊接

激光是一种亮度高、方向性强、单色性好的光束。激光束聚焦后的能量密度为 $10^6 \sim 10^{12}\text{W/cm}^2$，可用作焊接热源。焊接中应用的激光器有固体激光器及气体激光器两种。固体激光器常用的激光材料有红宝石、钕玻璃或掺钕钇铝石榴石。气体激光器常用的激光材料是二氧化碳。

激光焊接原理如图 4.32 所示。激光器受激产生激光束，通过聚焦系统可聚焦到十分微小的焦点（光斑）上，其能量密度很高。当调焦到焊件接缝时，光能转换为热能，使金属熔化而形成焊接接头。

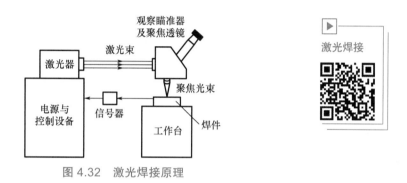

图 4.32　激光焊接原理

根据激光器的工作方式，激光焊接可分为脉冲激光点焊和连续激光焊接，其中脉冲激光点焊应用广泛。

激光焊接的特点如下。

（1）激光辐射的能量释放极其迅速，点焊过程只有几毫秒，不仅提高了生产率，而且焊件不易氧化。因此，可在大气中进行焊接，不需要气体保护或真空环境。

（2）激光焊接的能量密度很高，热量集中，作用时间很短，焊接热影响区极小，焊件不变形，特别适用于热敏感材料的焊接。

（3）通过反射镜、偏转棱镜或光导纤维，激光束可在任何方向上弯曲、聚焦或被引导到难以接近的部位。

（4）可直接焊接绝缘材料，易焊接异种金属。

但激光焊接设备复杂、投资大、功率较小，焊接厚度受到一定限制，而且操作与维护的技术要求较高。

脉冲激光点焊特别适合焊接微型、精密、排列非常密集和热敏感材料的焊件，广泛应用于微电子元件（如集成电路内外引线以及微型继电器、电容器等）的焊接。连续激光焊接可实现从薄板到 50mm 厚板（如传感器、波纹管、小型电机定子及变速箱齿轮组件等）的焊接。

4.4.8 激光切割

激光切割

激光切割是利用经聚焦的高功率密度激光束照射工件，使被照射的材料迅速熔化、气化、烧蚀或达到燃点，同时借助与光束同轴的高速气流吹除熔融物质，从而将工件割开。激光切割属于热切割。

1. 激光切割的分类

激光切割可分为激光气化切割、激光熔化切割、激光氧气切割和激光划片与控制断裂四类。

（1）激光气化切割。利用能量密度高的激光束加热工件，使温度迅速上升，在非常短的时间内达到材料的沸点，材料开始气化而形成蒸气。这些蒸气的喷出速度很高，在蒸气喷出的同时，在材料上形成切口。因为材料的气化热一般很大，所以激光气化切割时需要很大的功率和功率密度。

激光气化切割多用于极薄金属材料和非金属材料（如纸、布、木材、塑料和橡皮等）的切割。

（2）激光熔化切割。激光熔化切割时，用激光加热使金属材料熔化，然后通过与光束同轴的喷嘴喷吹非氧化性气体（Ar、He、N_2 等），液态金属依靠气体的强大压力排出，形成切口。激光熔化切割不需要使金属完全气化，所需能量只是气化切割的 1/10。

激光熔化切割主要用于不易氧化的材料或活性金属（如不锈钢，钛、铝及其合金）的切割。

（3）激光氧气切割。激光氧气切割的原理类似于氧乙炔切割。以激光作为预热热源，以氧气等活性气体作为切割气体。喷吹出的气体一方面与切割金属作用，发生氧化反应，放出大量的氧化热；另一方面从反应区吹出熔融的氧化物和熔化物，在金属中形成切口。由于切割过程中的氧化反应产生了大量的热，因此激光氧气切割所需能量只是熔化切割的 1/2，而切割速度远远大于激光气化切割和熔化切割。激光氧气切割主要用于碳钢、钛钢及热处理钢等易氧化金属材料的切割。

（4）激光划片与控制断裂。激光划片的原理是利用高能量密度的激光在脆性材料的表面进行扫描，使材料受热蒸发出一条小槽，然后施加一定的压力，脆性材料沿小槽处裂开。激光划片使用的激光器一般为 Q 开关激光器和 CO_2 激光器。

控制断裂的原理是利用激光刻槽时产生的陡峭的温度分布，在脆性材料中产生局部热应力，使材料沿小槽断开。

2. 激光切割的特点

激光切割与其他热切割方法相比，切割速度高、质量高，具体概括为如下几个方面。

（1）切割质量好。由于激光光斑小、能量密度高、切割速度高，因此激光切割能够获得较好的切割质量。

（2）切割效率高。由于激光具有传输特性，因此激光切割机上一般配有多台数控工作台，整个切割过程可以全部实现数控。操作时，只需改变数控程序，就可适用不同形状零件的切割，既可进行二维切割，又可实现三维切割。

（3）切割速度高。用功率为 1200W 的激光切割 2mm 厚的低碳钢板，切割速度为

600cm/min；切割 5mm 厚的聚丙烯树脂板，切割速度为 1200cm/min。被切材料不需要装夹固定，既可节省工装夹具，又可节省上、下料的辅助时间。

（4）非接触式切割。激光切割时，割炬与工件不接触，不存在工具的磨损。加工不同形状的零件时不需要更换"刀具"，只需改变激光器的输出参数。激光切割过程噪声低、振动小、无污染。

（5）切割材料种类多。与氧乙炔切割和等离子弧切割相比，激光切割材料种类多，包括金属、非金属、金属基和非金属基复合材料、皮革、木材及纤维等。但是不同材料的热物理性能及对激光的吸收率不同，表现出不同的激光切割适应性。

（6）激光切割受激光器功率和设备体积的限制，只能切割中、小厚度的板材和管材，而且随着工件厚度的增大，切割速度明显下降。激光切割设备费用高，一次性投资大。

3.激光切割的应用范围

大多数激光切割机由数控程序控制操作或做成切割机器人。激光切割作为一种精密的加工方法，几乎可以切割所有材料，包括薄金属板的二维切割和三维切割。

在汽车制造领域，汽车顶窗等空间曲线的切割技术获得广泛应用。在航空航天领域，激光切割技术主要用于切割特种航空材料，如钛合金、铝合金、镍合金、铬合金、不锈钢、氧化铍、复合材料、塑料、陶瓷及石英等。采用激光切割加工的航空航天零部件有发动机火焰筒、钛合金薄壁机匣、飞机框架、钛合金蒙皮、机翼长桁、尾翼壁板、直升机主旋翼、航天飞机陶瓷隔热瓦等。

激光切割成形技术在非金属材料领域也有较广泛的应用，不仅可以切割硬度高、脆性大的材料（如氮化硅、陶瓷、石英等），还可以切割加工柔性材料（如布料、纸张、塑料板、橡胶等）。例如使用激光进行服装剪裁，可节约衣料 10% ～ 12%，提高功效 3 倍以上。

4.5　综合实训课题

4.5.1　焊接实训操作

1.焊条电弧焊的基本操作

（1）引弧。引弧是在焊条与焊件之间产生稳定的电弧。引弧时，首先将焊条末端与焊件表面接触而形成短路；然后迅速将焊条向上提起 2 ～ 4mm 的距离，电弧即引燃。引弧方法有敲击法和摩擦法。

（2）堆平焊波。在平焊位置的焊件表面上堆焊焊道称为堆平焊波。这是焊条电弧焊的基本操作。练习时，要掌握好焊条角度和运条基本动作，保持合适的电弧长度和焊接速度。运条的基本操作如图 4.33 所示。

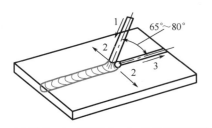

1—向下送进；2—左右摆动；3—沿焊接方向移动。

图 4.33　运条的基本操作

（3）对接平焊。对接平焊在实际生产中最常见，其操作技术与堆平焊波基本相同。厚度为 4 ～ 6mm 的低碳钢板的对接平焊操作如下。

①坡口准备：厚度为 4 ～ 6mm 的钢板可采用 I 型坡口双面焊，要保证接口平整。

②焊前清理：清除坡口表面和两侧 20mm 范围内的锈、油和水。

③装配：将两块钢板水平放置并对齐，中间留有 1 ～ 2mm 的间隙。

④定位焊：在钢板两端先焊 10 ～ 15mm 的焊缝，以便固定两块钢板的相对位置，再除渣。

⑤焊接：选择合适的工艺参数进行焊接。先焊定位焊缝的反面，除渣后再翻转焊件焊接另一面，焊后除渣。

⑥清理：除上述清理渣壳外，还应把焊件表面的飞溅等清理干净。

⑦检查焊缝质量：检查焊缝外观及尺寸是否符合要求、有无焊接缺陷。

2. 气焊的基本操作

（1）点火、调节火焰与灭火。点火时，先微开氧气阀门，再开乙炔阀门，从侧面点燃火焰，此时的火焰是碳化焰。然后逐渐开大氧气阀门，火焰逐渐变短，直至白亮的焰心出现淡白色微微闪动的火焰，此时的火焰为中性焰。同时，根据需要调整火焰大小。灭火时，先关乙炔阀门，再关氧气阀门。发生回火时，应先迅速关闭氧气阀门，再关闭乙炔阀门。

（2）堆平焊波。气焊时，一般用左手拿焊丝，右手拿焊炬，两手的动作要协调，沿焊缝向左或向右焊接。当焊接方向由右向左时，气焊火焰指向焊件未焊部分，称为左焊法，适合焊接薄件和低熔点焊件。当焊接方向由左向右时，气焊火焰指向焊缝，称为右焊法，适合焊接厚件和高熔点焊件。

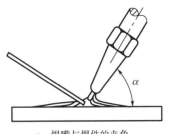

α—焊嘴与焊件的夹角。

图 4.34　焊嘴与焊件的夹角

焊嘴轴线的投影应与焊缝重合，同时要掌握好焊嘴与焊件的夹角 α，如图 4.34。焊件越厚，α 越大。焊接开始时，为了较快地加热焊件和迅速形成熔池，α 应大些。正常焊接时，一般保持 α=30° ～ 50°。当焊接结束时，α 适当减小，以便更好地填满熔池和避免焊穿。

焊炬向前移动的速度应能保证焊件熔化并保持熔池具有一定的尺寸。焊件熔化形成熔池后，将焊丝适量地点入熔池熔化。

4.5.2　焊接实例

焊接结构种类繁多，应用十分广泛，如容器、桥梁、管道、桁架和车辆等结构和机械零件。焊接结构的工艺设计包括焊接件材料的选择、焊接方法的选择、焊缝的布置和焊接接头及坡口形式的设计。

下面以梁柱为例，说明焊接工艺的设计流程。焊接梁结构及焊缝布置如图 4.35 所示，梁柱材料为 20 钢，钢板最大长度为 2500mm，板厚分别选用 6mm、8mm 和 10mm，大批量生产。

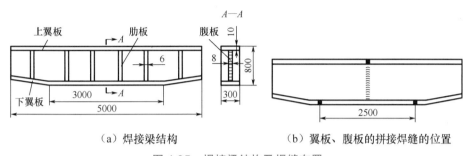

（a）焊接梁结构　　　　　　　　　（b）翼板、腹板的拼接焊缝的位置

图 4.35　焊接梁结构及焊缝布置

该焊接梁结构用 20 钢下料拼焊，材料可焊性好。在焊接工艺设计中，需要集中考虑梁柱的受力状况和防止产生应力与变形。

1. 翼板、腹板的焊缝位置

图 4.35（a）所示的梁承受载荷时，上翼板内受压应力作用，下翼板内受拉应力作用，中部拉应力最大，腹板受力较小。从使用要求看，上翼板和腹板焊缝的位置可以任意安排。为充分利用材料原长和减少焊缝，上翼板和腹板都采用两块 2500mm 的钢板拼接，即焊缝在梁的中部。对下翼板，为使焊缝避开最大应力位置，采用三块板拼接，焊缝相距 2500mm 并对称分布，如图 4.35（b）所示。

2. 焊接方法及接头型式

根据焊接厚度、结构形状及尺寸，焊接方法有焊条电弧焊、CO_2 焊和埋弧焊。因为是大批量生产，所以应尽可能选用埋弧焊。对于不便采用埋弧焊的焊缝，考虑选用焊条电弧焊或 CO_2 焊。

焊接梁各焊缝的焊接方法及接头形式见表 4-3。下翼板两端倾斜部分的焊缝应采用焊条电弧焊或 CO_2 焊。

表 4-3　焊接梁各焊缝的焊接方法及接头形式

焊缝名称	焊接方法	接头型式
拼接焊缝	焊条电弧焊或 CO_2 焊	
翼板 – 腹板焊缝	1. 埋弧焊 2. 焊条电弧焊或 CO_2 焊	
肋板焊缝	焊条电弧焊或 CO_2 焊	

3.焊接工艺和焊接顺序

焊接的主要工艺过程:下料→拼板→装焊翼板和腹板→装配筋板→焊接筋板。翼板和腹板的焊接顺序采用图4.36所示的对称焊,以减小焊缝变形量。

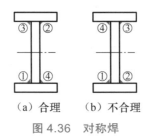

（a）合理　（b）不合理

图 4.36　对称焊

筋板的焊接顺序:由于焊缝对称可使变形量最小,因此首先焊接腹板上的焊缝,其次焊接下翼板上的焊缝,最后焊接上翼板上的焊缝,以使梁适当上挠,增强梁的承载能力。焊接每组焊缝时,都应从中部向两端焊接,以减小焊接应力和变形量。

4.6　焊接安全

（1）防止触电。焊接前检查焊机外壳接地情况;保证焊钳和电缆绝缘;操作前穿好绝缘鞋、戴电焊手套;避免人体弧焊机的两极;发生触电事故时立即切断电源。

（2）防止弧光伤害。穿好工作服,戴好电焊手套,使用电焊专用面罩。

（3）防止烫伤和烟尘中毒。清渣时注意焊渣的飞出方向,防止烫伤;焊接后不能直接用手拿焊件,而需使用焊钳;在电弧焊场所注意通风除尘。

（4）防火、防爆。电弧焊场所不能有易燃、易爆品,工作完毕应检查周围有无火种。

（5）保证设备安全。任何时候都不能将焊钳放在工作台上,以免短路烧毁焊机;发现异常时立即停止工作,切断电源。

4.7　小　　结

本章主要介绍了焊接的基本概念及特点,不同焊接方法的原理、特点及应用。其中重点介绍了焊条电弧焊和气焊的基础理论及工艺特点,简单介绍了电阻焊、钎焊、埋弧焊、CO_2焊等的特点及应用。还通过焊接实例介绍了焊接结构的工艺设计。

4.8　思考与练习

（1）弧焊机主要有哪些种类?说明你在实训中使用的电焊机的型号和主要技术参数。

（2）电焊条的组成及其作用分别是什么?

（3）焊条电弧焊的焊接工艺参数有哪些?应该如何选择焊接电流?

（4）简述焊条电弧焊的原理及过程。

（5）焊条电弧焊的安全技术有哪些？

（6）氧乙炔焰有哪几种？如何区分？应用特点分别是什么？

（7）焊炬和割炬在结构上有什么区别？

（8）试从焊接质量、生产率、焊接材料、成本和应用等方面比较下列焊接方法：①气焊；②焊条电弧焊；③埋弧焊；④氩弧焊；⑤CO_2焊。

（9）说明下列制品适合采用的焊接方法：自行车车架、钢窗、汽车油箱、电子线路板、锅炉壳体、汽车覆盖件、铝合金板。

第 5 章
金属切削的基础与常用计量器具

教学提示：机床是制造强国战略的主要支撑。其中，金属切削类机床是工业产品制造的主要设备。金属切削加工是利用切削刀具和工件的相对运动，切去多余金属以获得符合图样要求的形状、尺寸、位置精度和表面粗糙度的零件的加工方法。为了保证产品质量符合设计要求，在加工前后及加工过程中都要使用量具测量。

教学要求：通过本章学习，学生可熟悉切削加工中的切削运动、切削要素、切削过程、刀具磨损；掌握加工精度和表面粗糙度的标注及获得方法；掌握常用量具的使用方法和适用场合。

5.1 金属切削基础知识

金属切削加工分为钳工和机械加工两类。金属切削加工是利用切削刀具从毛坯上切去多余金属，使零件具有符合要求的几何形状、尺寸和表面质量的加工方法。钳工是人工手持工具进行切削加工；机械加工是人工操作机床进行切削加工。机械加工的主要方式有车、铣、刨、磨、镗、钻等。由于机械加工劳动强度低、自动化程度高、加工质量好，因此成为切削加工的主要方式。

5.1.1 切削运动

切削加工是依靠工件与刀具之间的相对运动（切削运动）进行的，分为主运动和进给运动。

1．主运动

主运动是使刀具切下切屑的基本运动。主运动的特征是速度最高、消耗机床功率最多。切削加工中只有一个主运动，如车削中工件的旋转运动、铣削中铣刀的旋转运动、刨削中刨刀的往复直线运动、钻削中钻头的旋转运动等，如图 5.1 所示。

切削运动

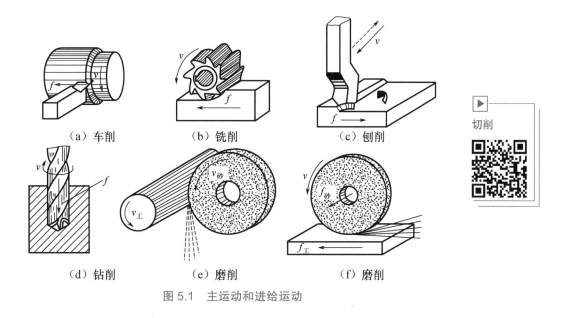

（a）车削 　　（b）铣削 　　（c）刨削

（d）钻削 　　（e）磨削 　　（f）磨削

图 5.1 　主运动和进给运动

切削

2．进给运动

进给运动是使切削持续进行，以形成所需工件表面的运动。它使刀具与工件之间产生附加的相对运动。进给运动的速度较低，消耗的功率较少。进给运动可以是直线运动，也可以是旋转运动；可以是连续运动，也可以是间歇运动。加工方法不同，可以有一个或多个进给运动。车刀及钻头的移动、铣削及刨削时工件的移动、磨削外圆时工件的旋转和往复直线移动、砂轮周期性横向移动等都是进给运动，如图 5.1 所示。

5.1.2 切削要素

切削要素包括切削用量和切削层几何参数。下面以车削外圆柱面（图 5.2）为例进行介绍。

1．切削用量

切削用量包括切削速度、进给量和背吃刀量。

（1）切削速度。切削速度是工件和刀具沿主运动方向的相对线速度。当主运动为旋转运动（如车削、铣削、磨削）时，切削速度的计算公式为

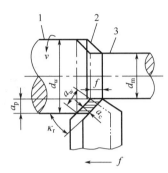

1—待加工表面；2—加工表面；3—已加工表面。

图 5.2　车削外圆柱面的切削要素

$$v = \frac{\pi Dn}{1000 \times 60}$$

当主运动为往复直线运动（如刨削、插削）时，切削速度的计算公式为

$$v = \frac{2Ln_r}{1000 \times 60}$$

式中，v 为切削速度（m/s）；D 为工件待加工表面或刀具的最大直径（m）；n 为工件或刀具的转速（r/min）；L 为往复运动行程长度（mm）；n_r 为主运动往复次数，即行程数（r/min）。

（2）进给量。进给量是指主运动在一个循环内，刀具与工件在进给运动方向的相对位移，用 f 表示。当主运动为旋转运动时，进给量的单位是 mm/r，称为每转进给量；当主运动为往复直线运动时，进给量的单位是 mm/str，称为每行程（往复一次）进给量。

（3）背吃刀量。背吃刀量是指待加工表面和已加工表面的垂直距离，单位为 mm。车削外圆时，背吃刀量 a_p 的计算公式为

$$a_p = \frac{D - d}{2}$$

式中，D 和 d 分别为待加工表面和已加工表面的直径（mm）。

2. 切削层几何参数

切削层是指工件上相邻两个加工表面之间的一层金属，即工件上正被切削的金属。车外圆时，切削面积

$$A_c = a_w a_c = a_p f$$

式中，A_c 为切削面积（mm²），即切削层垂直于切削速度截面内的面积；a_w 为切削宽度（mm），即沿主切削刃方向度量的切削层尺寸；a_c 为切削厚度（mm），即相邻两加工表面的垂直距离。

5.1.3　金属切削过程

金属切削

金属切削过程是工件表层金属受刀具挤压，使金属产生变形、挤裂而形成切屑，直至被切离的过程。

（1）切削塑性金属时，切屑的形成过程就是切削层金属的变形过程。

工件受到刀具的挤压以后，切削层金属在始滑移面 OA 左侧发生弹性变形。在 OA 面上，应力达到材料的屈服强度，发生塑性变形，产生滑移现象。随着刀具的连续移动，原来处于始滑移面的金属不断向刀具靠拢，应力和变形逐渐增大。在终滑移面，应力和变形达到最大值。越过终滑移面，切削层金属脱离工件基体，沿着前刀面流出而形成切屑。

（2）三个变形区（图 5.3）。

① 第一变形区Ⅰ。在第一变形区，由靠近切削刃的
OA 线处开始发生塑性变形，到 *OM* 线处剪切滑移变形
基本完成，其是形成切屑的主要变形区。*OM* 称为终剪
切线或终滑移线，*OA* 称为始剪切线或始滑移线，*OA* 与
OM 之间整个第一变形区内的变形的主要特征是被切金
属层在刀具前刀面和切削刃的作用下，沿滑移线剪切变
形并产生加工硬化。

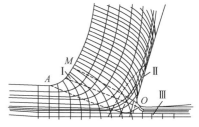

图 5.3　三个变形区

② 第二变形区Ⅱ。当被切削层金属经过 *OM* 线形成
切屑并沿前刀面流出时，切屑底层仍受到刀具的挤压和
接触面之间的强烈摩擦。继续以剪切滑移为主的方式变形，切屑底层的变形程度比切屑上
层剧烈，切屑底层晶粒弯曲拉长，在摩擦阻力的作用下，这部分切屑的流动速度降低。

③ 第三变形区Ⅲ。已加工表面在形成过程中受到切削刃钝圆部分和后刀面的挤压、
摩擦和回弹作用，表层组织纤维化和加工硬化；并且在刀具后刀面离开后，已加工表面
表层金属和深层金属都产生回弹，从而产生表面残余应力。在靠近切削刃处，已加工表面
表层内的变形区就是第三变形区。

5.1.4　刀具磨损

刀具磨损是连续的、逐渐的。刀具磨损的主要原因是机械磨损、热磨损、化学磨损。
低温区以机械磨损为主，高温区以热磨损、化学磨损为主。刀具磨损如图 5.4 所示。

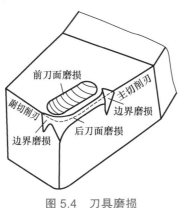

图 5.4　刀具磨损

刀具磨损

（1）前刀面磨损。切削塑性材料时，如果切削速度和切削厚度较大，由于切屑与前刀
面完全是新鲜表面相互接触和摩擦，化学活性很高，反应很强烈，接触面又有很高的压力
和温度，超过 80% 的接触面积是实际接触，空气或切削液渗入比较困难，因此在前刀面
形成月牙洼磨损，使切削刃强度降低，易导致切削刃破损。

（2）后刀面磨损。切削时，工件的新鲜加工表面与刀具后刀面接触并相互摩擦，导
致后刀面磨损。虽然后刀面有后角，但由于切削刃有一定的钝圆，后刀面与工件表面的接
触压力很大，存在弹性变形和塑性变形，因此后刀面与工件实际上是小面积接触，磨损发

生在该接触面上。切削脆性材料或以较小的切削厚度切削塑性材料时，主要产生后刀面磨损。后刀面磨损带往往不均匀。

（3）边界磨损。切削塑性金属时，常在主切削刃靠近工件外表皮处以及副切削刃靠近刀尖处的后刀面上磨出较深的沟纹，分别在主、副切削刃与工件待加工表面或已加工表面接触处。

5.2 加工精度和表面粗糙度

工件的加工质量包括加工精度和表面质量。加工精度包括尺寸精度、形状精度和位置精度。表面质量是指工件经过切削加工后的表面粗糙度、表面层的残余应力、表面的加工硬化等，其中表面粗糙度对工件的使用性能影响最大。加工精度和表面粗糙度是影响工件质量的主要指标。

5.2.1 尺寸精度

尺寸精度是指工件的实际加工尺寸与图样上要求尺寸的符合程度，用尺寸公差控制。尺寸公差是工件尺寸允许的变动量，在基本尺寸相同的情况下，尺寸公差越小，工件的尺寸精度越高。为了满足不同的精度要求，GB/T 1800.2—2020《产品几何技术规范（GPS）线性尺寸公差 ISO 代号体系 第 2 部分：标准公差带代号和孔、轴的极限偏差表》规定，尺寸精度的标准公差分为 20 级，分别用 IT01,IT0,IT1,IT2,…,IT18 表示。IT 表示公差等级，IT01 精度最高,IT18 精度最低。公差数值既与公差等级有关又与基本尺寸有关，具体可查公差等级手册。

5.2.2 形状精度

形状精度是指零件的实际形状相对于理想形状的准确程度，包括直线度、平面度、圆度、圆柱度、线轮廓度和面轮廓度，见表 5-1。

表 5-1 形位公差特征项目符号

公差		特征项目	符号	有或无基准要求
形状精度	形状	直线度	—	无
		平面度	⏥	无
		圆度	○	无
		圆柱度	⌭	无
形状精度或位置精度	轮廓	线轮廓度	⌒	有或无
		面轮廓度	⌓	有或无

续表

公差		特征项目	符号	有或无基准要求
位置精度	定向	平行度	//	有
		垂直度	⊥	有
		倾斜度	∠	有
	定位	位置度	⊕	有或无
		同轴（同心）度	◎	有
		对称度	=	有
	跳动	圆跳动	↗	有
		全跳动	↗↗	有

5.2.3　位置精度

位置精度是指零件的实际位置相对于理想位置的准确程度，包括平行度、垂直度、倾斜度等八项，见表 5-1。

形位公差的标注示例如图 5.5 所示。

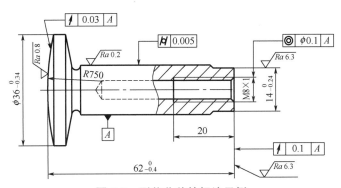

图 5.5　形位公差的标注示例

确定工件公差等级的原则如下：在满足工件使用性能要求的前提下，尽可能选择低的公差等级，使工件的加工费用最低，还要注意使形状公差、位置公差、尺寸公差的数值协调。

5.2.4　表面粗糙度

表面粗糙度是指零件表面微观粗糙不平度。

1. 表面粗糙度的表示方法

国家标准中推荐优先选用算术平均偏差 Ra 作为表面粗糙度的评定参数。表示表面粗糙度的符号如下：√为基本符号，表示表面粗糙度获得的方法（包括镀涂及其他表面处理）；√表示表面粗糙度是用去除材料的方法获得的；√表示表面粗糙度是用不去除材料

的方法获得的。表面粗糙度越小，加工越困难，成本越高。在实际中要根据具体情况合理选择表面粗糙度的允许值。表 5-2 所示为不同表面特征的表面粗糙度。

表 5-2　不同表面特征的表面粗糙度

表面要求	表面特征	$Ra/\mu m$	加工方法
不加工	毛坯表面清除毛刺	✓	钳工
粗加工	明显可见刀痕	50	钻孔、粗车、粗铣、粗刨、粗镗
	可见刀痕	25	
	微见刀痕	12.5	
半精加工	可见加工痕迹	6.3	半精车、精车、精铣、精刨精镗、粗磨、铰孔、拉削
	微见加工痕迹	3.2	
	不见加工痕迹	1.6	
精加工	可辨加工痕迹的方向	0.8	精铰、精拉、精磨、刮削
	微辨加工痕迹的方向	0.4	
	不辨加工痕迹的方向	0.2	
精密加工或光加工	暗光泽面	0.1	精密磨削、研磨、抛光、超精加工、镜面磨削、珩磨
	亮光泽面	0.05	
	镜状光泽面	0.025	
	雾状光泽面	0.012	
	镜面	<0.012	

2.表面粗糙度的选择

采用类比法选择表面粗糙度，主要考虑以下原则。

（1）在满足工件使用性能的前提下，为了降低成本，选用大的表面粗糙度。

（2）对耐蚀性、密封性要求高的表面以及相对运动表面、承受交变载荷和发生应力集中部位的表面，表面粗糙度应小些。

（3）同一工件上，尺寸要求高的表面及配合表面的表面粗糙度应比非配合表面的表面粗糙度小。

3.表面粗糙度与尺寸精度的关系

一般情况下，尺寸精度越高，表面粗糙度越小；但表面粗糙度小的，尺寸精度不一定高。如镀铬的手轮、手柄等主要考虑外观光亮，虽然表面粗糙度较小，但尺寸精度低。

5.3　常用计量器具

5.3.1　游标卡尺

游标卡尺是一种常用量具，具有结构简单、使用方便、精度中等和测量尺寸范围大等特点，可以测量零件的外径、内径、长度、宽度、厚度、深度和孔距等，应用范围很广。游标卡尺有 0.02mm、0.05mm、0.1mm 三种测量精度，其测量范围有 0 ～ 125mm、0 ～ 200mm、0 ～ 300mm、0 ～ 500mm 等。常用精度为 0.02mm 的游标卡尺，其结构如图 5.6 所示。

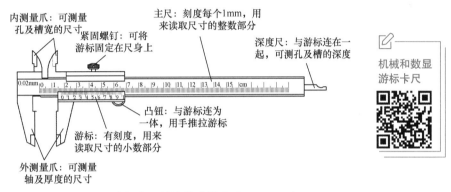

图 5.6　游标卡尺的结构（精度为 0.02mm）

机械和数显
游标卡尺

1. 游标卡尺的刻线原理

图 5.7 所示为游标卡尺的刻线原理（精度为 0.02mm）。游标卡尺由主尺和副尺组成，主尺与固定卡脚制成一体，副尺与活动卡脚制成一体，并能在主尺上滑动。主尺每格刻度是 1mm，副尺每格刻度是 0.98mm，主尺与副尺每格刻度相差 0.02mm，即测量精度为 0.02mm，主尺上的 49mm 正好等于副尺上的 50 格，如图 5.7（a）所示。

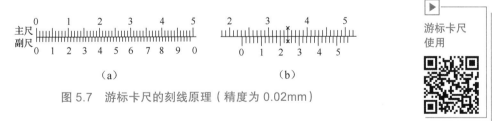

（a）　　　　　　　　（b）

图 5.7　游标卡尺的刻线原理（精度为 0.02mm）

游标卡尺
使用

2. 游标卡尺的读数方法

读数时，首先读出副尺零线左侧主尺上的整毫米数，再读出副尺与主尺对齐刻线处的小数毫米数，两者相加即得测量尺寸。在图 5.7（b）中，读取（23+0.24）mm=23.24mm 或通过计算（23+12×0.02）mm=23.24mm。

3.使用游标卡尺的注意事项

游标卡尺是比较精密的量具，使用时应注意如下事项。

（1）使用前，应擦干净两卡脚测量面，合并两卡脚，检查副尺零线与主尺零线是否对齐。若未对齐，则应根据原始误差修正测量读数。

（2）测量工件时，卡脚测量面必须与工件表面平行或垂直，不得歪斜，且用力不能过大或过小；游标卡尺不能测量粗糙和运动的工件，以免卡脚变形或磨损，影响测量精度。

（3）读数时，视线要垂直于尺面，否则测量值不准确。从零件上读取游标卡尺数值时，应先拧紧紧固螺钉，以防在读数前量爪位置改变。

（4）测量内径时，应轻轻摆动，以便找出最大值。

（5）用完游标卡尺，应将其擦拭干净后存放在卡尺盒内。若长期不用则应擦净，涂防护油并平放在卡尺盒内，以防生锈或弯曲。

在实际使用中，常用更为方便的带表卡尺（图5.8）和电子数显卡尺（图5.9）代替游标卡尺。深度游标卡尺和高度游标卡尺（图5.10）是分别专门测量深度和高度的量具。

图5.8　带表卡尺

图5.9　电子数显卡尺

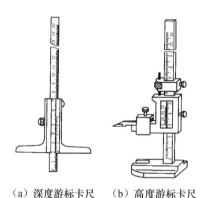

（a）深度游标卡尺　　（b）高度游标卡尺

图5.10　深度游标卡尺和高度游标卡尺

5.3.2 千分尺

千分尺是一种精密的量具，其测量精度为0.01mm，可分为外径千分尺、内径千分尺、深度千分尺等。千分尺的测量范围有0～25mm、25～50mm、50～75mm、75～100mm等。

1.外径千分尺

图5.11所示为测量范围为0～25mm的外径千分尺的结构。其主要有砧座、测微螺

杆、固定套筒、活动套筒、棘轮盘、锁紧钮。

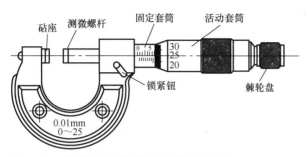

图 5.11　外径千分尺的结构（测量范围为 0 ~ 25mm）

千分尺是利用螺旋传动原理，将活动套筒的螺旋导程变成直线位移测量零件的。其读数机构由固定套筒和活动套筒组成。在固定套筒的外圆母线上刻有一条中线，在中线上、下方各刻有间距为 1mm 的多条刻线，并且上、下刻线相错 0.5mm。在活动套筒的圆锥端面上刻有 50 条等分刻线，测微螺杆的螺距为 0.5mm，活动套筒与测微螺杆连成一体，当活动套筒旋转一周时，测微螺杆在轴上移动 0.5mm；当活动套筒转过一格时，测微螺杆在轴上移动 0.5/50=0.01mm。

使用千分尺读数时，先从固定套筒上读出毫米数，若 0.5mm 刻线也露出活动套筒边缘，则加 0.5mm；从活动套筒上读出小于 0.5mm 的小数，二者加在一起即测量数值。千分尺的读数方法如图 5.12 所示。

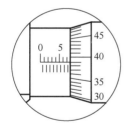
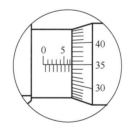

（a）(7+0.5+39×0.01)mm=7.89mm　　（b）(7+35×0.01)mm=7.35mm

图 5.12　千分尺的读数方法

测量前，千分尺测量面必须保持干净，要注意检查测微螺杆和砧座接触时，活动套筒零线是否与固定套筒中线对齐，若没有对齐，则记下误差值，以便测量后修正。若是数显千分尺，则可以在此时调零。测量时，使测微螺杆轴线与被测工件尺寸方向一致，不能倾斜。先转动活动套筒，当测量面接近工件时，再转动棘轮盘。测量五金件时，只有棘轮发出"咔咔"声才能读数。读数时，最好不要取下千分尺，若必须取下则应先锁紧千分尺。用完千分尺，应擦净并放入尺盒内。

对于其他规格的外径千分尺，将零线对准时，测微螺杆与砧座的距离就是该测量范围的起点值，应使用相应的校准杆。

2. 内径千分尺

内径千分尺有普通内径千分尺和杠杆内径千分尺两种，如图 5.13 所示。

普通内径千分尺和杠杆内径千分尺

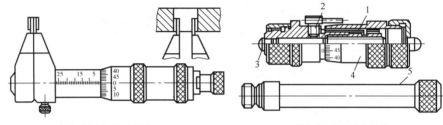

（a）普通内径千分尺　　　　　　　　（b）杠杆内径千分尺

1—固定套筒；2—锁紧手柄；3—测量触头；4—微分筒；5—接长杆。

图 5.13　内径千分尺

3. 深度千分尺

深度千分尺的外形与深度游标卡尺相似，如图 5.14 所示。内径千分尺和深度千分尺的刻线原理及读数方法与外径千分尺相同。

深度千分尺使用

图 5.14　深度千分尺

5.3.3　百分表

百分表是一种精度较高的比较测量工具。它只能测出相对数值，主要用来检查工件的形状误差和位置误差，如圆度、平面度、垂直度、跳动等；也常用于校正工件的安装位置和精密找正等。百分表的测量精度为 0.01mm。百分表有钟表式百分表和杠杆式百分表两种。

1. 钟表式百分表

钟表式百分表的外形和传动原理如图 5.15 所示。测量杆 1 上的齿条齿距为 0.625mm，齿轮 2 的齿数为 16，齿轮 3 和齿轮 6 的齿数均为 100，齿轮 4 的齿数为 10，齿轮 2 与齿轮 3 连在一起，长针 5 装在齿轮 4 上，短针 8 装在齿轮 6 上。当测量杆移动 1mm 时，齿条移动 1/0.625=1.6 齿，使齿轮 2 转过 1.6/16=1/10 转，齿轮 3 也转过 1/10 转，即其转过 10 个齿正好使齿轮 4 转过一周，长针 5 也转过一周。由于表盘分为 100 格，因此长针每转一格测量杆都移动 0.01mm。游丝 7 总使齿轮一侧啮合，消除间隙。弹簧 9 总使测量杆处于起始位置。

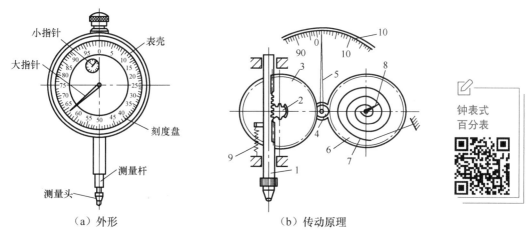

（a）外形　　　　　（b）传动原理

钟表式
百分表

1—测量杆；2，3，4，6—齿轮；5—长针；7—游丝；
8—短针；9—弹簧；10—刻度盘；11—测量头；12—表壳。

图 5.15　钟表式百分表

　　测量前，检查测量杆和指针转动是否灵活，把百分表固定在磁力表架上，使测量杆垂直于测量表面，测量杆应预先有 0.3 ～ 1.0mm 的压缩量，使零线对准指针，慢慢转动或移动工件，测量杆移动的距离为小指针和大指针读数之和。

　　2. 杠杆式百分表

　　杠杆式百分表的外形和传动原理如图 5.16 所示。

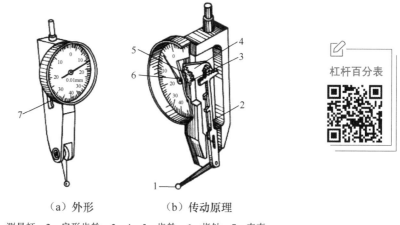

（a）外形　　　　（b）传动原理

杠杆百分表

1—测量杆；2—扇形齿轮；3，4，5—齿轮；6—指针；7—表壳。

图 5.16　杠杆百分表

　　杠杆式百分表是利用杠杆和齿轮的放大原理制造的。具有球面触头的测量杆 1 靠摩擦与扇形齿轮 2 连接，当测量杆摆动时，扇形齿轮 2 带动齿轮 3 转动，再经齿轮 4 和齿轮 5 带动指针 6 转动。与钟表式百分表相同，杠杆式百分表的表盘上也沿圆周刻 100 格，每格代表 0.01mm。改变侧扳把位置，可变换测量杆的摆动方向。

5.3.4 内径百分表

内径百分表用于测量或检验零件的内孔、深孔直径及其形状精度。内径百分表的结构和测量方法如图 5.17 所示。内径百分表由百分表和测量杆系统组成。测量范围有 $6 \sim 10$mm、$10 \sim 18$mm、$18 \sim 35$mm、$35 \sim 50$mm、$50 \sim 100$mm、$100 \sim 160$mm 六种。内径百分表配备成套的可换测头，可按测量尺寸自行选择。

内径百分表

内径百分
表使用

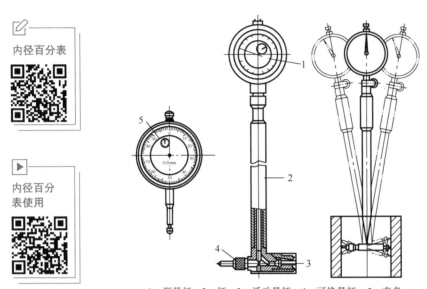

1—测量杆；2—杆；3—活动量杆；4—可换量杆；5—表盘。

图 5.17　内径百分表的结构和测量方法

从图 5.17 可见，内径百分表是将百分表安装在测量杆 1 上，以适当的压力与杆 2 接触。测量头一端装有可换量杆 4，另一端装有活动量杆 3。测量时，适当摆动测量杆，活动量杆 3 的伸缩量通过杆 2 将测量值的变化传至百分表，从而测得被测尺寸与公称尺寸的差值。

用内径百分表测量内径是一种比较量法，配备成套的可调测量头，使用前必须进行组合和校对零位，应根据被测孔径的公称尺寸用外径百分尺调整后使用。调整尺寸时，正确选用可换测头的长度及伸出距离，应使被测尺寸在活动测头总移动量的中间位置。

5.3.5 万能角度尺

万能角度尺又称游标万能角度尺，用来测量零件的内外角度，它可以测量 $0° \sim 320°$ 的任意角度，其结构如图 5.18 所示。它的读数机构是根据游标原理制成的。以精度为 $2'$ 的万能角度尺为例，其主尺刻线每格为 $1°$，而游标刻线每格为 $58'$，即主尺 1 格与游标 1 格的差值为 $2'$。它的读数方法与游标卡尺完全相同。

测量时，先校对零位，将角尺与直尺均安装好，且 $90°$ 角尺的底边及基尺均与直尺无间隙接触，主尺与游标的零线对准时调好零位。使用时，应根据测量范围组合量尺，通过改变基尺、角尺、直尺的相互位置，测量万能角度尺测量范围内的任意角度。万能角度尺应用实例如图 5.19 所示。

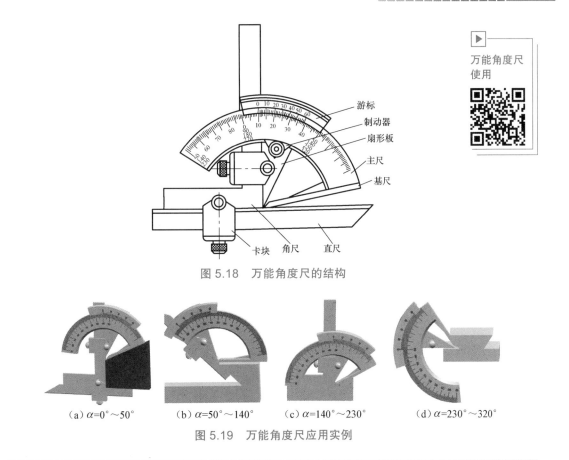

万能角度尺
使用

图 5.18　万能角度尺的结构

（a）α=0°～50°　　　（b）α=50°～140°　　　（c）α=140°～230°　　　（d）α=230°～320°

图 5.19　万能角度尺应用实例

塞规及卡规

　　塞规及卡规是成批生产时使用的量具。塞规用于测量内表面尺寸，如孔径、槽宽等；卡规用于测量外表面尺寸，如轴径、宽度和厚度等。塞规及卡规的测量实例如图 5.20 所示。检查零件时，过端通过、止端不通过为合格。塞规的过端控制最小极限尺寸，止端控制最大极限尺寸。卡规的过端控制最大极限尺寸，止端控制最小极限尺寸。

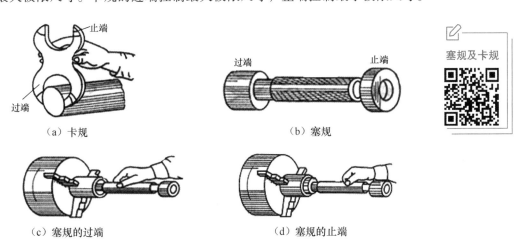

塞规及卡规

（a）卡规　　　　　　　　　　（b）塞规

（c）塞规的过端　　　　　　　　（d）塞规的止端

图 5.20　塞规及卡规的测量实例

常用的孔用量规如图 5.21 所示。常用的轴用量规如图 5.22 所示。

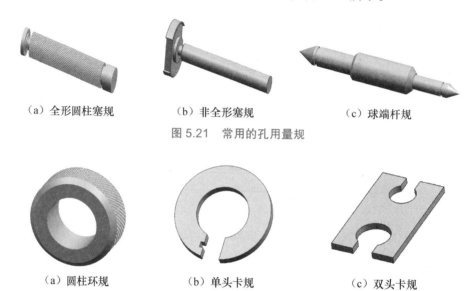

（a）全形圆柱塞规　　　（b）非全形塞规　　　（c）球端杆规

图 5.21　常用的孔用量规

（a）圆柱环规　　　（b）单头卡规　　　（c）双头卡规

图 5.22　常用的轴用量规

5.3.7　三坐标测量仪

三坐标测量仪（图 5.23）通过建立一个三维坐标系实现测量。按照测量原理和结构特点，三坐标测量仪可分为光学三坐标测量仪、机械三坐标测量仪及激光三坐标测量仪等。三维坐标系通常由三个相互垂直的轴线组成，称为 X 轴、Y 轴、Z 轴。其中，X 轴为水平方向，Y 轴为竖直方向，Z 轴为垂直于 X 轴、Y 轴的第三个方向。三坐标测量仪需要使用红宝石等特殊测头，其可以在三维空间内移动，并可以测量物体的坐标及表面形状。三坐标测量的基本原理如下：通过测量物体表面一系列点的三维坐标确定物体的几何形状，测头可以沿着 X 轴、Y 轴、Z 轴方向移动，从而测量出物体表面各个点的坐标值。为了保证测量的精度和准确性，在进行三坐标测量之前需要对测头进行校准。校准对象通常包括机床误差、测头误差、传感器误差等。三坐标测量仪可以对工件的形位公差进行精密测量，其广泛应用于机械加工领域的精密测量。

三坐标测量

图 5.23　三坐标测量仪

5.4　综合实训课题

刀具用钝后，必须刃磨以恢复原来的角度、形状和刀刃的锋利。刃磨方法有机械刃磨和手工刃磨。

1. 选择砂轮

在砂轮机上刃磨车刀，需根据刀具材料正确选用砂轮。刃磨高速钢车刀时，应选用粒度为 36～60 号的软或中软级氧化铝砂轮；刃磨硬质合金车刀时，应选用粒度为 60～80 号的软或中软级碳化硅砂轮。

2. 车刀刃磨

1）车刀刃磨的步骤

车刀刃磨的步骤如图 5.24 所示。磨三个刀面出现六个角度。

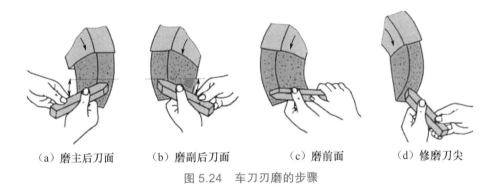

| （a）磨主后刀面 | （b）磨副后刀面 | （c）磨前面 | （d）修磨刀尖 |

图 5.24　车刀刃磨的步骤

（1）磨主后刀面。如图 5.24（a）所示，磨刀者站在砂轮左边，刀头的主后刀面对在砂轮中线附近。先端平车刀，再按主偏角使刀柄尾部左右摆动，主切削刃与砂轮轴线呈主偏角的角度，按主后角使刀体向外（顺时针）翻转一个角度（主后角的角度），一次磨出主偏角和主后角。

（2）磨副后刀面。如图 5.24（b）所示，磨刀者站在砂轮右边，刀头的副后刀面对在砂轮中线附近。先端平车刀，再按副偏角使刀柄尾部左右摆动，副切削刃与砂轮轴线呈副偏角的角度，按副后角使刀体向外（逆时针）翻转一个角度（副后角的角度），一次磨出副偏角和副后角。

（3）磨前面。如图 5.24（c）所示，磨刀者站在砂轮右边，刀头的前刀面对在砂轮中线附近。先端平车刀，再按刃倾角使刀柄尾部左右摆动，主切削刃与砂轮轴线呈刃倾角的角度，按前角使刀体向外（逆时针）翻转一个角度（前角的角度），一次磨出刃倾角和前角。

（4）修磨刀尖。为使刀具耐用，要把刀尖修磨成直线或圆弧过渡刃。如图 5.24（d）所示，左手拿刀体前部，右手拿刀体后部，使过渡刃下部先接触砂轮，轻轻磨出整个过渡刃。

（5）研磨。经过刃磨的车刀，用油石加少量机油研磨切削刃，直到车刀表面光洁，看

不出痕迹为止，可以使刀具锋利、提高刀具耐用度。

2）车刀刃磨的注意事项

（1）刃磨刀具前，应检查砂轮有无裂纹，砂轮轴螺母是否拧紧，并经试转后使用，以免砂轮碎裂或飞出伤人。

（2）启动砂轮或磨刀时，人应站在砂轮侧面，防止砂轮破碎伤人。

（3）双手紧握车刀，用力要均匀，并使受磨面轻贴砂轮。切勿用力过猛，以免挤碎砂轮而造成事故。

（4）刃磨时，车刀应在砂轮圆周面上左右移动，使砂轮磨损均匀，不出现沟槽。不要在砂轮两侧面磨车刀，以免砂轮摆动、破碎。

（5）刃磨高速钢车刀时，应经常将车刀放在水中冷却，以免车刀温度过高而退火软化；刃磨硬质合金车刀时，刀头不能入水冷却，以防因骤冷而产生裂纹。

（6）砂轮支架与砂轮的间隙不得大于3mm，若间隙过大，则应调整。

3. 麻花钻刃磨

由于手工刃磨钻头是在砂轮上进行的，因此对砂轮应有如下要求：选用粒度适当的（46～80号）中软级（ZR1～ZR2）砂轮；砂轮旋转时，跳动要小。

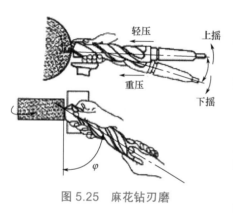

图 5.25　麻花钻刃磨

1）麻花钻刃磨的步骤

（1）磨刀者站在砂轮左侧，如图 5.25 所示，将主切削刃置于水平（稍高于砂轮中心水平面）并与砂轮外圆平行。

（2）保持钻头中心线与砂轮外圆面的夹角 φ（$\varphi=59°$）为顶角的一半。

（3）右手握住钻头头部，并放在支架上做定位支承，接住砂轮表面并轻轻施加压力。

（4）左手握钻头柄部，以右手为支架上下摆动（目的是磨后角），钻尾向上摆动，不能高出正在磨削的主切削刃，以防磨出副后角。钻尾向下摆动且摆动不能太多，以防磨掉另一条主切削刃。

（5）一面磨好后，翻转 180° 磨另一面（方法同上）。

2）麻花钻刃磨注意事项及检查

刃磨钻头时，两只手的动作必须协调一致；由上到下刃磨或由下到上刃磨都可。在刃磨过程中，主切削刃的锋角、后角和横刃斜角是同时磨出的。刃磨钻头后，可用样板进行检查，一般常用目测法检查。目测时，将钻头竖起并立在眼前，两眼平视，观看刃口，此时背景要清晰。因为观察时，两钻刃一前一后，会产生视差，观看两钻刃时，往往感到左刃（前刃）高。此时将钻心绕轴线旋转 180°，这样反复几次，如果看到的结果相同，就证明对称了。另外，刃磨钻头时，为防止切削部分过热而退火，应经常浸入水中冷却。选择钻头顶角时，一般硬材料取大值（130°～140°），软材料小值（90°～100°），标准值是118°。

5.5　实训中常见问题解析

5.5.1　刀具磨损较快原因的分析

（1）主轴转速过高，导致刀具温度过高，刀具变软，磨损加快。

（2）没有正确使用冷却液。

（3）刀具材料不合格。

（4）工件表面有氧化皮或工件硬度太大。

5.5.2　切削中的质量分析

1.尺寸精度超差的原因

（1）摇错刻度盘格数或没有考虑间隙。

（2）对刀不准或测量不准。

（3）机床主轴与进给方向不垂直。

（4）在切削过程中，工件有松动现象。

2.形状精度超差的原因

（1）车削时，主轴摆动或工件伸出太长而产生圆度或圆柱度误差。

（2）车削时，尾座中心线与主轴中心线不重合，工件产生锥度。

（3）端铣时，铣床主轴与进给方向不垂直。

（4）周铣时，铣刀圆柱度不好。

3.位置精度超差产生的原因

（1）垂直度超差。

① 工件基准面未与垫铁贴合。

② 基准面本身质量较差。

③ 基准面未与固定钳口贴合。

④ 立铣头零位不准时，采用横向进给导致所铣平面与工作台不平行。

（2）平行度超差。

① 平口钳导轨面与工作台面不平行。

② 平行垫铁的平行度差。

③ 基准面未与平行垫铁贴合。

④ 和固定钳口贴合的面与基准面不垂直。

（3）倾斜度不准。

① 工件划线不准确或铣削时工件没夹牢。

② 立铣头扳转角度不准确。

③ 铣刀本身角度不准确。

4.表面粗糙度不符合要求

（1）切削层深度太大或进给量太大。

（2）刀具不锋利或刀具跳动量太大。

（3）切削液使用不当。

（4）切削时，夹具或工件有明显振动或让刀现象。

5.5.3　量具测量不准确的原因分析

（1）量具本身不准确，如测量面贴紧后主尺零线与副尺零线不重合。

（2）工件有毛刺，导致测量尺寸大于实际尺寸。

（3）量具或工件没擦净。

（4）观察量具尺寸时斜视，或从工件上取下量具时，两测量面距离发生变化。

5.6　刃具修磨安全

刀具修磨时容易发生安全事故，应该注意如下事项。

（1）合理选用砂轮，碳化硅砂轮用来磨硬质合金刀具，三氧化二铝砂轮用来磨高速钢刀具或碳素工具钢刀具。

（2）安装新砂轮时轻敲检查是否有裂纹，并且不能超过砂轮的最大线速度。

（3）高速钢刀具和碳素工具钢刀具在磨削过程中一定要冷却，以防退火而使硬度降低；硬质合金刀具一般不冷却，若要冷却则开始时就冷却，以防冷水使刀具骤冷而产生裂纹。

（4）两只手握紧刀具，以防刀具脱手而造成危险。

（5）启动砂轮时，不要正对砂轮站。修磨刀具时，最好站在砂轮侧面。

（6）不要在砂轮侧面用力磨刀具，以防砂轮破裂。

（7）修磨刀具时，要戴口罩或防毒面具。

5.7　小　　结

本章介绍了金属切削的基础知识，零件的加工精度和表面质量，机械生产中的常用量具，正确使用及保养量具的方法，还介绍了机械加工中的常见问题及修磨刃具的注意事项；等等。

5.8　思考与练习

1.思考题

（1）机床切削运动主要包括哪些运动？

（2）什么是切削要素？切削用量包括什么？

（3）如何选择合理的切削用量？

（4）切削液有哪些作用？如何选择切削液？

（5）零件的加工精度和表面质量包括哪些方面？

（6）如何正确使用和保养量具？

2. 实训题

（1）按车刀刃磨的步骤练习磨刀，要求主后角为 10°，主偏角为 90°，副后角为 6°，副偏角为 10°，前角为 15°，刃倾角为 0°。

（2）磨麻花钻，使其顶角为 118°。

（3）练习用游标卡尺测量工件尺寸。

第6章
钳　工

教学提示：钳工是机械制造中较古老的金属加工技术，它在现代机械加工技术中仍有普遍应用，尤其是在不宜或不能完全由机器完成的加工任务中有重要地位。钳工是由操作人手持工具进行的加工方法，对操作者的操作技能要求较高，造就了一批在不同领域为中国式现代化建设作出贡献的"大国工匠"。本章主要介绍钳工加工的内容及操作方法。

教学要求：通过本章学习，学生可了解钳工加工的内容、掌握钳工的常用加工方法。

6.1　钳工操作基础

6.1.1　钳工加工的作用及内容

钳工是机械制造中较古老的金属加工技术，是手持工具对金属进行加工的方法。工业发展这么快，为什么还要手工操作呢？

1. 钳工加工的作用

（1）加工零件。机械加工中不宜或不能解决的加工都可由钳工完成，比如零件加工中的划线、精密加工（如刮削、挫削样板和制作模具等）以及检验和修配等。

（2）装配。把零件按机械设备的装配技术要求进行组件、部件装配和总装配，并调整、检验和试车等，使之成为合格的机械设备。

（3）设备维修。当机械在使用过程中发生故障而出现损坏或长期使用后精度降低，从而影响使用时，需要通过钳工进行维护和修理。

（4）工具的制造和修理。钳工加工可用于制造和修理工具、卡具、量具、模具和各种专业设备。

（5）技术革新。钳工加工可用于开发新产品时工艺工装的改造及试制。

2. 钳工加工的内容

随着机械制造业的发展，钳工的应用范围日益扩大，专业分工更细，分为普通钳工（装配钳工）、修理钳工、模具钳工等。

钳工加工的内容包括划线、錾削（凿削）、锯割、钻孔、扩孔、锪孔、铰孔、攻螺纹和套螺纹、矫正和弯曲、铆接、刮削、研磨以及基本测量技能和简单热处理等。无论是哪种钳工，都应先掌握基本操作技能，再根据分工进一步掌握零件的钳工加工及产品和设备的装配、修理等技能。

6.1.2　钳工加工的常用设备和工具

1. 钳工加工的常用设备

钳工加工的常用设备有钳工工作台、台虎钳等。

（1）钳工工作台。钳工工作台的高度为 800 ～ 900mm，如图 6.1 所示。钳工工作台的长度和宽度可随工作场地和工作需要而定。

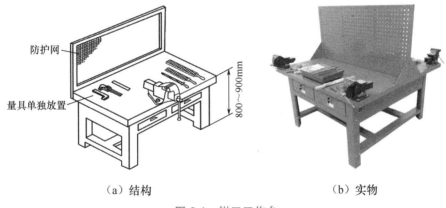

（a）结构　　　　　　　　　　　　（b）实物

图 6.1　钳工工作台

（2）台虎钳。台虎钳是夹持工件用的夹具，装在钳工工作台上，如图 6.2 所示。台虎钳的尺寸用钳口的宽度表示，常用尺寸为 100 ～ 150mm。

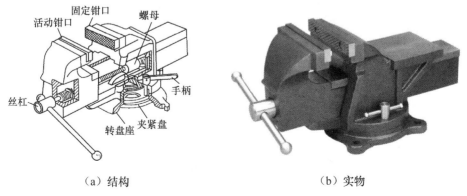

（a）结构　　　　　　　　　　　　（b）实物

图 6.2　台虎钳

使用台虎钳时应注意以下几点。

① 在钳工工作台上安装台虎钳时，要使固定钳体的钳口工作面处于钳台边缘外，以保证夹持长条形工件时，工件的下端不会与钳台边缘碰撞。

② 夹紧工件时，只允许用手的力量扳紧手柄，不允许敲击手柄或用套管在手柄上加力，也不可将身体压在手柄上，以免丝杠、螺母和钳体因受力过大而损坏。

③ 强力作业时，应尽量使力朝向固定钳体，否则丝杠和螺母会受到较大的冲击力，导致螺纹损坏。

2. 钳工加工的工具

划线时使用划针、划针盘、划规、样冲、平板和方箱。錾削时使用手锤和錾子。锯割时使用锯弓和锯条。锉削时使用锉刀。孔加工时使用麻花钻、锪钻和铰刀。攻螺纹、套螺纹时使用丝锥、铰杠、板牙架、板牙。刮削时使用刮刀等。

6.1.3 划线

划线

划线是根据图样要求，使用划线工具在毛坯或半成品上划出加工界线的方法。它的作用类似于裁缝在布料上用粉笔划线作为剪裁的依据：划出加工界线作为加工依据；检查毛坯形状、尺寸，及时发现不合格品，避免浪费后续加工工时；合理分配加工余量；钻孔前确定孔的位置。

1. 常用的划线工具

（1）划线平台。划线平台是划线的基准工具，如图 6.3 所示。它的上平面是划线的基准平面，要求平直和光滑。

（2）V 形铁。V 形铁用于在划线平台上支承圆柱形工件，使工件的轴心线与划线平台的平面平行，以便划中心线或找正中心。V 形铁的外形及工作原理如图 6.4 所示。

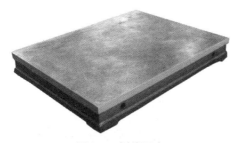

图 6.3　划线平台

（a）外形　　（b）工作原理

图 6.4　V 形铁的外形及工作原理

（3）方箱。方箱为由铸铁制成的空心立方体，其六个面均经过精加工，相邻平面相互垂直，相对平面相互平行，用于夹持尺寸较小且加工面较多的工件。翻转方箱便可在工件表面划出相互垂直的线条。方箱的外形及工作原理如图 6.5 所示。

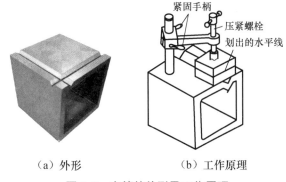

（a）外形　　　　（b）工作原理

图6.5　方箱的外形及工作原理

（4）千斤顶。千斤顶（图6.6）是在划线平台上支承工件的工具，其高度可以调整。通常三个千斤顶为一组，用于不规则或较大工件的划线找正。

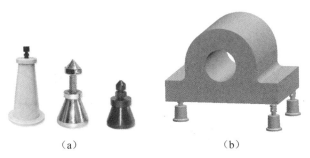

（a）　　　　　　　　（b）

图6.6　千斤顶

（5）划针。划针是在工件表面划线的工具，常由 $\phi 3 \sim \phi 6 mm$ 的工具钢或弹簧钢丝制成，其端部经淬火后磨尖。划针的外形及使用方法如图6.7所示。

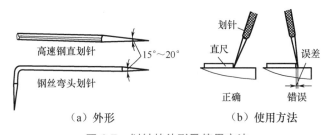

高速钢直划针　　15°～20°

钢丝弯头划针

划针

直尺　　　误差

正确　　　错误

（a）外形　　　　（b）使用方法

图6.7　划针的外形及使用方法

（6）划规。划规（图6.8）可用于划圆、量取尺寸和等分线段，其用法与制图中的圆规相同。

图6.8　划规

（7）划卡。划卡又称单脚划规，主要用来划轴和孔的中心位置，也可用来划平行线。划卡的使用方法如图 6.9 所示。

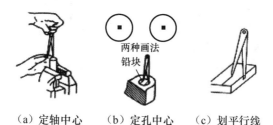

（a）定轴中心 （b）定孔中心 （c）划平行线

图 6.9 划卡的使用方法

（8）划线盘。划线盘是立体划线的主要工具。调节划针到一定高度，并在划线平台上移动划线盘，即可在工件上划出与划线平台平行的线条。此外，还可以用划线盘对工件进行找正。划线盘及其使用方法如图 6.10 所示。

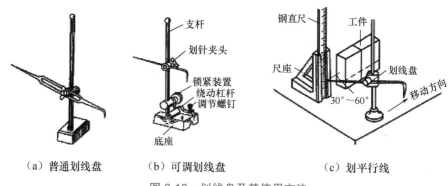

（a）普通划线盘 （b）可调划线盘 （c）划平行线

图 6.10 划线盘及其使用方法

（9）游标高度尺。游标高度尺（图 6.11）是精密量具，既可测量高度，又是半成品的精密划线工具；但不可对毛坯划线，以防损坏硬质合金划线脚。

（10）样冲。样冲是在划好的线上冲眼的工具。冲眼用来防止划线模糊或消失。钻孔前的圆心也要打样冲眼，以便钻头定位。样冲及其使用方法如图 6.12 所示。

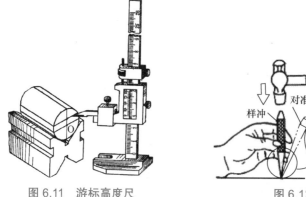

图 6.11 游标高度尺　　　　图 6.12 样冲及其使用方法

2. 划线基准

在工件上划线时，选择工件上的某些点、线或面作为依据，并调节每次划线的高度，划出其他点、线、面的位置。这些作为依据的点、线或面称为划线基准。在零件图上用来确定零件各部分尺寸、几何形状和相互位置的点、线或面称为设计基准。划线基准应尽量与设计基准一致，以减小加工误差。

划线基准的选择原则如下：一般选择毛坯上重要孔的中心线或较大平面为划线基准；若工件上个别平面加工过，则应以加工过的平面为划线基准。划线基准如图6.13所示。

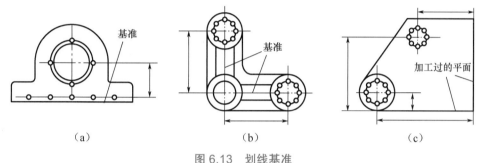

（a） （b） （c）

图6.13 划线基准

3. 划线量具

在工件表面划线除使用上述划线工具外，还需配合使用划线量具。常用划线量具有钢直尺、直角尺、游标高度尺等。

4. 划线方法

划线分为平面划线和立体划线。平面划线是在工件的一个表面划线；立体划线是在工件的多个相联系的表面划线。

（1）划线前的准备。

① 熟悉图样，了解加工要求，准备好划线工具和划线量具。

② 清理工件表面。

③ 检查工件是否合格，对于有缺陷的工件，考虑是否用合理分配加工余量的方法补救，减少废品。

④ 用木块或铅块塞住工件上的孔，以便划出孔的中心线和轮廓线。

⑤ 在工件划线部位涂薄且均匀的涂料，以保证划出的线清晰。在大件毛坯上涂石灰水，在小件毛坯上涂粉笔，在半成品件上涂蓝油（紫色颜料加漆片、酒精）或硫酸铜溶液。

⑥ 确定划线基准。

（2）平面划线（图6.14）。平面划线与机械制图的画图相似，不同的是使用钢直尺、直角尺、划规、划针等工具在金属表面作图。划线时，先划出基准线，再根据基准线划出其他线。确认划线无误后，在划好的线段上用样冲打上小且均匀的样冲眼，以备划线模糊后找到原线的位置。

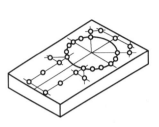
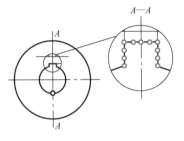

（a）在平板上划线　　　　　　　　　（b）在齿坯上划键槽

图 6.14　平面划线

（3）立体划线。由于立体划线是在工件的多个相互联系的表面划线，因此，划线时要在划线平台上根据工件形状、尺寸支承并找正工件。例如，用 V 形铁支承圆柱形件；用方箱支承形状规则的小件；用千斤顶支承形状不规则的工件及大件。工件支承要稳定，以防滑倒或移动。在一次支承中，应把需要划出的平行线全部划出，以免再次支承补划时产生误差。

轴承座的立体划线步骤如图 6.15 所示。

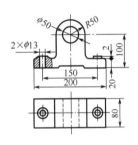
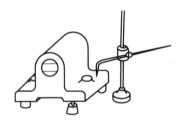
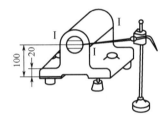

（a）轴承座零件图　　　（b）根据孔中心及上平面调节　　（c）划出底面加工线和大孔的水平中心线
　　　　　　　　　　　　　　千斤顶，使工件水平

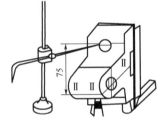
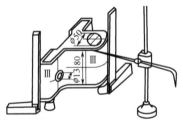
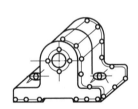

（d）旋转90°，划出大孔的垂直　　（e）再旋转90°，用直角尺在两个　　（f）打样冲眼，划另一个方向的
　　中心线及螺钉孔中心线　　　　　方向找正，划出螺钉孔　　　　　　中心线及大端面加工线

图 6.15　轴承座的立体划线步骤

6.2　锯　　削

锯削是用手锯对工件或原材料进行分割或切槽的切削加工方法。由于锯削方便、简单、灵活，因此在远离电源的施工现场及切割异形工件、开槽、修整等场合应用很广。

6.2.1　锯削的相关知识

1. 锯削工具

主要锯削工具是手锯，它由锯弓和锯条组成。

锯弓

（1）锯弓。锯弓用于安装并张紧锯条，分为固定式锯弓和可调式锯弓两种，如图 6.16 所示。固定式锯弓只能安装一种长度规格的锯条，可调式锯弓可以安装多种长度规格的锯条。

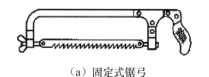 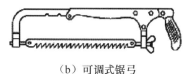

（a）固定式锯弓　　　　　　　　（b）可调式锯弓

图 6.16　锯弓

（2）锯条。锯条常由碳素工具钢或高速钢制造，并经过淬火、回火处理。锯条规格用锯条两端安装孔的中心距表示。常用的手工锯条长度为 300mm，宽度为 12mm，厚度为 0.8mm。

锯齿类型是用锯条上每单位长度上的齿数表示的，分为粗齿、中齿、细齿。锯齿类型应根据锯削材料的硬度（表 6-1）和工件厚度（图 6.17）选择。

表 6-1　锯齿类型及用途

锯齿类型	每 25mm 长度的齿数	用途
粗齿	14～18	锯铜、铝等软金属及厚工件
中齿	24	加工普通钢、铸铁及中等厚度的工件
细齿	32	锯硬钢板及薄壁管子

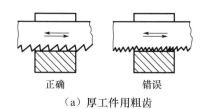　　　　

（a）厚工件用粗齿　　　　　　　　（b）薄工件用细齿

图 6.17　锯齿类型的选择

2. 锯条安装

因为锯条向前推进时切削工件，所以安装锯条时应使锯齿尖端向前，如图 6.18 所示。锯条要松紧适当，若过紧则易崩断，若过松则易折断，一般用拇指和食指的力旋紧。

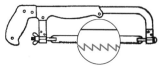

图 6.18　锯条安装

3. 工件安装

在台虎钳上夹紧工件时，既要夹紧工件，又要防止工件变形和夹坏已加工表面；工件伸出钳口的部分不应过长，以防锯削时产生振动。锯线应与钳口边缘平行，以便操作。

6.2.2 锯削操作

起锯是锯削的开始，要有一定的起锯角（以 15° 为宜），若起锯角过大则锯条易崩齿；若起锯角过小则难以切入工件。同时，左手拇指靠住锯条，右手稳推锯柄，手锯往复行程要短，用力要轻，锯条切入工件后逐渐将手锯恢复水平方向。起锯方法有前起锯和后起锯两种，如图 6.19 所示。

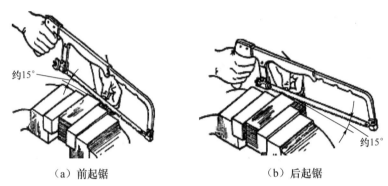

（a）前起锯   （b）后起锯

图 6.19 起锯方法

6.2.3 锯削姿势

1. 手锯的握法

手锯的握法是右手握锯柄，左手轻扶锯弓前端，如图 6.20 所示。

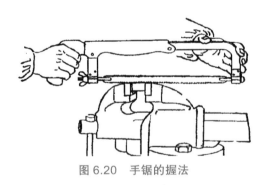

图 6.20 手锯的握法

2. 锯削速度和往复长度

锯削时，向前推锯并施加一定的压力进行切削，用力要均匀，使手锯保持水平。返回时不切削，不必施加压力，锯条从工件上轻轻滑过。为了延长锯条的使用寿命，尽量用锯条全长工作，往复长度不应小于锯条长度的 2/3。推锯速度不宜过高或过低，若过高则易使锯条发热，易崩齿而影响锯条的使用寿命；若过低则效率低，通常以 30 ～ 50 次 / 分往复为宜。锯削钢件时，应用机油或乳化液润滑。接近锯断时，锯削速度应低、压力应小，以防碰伤手臂。

6.3 锉 削

锉削是用锉刀加工工件表面的方法，可以加工平面、内外曲面、内外角度面、沟槽和形状复杂的表面，是钳工的基本操作。它主要用于不适宜采用机械加工的场合，如样板、工具、模具的制造以及装配或修理时对某些零件的修整等。

锉削加工的精度较高，最高可达 0.005mm，表面粗糙度 $Ra \geqslant 0.4\mu m$。一般在锯削或錾削之后进行锉削。

6.3.1 锉削的相关知识

1.锉刀的材料、结构和齿形

锉刀由碳素工具钢（T12、T12A）制成，经热处理后，切削部分的硬度超过62HRC。锉刀面齿纹呈交叉排列，构成刀齿，形成存屑槽。锉刀结构和锉刀齿形如图6.21所示。

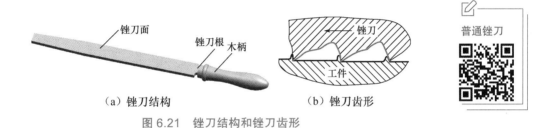

（a）锉刀结构　　　　　　（b）锉刀齿形

普通锉刀

图 6.21　锉刀结构和锉刀齿形

2.锉刀的类型

锉刀按每10mm锉刀面上的齿数分为粗锉刀、细锉刀和光锉刀，见表6-2。

表 6-2　锉刀的类型及用途

锉刀类型	每10mm锉刀面上的齿数	用途
粗锉刀	4～12	适用于粗加工或锉削铜和铝等软金属
细锉刀	13～24	多用于锉削钢和铸铁等硬金属
光锉刀	30～40	只适用于最后修光表面

锉刀按用途分为普通锉刀、整形锉刀和特种锉刀。

（1）普通锉刀。普通锉刀工作部分的长度有100mm、150mm、200mm、250mm、300mm、350mm、400mm七种。普通锉刀的断面形状如图6.22所示。

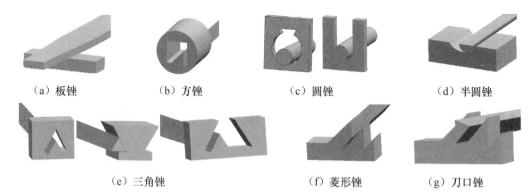

（a）板锉　　　　　　（b）方锉　　　　　　（c）圆锉　　　　　（d）半圆锉

（e）三角锉　　　　　　　（f）菱形锉　　　　　（g）刀口锉

图 6.22　普通锉刀的断面形状

（2）整形锉刀。整形锉刀又称什锦锉刀，尺寸较小，主要用于加工精细的工件和修整工件上难以加工的细小部位，如图 6.23 所示。

（3）特种锉刀。特种锉刀又称异形锉刀，用于加工特殊表面，分为菱形锉、单面三角锉、刀形锉、双半圆锉、椭圆锉、圆肚锉等，如图 6.24 所示。

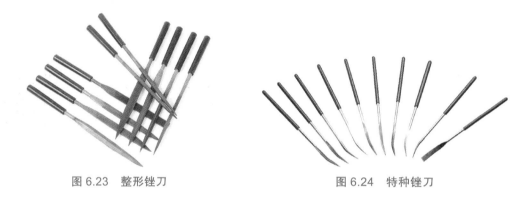

图 6.23　整形锉刀　　　　　　　　　图 6.24　特种锉刀

3. 保养锉刀

（1）不能用锉刀锉削已淬火的钢件、铸件表面的硬皮或钢件上的氧化皮。

（2）锉削时，若发现钢屑嵌入齿槽，则应及时用薄铁片或钢丝刷清除，如图 6.25 所示。锉刀使用完毕后，必须清洗干净。

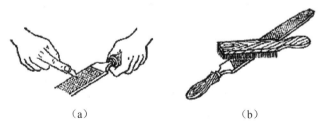

（a）　　　　　　　　　　　（b）

图 6.25　清除锉齿槽内铁屑的方法

（3）锉刀不可乱放，也不可与其他工具、工件堆放在一起。

（4）锉刀表面不可沾油污或油脂，如果已经沾上，就需要洗净。

（5）使用小锉刀（如整形锉刀）时，不能用力过大，以防折断。

4. 夹持工件

夹持工件时应注意下列几点。

（1）应在台虎钳中间夹紧工件，锉削时不能松动，且不能使工件产生变形。

（2）工件（特别是薄形工件）不能伸出钳口太多，否则锉削时会产生弹跳。

（3）夹持圆形工件时，需用三角槽垫铁。

（4）夹持工件的已加工表面时，应在钳口与工件间加铜质垫片或铝质垫片，并保持钳口清洁。

6.3.2　锉削加工及检查方法

1. 锉刀的握法

正确握持锉刀有助于提高锉削质量。锉削时，锉刀的握法取决于锉刀尺寸及工件类型。常用的锉刀握法如图 6.26 所示。

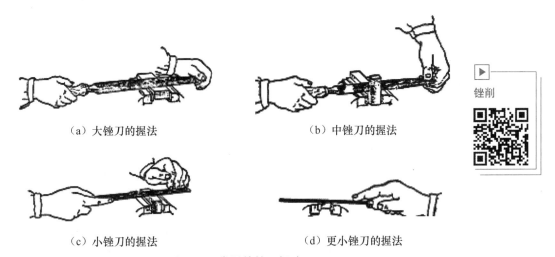

（a）大锉刀的握法　　　　　　　　　（b）中锉刀的握法

锉削

（c）小锉刀的握法　　　　　　　　　（d）更小锉刀的握法

图 6.26　常用的锉刀握法

2. 锉削姿势

锉削姿势正确能够减轻疲劳，提高锉削质量和锉削效率。锉削姿势如图 6.27 所示，两手握住锉刀并将其放在工件上，身体与钳口方向约呈 45°，右臂弯曲，右小臂与锉刀锉削方向成一条直线，左手握住锉刀头部，左臂呈自然状态，并在锉削过程中随锉刀运动稍做摆动。

3. 锉削的施力变化

锉削时，保持锉刀平直运动是关键。在推进过程中，对锉刀的总压力要适中，一般以在向前推进时手上有一种韧性感觉为宜；两手的压力变化要始终均衡，使锉刀保持水平运动；否则，将会在开始阶段锉柄下偏，锉削终了前端下垂，形成两边低、中间凸起的鼓形面。返回时，双手不加压力，以减少锉刀齿面的磨损。锉削的施力变化如图 6.28 所示。

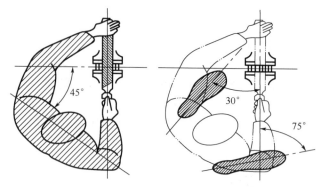

图 6.27 锉削姿势

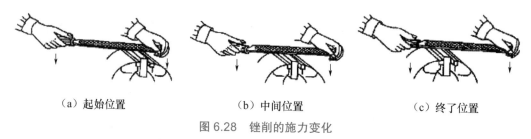

（a）起始位置   （b）中间位置   （c）终了位置

图 6.28 锉削的施力变化

锉削时，应尽量充分利用锉刀的全长，锉削速度一般控制为 40 次 / 分。

4. 锉削工件表面

（1）锉削平面。锉削平面是基本操作，常用方法有顺向锉、交叉锉和推锉。

① 顺向锉［图 6.29（a）］。锉刀沿长度方向锉削，一般用于最后的锉平或锉光。

② 交叉锉［图 6.29（b）］。先沿一个方向锉一层，再旋转 50°～ 60° 锉平。交叉锉效率高、容易掌握，常用于粗加工，以便尽快切去加工余量。

③ 推锉［图 6.29（c）］。锉刀的运动方向与其长度方向垂直。当工件表面基本锉平时，可用细锉或油光锉以推锉法修光。推锉尤其适合加工较窄表面以及用顺向锉推进受阻碍的情况。

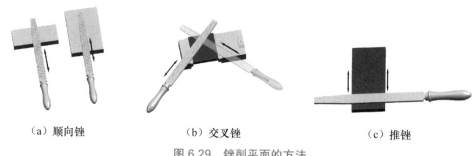

（a）顺向锉   （b）交叉锉   （c）推锉

图 6.29 锉削平面的方法

（2）锉削圆弧面。锉削圆弧面时，锉刀既需向前推进又需绕弧面中心摆动，有顺锉和滚锉两种方法。

① 顺锉［图 6.30（a）］。锉削时，先按照工件表面的划线将外圆弧面锉削成很多小平面（近似于圆弧的多棱形面），再用既向前锉又绕圆弧中心转动的方法修圆。顺锉的锉削

量大，适用于粗锉。

②滚锉［图6.30（b）］。锉刀顺着圆弧方向推进，锉削出的圆弧面不会出现棱角，比较光滑，锉削量小，适用于精锉，但不易掌握锉削位置。

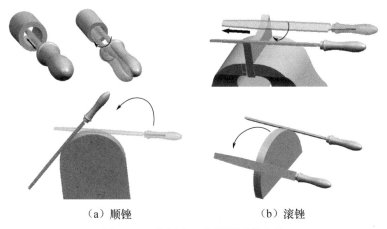

（a）顺锉　　　　　　　　（b）滚锉

图6.30　锉削内、外圆弧面的方法

（3）锉削质量检查。

①直线度检查。用钢直尺和直角尺以透光法检查直线度，如图6.31（a）所示。

②垂直度检查。用直角尺以透光法检查垂直度，如图6.31（b）所示。

③尺寸检查。用游标卡尺在工件全长的不同位置测量数次。

④表面粗糙度检查。一般用眼睛观察，若要求准确，则可用粗糙度样板对照检查。

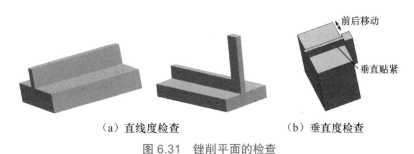

（a）直线度检查　　　　　　　　（b）垂直度检查

图6.31　锉削平面的检查

6.4　錾　削

錾削是用手锤锤击錾子，对金属进行切削加工的方法。錾削可以加工平面、沟槽，切断工件，分割板料，清理锻件上的飞边、毛刺，以及去除铸件的浇口、冒口，等等。

6.4.1　錾削的相关知识

1. 手锤

手锤由锤头和木柄组成，全长约为300mm。其规格用锤头质量表示，有0.25kg、

0.5kg、0.75kg、1kg 等规格，常用的是 0.5kg 手锤。锤头由碳素工具钢锻造而成，并经过淬火与回火处理。

2. 手锤的握法

手锤的握法有紧握法和松握法，柄端只能伸出 15～30mm。采用紧握法时，在从挥锤到击锤的整个过程中，全部手指一直紧握锤柄；采用松握法时，击锤时手指全部握紧，挥锤时只用大拇指和食指握紧锤柄，其余三指逐渐放松，如图 6.32 所示。松握法轻便自如，击锤有力，不易疲劳。

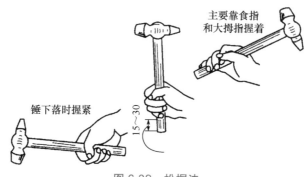

图 6.32　松握法

3. 錾子

錾子多为八棱形，由碳素工具钢锻成，并经过淬火与回火处理，长度为 125～150mm。常用的錾子如图 6.33 所示。

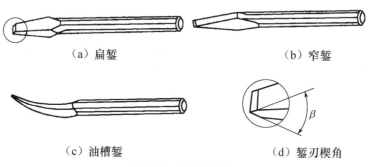

（a）扁錾　　　　　　　　　　（b）窄錾

（c）油槽錾　　　　　　　　　（d）錾刃楔角

图 6.33　常用的錾子

扁錾用于錾平面和錾断金属，它的刃宽为 10～15mm；窄錾用于錾槽，它的刃宽约为 5mm；油槽錾用于錾油槽，它的錾刃应磨成与油槽形状相符的圆弧形。錾刃楔角 β 因錾削材料的不同而不同，錾削铸铁时 $\beta=70°$，錾削钢时 $\beta=60°$，錾削铜、铝时 $\beta \leq 60°$。

4. 錾子的握法

握錾子时应放松，主要用中指夹紧，錾头伸出 20～25mm。錾子的握法有正握法、反握法和立握法，如图 6.34 所示。

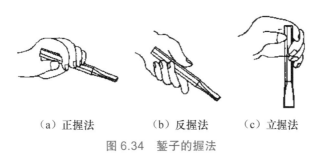

（a）正握法　　　（b）反握法　　　（c）立握法

图 6.34　錾子的握法

6.4.2 錾削方法

1. 錾削的姿势

錾削的站立步位和姿势如图 6.35 所示。錾削姿势要便于用力，挥锤要自然，眼睛注视錾刃与工件之间。

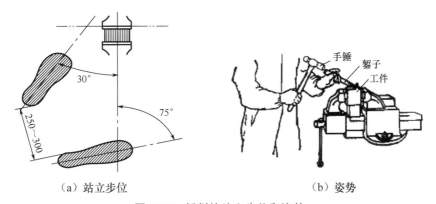

（a）站立步位　　　　　　　　　　　（b）姿势

图 6.35　錾削的站立步位和姿势

2. 起錾方法

起錾时，錾子要握平或錾头略向下倾斜，如图 6.36 所示，用力要轻，以便切入工件和正确掌握加工余量，錾子切入工件后开始正常錾削。

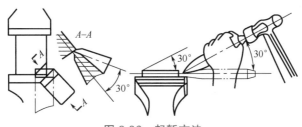

图 6.36　起錾方法

3. 錾削过程

錾削时，要挥锤自如、击锤有力，并根据切削层厚度确定合适后角 α 进行錾削。錾削厚度要合适，如果錾削厚度过大，则不仅消耗体力、錾不动，而且易使工件报废。錾削厚

度为 1 ～ 2mm，细錾时取 0.5mm。粗錾时，α 应小，以免啃入工件；细錾时，α 应大些，以免錾子滑出。

在錾削过程中，每分钟锤击次数约为 40 次。錾刃不要总是顶住工件，每錾 2 ～ 3 次可将錾子退回一些，既可以观察錾削刃口的平整度，又可以使手臂肌肉放松一下，效果较好。

4. 结束錾削的方法

当錾削到与工件终端相距约 10mm 时，应调转工件或反向錾削，轻轻錾掉剩余部分的金属，如图 6.37 所示，以避免单向錾削到终了时工件边角崩裂。脆性材料棱角处更容易崩裂，錾削时要特别注意。

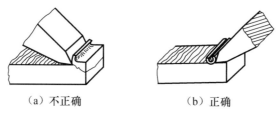

（a）不正确　　　　　　　（b）正确

图 6.37　结束錾削的方法

5. 錾削的注意事项

（1）工件应夹持牢固，以防錾削时松动。

（2）当錾头上出现毛边时，应在砂轮机上磨掉毛边，以防錾削时手锤击偏而伤手或毛边碰伤人。

（3）握手锤的手不允许戴手套，以防手锤滑出伤人。

（4）錾头、锤头不允许沾油，以防锤击时打滑伤人。

（5）若手锤锤头与锤柄松动，则应用楔铁楔紧。

（6）錾削时要戴防护眼睛，以防碎屑崩伤眼睛。

6. 錾削示例

（1）錾削平面。使用扁錾錾削平面时，每次錾削厚度为 0.5 ～ 2mm。錾削大平面时，先用窄錾开槽，槽间的宽度约为平錾錾刃宽度的 3/4，再用扁錾錾平，如图 6.38 所示。

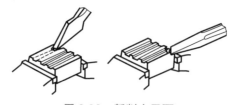

图 6.38　錾削大平面

（2）錾削油槽。錾削油槽时，应先在工件上划出油槽轮廓线，用与油槽宽度相同的油槽錾进行錾削，如图 6.39 所示。要灵活掌握錾子的倾斜角，其应随加工面形状的变化而变化，以保证油槽的尺寸和表面粗糙度达到要求。錾削后，用刮刀和纱布进行修光。

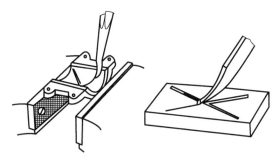

（a）在曲面上錾削油槽　　　　（b）在平面上錾削油槽

图 6.39　錾削油槽

（3）錾断。如图 6.40 所示，对于小且薄的金属板料，可以将其夹持在台虎钳上錾断。

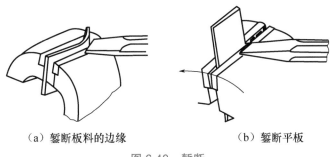

（a）錾断板料的边缘　　　　　　　（b）錾断平板

图 6.40　錾断

6.5　钻孔、扩孔、锪孔、铰孔加工

零件上的孔加工，除部分由车、铣、镗等完成外，大部分是由钳工利用钻床和钻孔工具完成的。钳工加工孔的方法有钻孔、扩孔和铰孔。

6.5.1　钻孔、扩孔、锪孔、铰孔实训的相关知识

1. 钻孔设备

常用钻孔设备是钻床，分为台式钻床、立式钻床和摇臂钻床，如图 6.41 所示。

（1）台式钻床。台式钻床简称台钻，如图 6.41（a）所示，是一种在工作台上使用的小型钻床。台钻结构简单、使用方便，可通过改变传动带在塔轮上的位置调节主轴转速，主轴的轴向进给运动靠扳动进给手柄实现。台钻适用于加工小型零件上直径≤13mm 的小孔。

（2）立式钻床。立式钻床简称立钻，如图 6.41（b）所示。其规格用最大钻孔直径表示，常用的有 25mm、35mm、40mm、50mm 等。与台钻相比，立钻功率大、刚性好，可以通过扳动主轴变速手柄调节主轴转速，可以实现主轴的自动进给，也可以利用进给手柄实现手动进给。立钻主要用于加工中、小型零件上直径小于 50mm 的孔。

（3）摇臂钻床。摇臂钻床如图 6.41（c）所示，其结构比较复杂，但操纵灵活。它的

主轴箱装在可以绕垂直立柱回转的摇臂上，并且可以沿摇臂的水平导轨移动，摇臂还可以沿立柱上下移动。操作时，能够很方便地调整刀具的位置，以对准被加工孔的中心，而不需要移动工件。摇臂钻床的变速和进给方式与立钻相似。由于摇臂钻床的主轴转速范围和进给量范围很大，因此适用于加工大型工件和多孔工件上的孔。

立式钻床

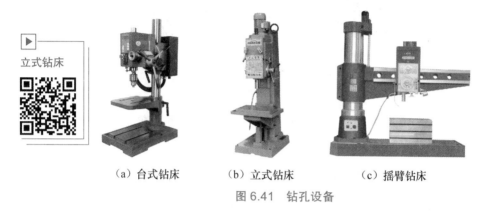

　（a）台式钻床　　　　　（b）立式钻床　　　　　（c）摇臂钻床

图 6.41　钻孔设备

2.钻孔刀具

钻孔是用钻头在实体材料上加工孔的操作，可以在工件上钻出直径小于 30mm 的孔。钻孔使用的主要刀具是麻花钻，其组成如图 6.42（a）所示。

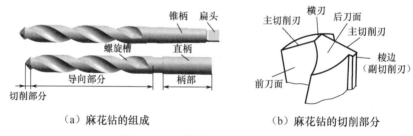

　　（a）麻花钻的组成　　　　　　（b）麻花钻的切削部分

图 6.42　麻花钻的组成及切削部分

麻花钻有两条对称的螺旋槽，用来形成切削刃、输送切削液和排屑。麻花钻的切削部分如图 6.42（b）所示，有两条对称的主切削刃。两个后刀面的交线叫作横刃，钻削时，作用在横刃上的轴向力很大，大直径的钻头常采用修磨方法，缩短横刃，以降低轴向力。导向部分的两条棱边在切削时起导向作用，同时能减少钻头与工件孔壁的摩擦。

柄部分为两种：当钻头直径小于 12mm 时，一般将柄部做成圆柱形（直柄）；当钻头直径大于 12mm 时，一般将柄部做成锥柄。

3.钻头装夹

直柄钻头可以用钻夹头［图 6.43（a）］装夹，转动紧固扳手可以夹紧或放松钻头；锥柄钻头可以直接装在机床主轴的锥孔内，锥柄钻头尺寸较小时，可以用过渡钻套连接，如图 6.43（b）所示。

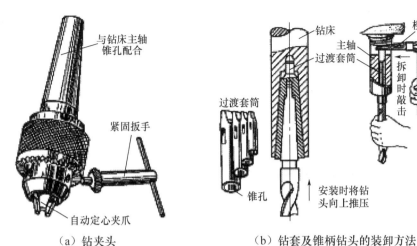

（a）钻夹头　　　　　　　　　（b）钻套及锥柄钻头的装卸方法

图 6.43　钻夹头及过渡套筒安装

4. 工件夹持

由于钻孔中的事故大多是由于工件夹持方法错误造成的，因此应特别注意工件的夹持。

（1）在小件和薄壁件上钻孔时，用手虎钳夹持工件，如图 6.44（a）所示。

（2）在中型件上钻孔时，用平口钳夹紧工件，如图 6.44（b）所示。

（3）在大型件和其他不适合虎钳夹紧的工件上钻孔时，可直接用压板螺钉将工件固定在钻床的工作台上，如图 6.44（c）所示。

（4）在圆轴或套管上钻孔时，把工件压在 V 形铁上加工，如图 6.44（d）所示。

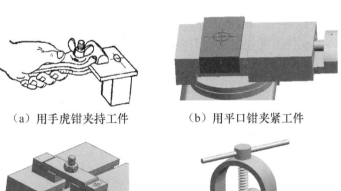

（a）用手虎钳夹持工件　　　　　　（b）用平口钳夹紧工件

（c）用压板螺钉夹持工件　　　　　（d）在V型铁上夹持工件

图 6.44　工件夹持

5. 扩孔、铰孔、锪孔刀具

（1）扩孔钻。用扩孔钻对已有的孔（铸孔、锻孔、钻孔）进行扩大加工称为扩孔。扩

孔使用的刀具是扩孔钻，如图 6.45 所示。扩孔钻的形状与钻孔时使用的麻花钻相似，但它有 3 ～ 4 个切削刃，且没有横刃。由于扩孔钻的顶端是平的，螺旋槽较浅，因而钻心粗实、刚性和导向性好。

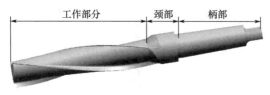

图 6.45　扩孔钻

（2）铰刀。铰孔是用铰刀对孔进行最后精加工的一种方法。铰孔使用的刀具是铰刀，分为手用铰刀和机用铰刀两种，如图 6.46 所示。铰刀有 6 ～ 12 个切削刃，每个刀刃的切削负荷都较小。其工作部分由切削部分和修光部分组成，切削部分呈锥形，起切削作用；修光部分起导向和修光作用。

（a）手用铰刀　　　　　　　　　　　　　　　　　（b）机用铰刀

图 6.46　铰刀

手用铰刀用于手工铰孔，用手扳动铰杠，铰杠带动铰刀对孔进行铰削加工。铰杠有固定式铰杠和可调式铰杠两种，常用可调式铰杠（图 6.47），转动可调手柄（或螺钉）可以调节方孔尺寸，以便夹持不同规格的铰刀。机用铰刀多为锥柄，可装在钻床、车床或镗床上进行铰孔。

图 6.47　可调式铰杠

（3）锪钻。对工件上的已有孔进行孔口型面的加工称为锪孔。锪孔使用的刀具是锪钻，分为圆柱形锪钻、锥形锪钻、端面锪钻三种，如图 6.48 所示。

圆柱形（埋头孔）锪钻的端刃主要起切削作用，周刃作为副切削刃起修光作用。为了保持原有孔与埋头孔同心，锪钻前端有导柱，可与已有孔滑配，起定心作用。

锥形锪钻顶角有 60°、75°、90°、120° 四种，其中 90° 应用广泛。锥形锪钻有 6 ～ 12 个刀刃。

端面锪钻用于锪与孔垂直的孔口端面（凸台平面）。小直径孔口端面可直接用圆柱形埋头孔锪钻加工，较大孔口的端面可另行制作锪钻。

（a）圆柱形锪钻　　　（b）锥形锪钻　　　（c）端面锪钻

图 6.48　锪钻

6.5.2　钻孔、扩孔、铰孔、锪孔操作

1. 钻孔

钻孔（图 6.49）的精度较低，一般低于 IT10，表面粗糙度约为 $Ra12.5\mu m$。钻孔主要用于孔的粗加工，也可用于装配和维修或攻螺纹前的准备工作。一般情况下，先钻出较小直径的孔，再用扩孔方法获得所需直径的孔。

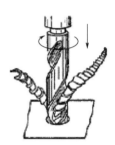

图 6.49　钻孔

钻孔前，一般要对工件进行划线。在工件孔的位置划出孔径圆，对精度要求较高的要划出检查圆，并在孔径圆上打样冲眼。划好孔径圆和检查圆后，把孔中心的样冲眼打大些，以便钻头定心。

开始钻孔时，应先对准样冲眼进行试钻，即用钻头尖在孔中心钻一个浅坑（约为孔径 1/4），如图 6.50 所示，检查坑的中心是否与检查圆同心，若有偏位则及时纠正。当偏位较小时，可用样冲重新打样冲眼，纠正中心位置后钻孔；当偏位较大时，可用样冲或窄錾在偏位的相对方向錾出几条槽，将钻偏的中心纠正过来。钻孔时，进给速度要均匀。

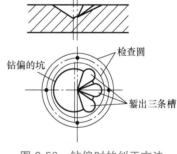

图 6.50　钻偏时的纠正方法

钻孔的注意事项如下。

（1）钻通孔时，应注意在将要钻通时减小进给量，防止钻头在钻通的瞬间抖动而损坏钻头。

（2）钻盲孔时，应调整好钻床上深度标尺的挡块或安置控制长度的量具，也可以用粉笔在钻头上画出标记。

（3）钻深孔时，应经常退出钻头以利于排屑和冷却，同时加冷却润滑剂以防止切屑堵塞在孔内卡断钻头或因过热而加剧钻头磨损。

（4）钻直径大于 30mm 的孔时，由于进给力较大，因此很难一次钻成，应先钻出一个直径较小（为孔径的 50%～70%）的孔，再扩孔至要求尺寸。

图 6.51 扩孔

图 6.52 铰孔

2. 扩孔

扩孔如图 6.51 所示。扩孔的精度比钻孔高,尺寸精度可达 IT9,表面粗糙度可达 $Ra3.2\mu m$,可作为要求不高的孔的终加工,也可作为孔精加工(铰孔)前的预加工。扩孔可以校正孔的轴线偏差,获得较正确的几何形状,加工余量为 0.5 ～ 4mm。

3. 铰孔

铰孔是用铰刀从工件壁上切除微量金属层,以提高尺寸精度和表面质量的加工方法,如图 6.52 所示。铰削余量比较小,粗铰时为 0.15 ～ 0.5mm,精铰时为 0.05 ～ 0.25mm。铰孔前,工件应经过钻孔、扩孔等。

铰孔是孔的精加工方法,加工精度可达 IT6,表面粗糙度可达 $Ra0.4\mu m$。

手工铰孔时,两手用力要均匀,按顺时针方向转动铰刀并稍用力向下压,进给量要适当。在铰孔过程中,任何时候都不能倒转,否则切屑挤住铰刀而划伤孔壁,使铰刀刀刃崩裂,铰出的孔不光滑、不圆、不准确。

机械铰孔时,铰孔和铰孔前的钻孔或扩孔最好在同工位进行,以保持刀具的轴心不变。铰削速度要低于 5m/min,进给量适中。铰孔结束后,最好从孔的另一端取出铰刀,或顺时针旋转取出铰刀。

4. 锪孔与锪平面

对工件上已有孔进行孔口型面的加工称为锪削,如图 6.53 所示。锪削分为锪孔和锪平面。

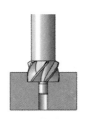 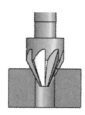 

(a)锪柱孔　　　(b)锪锥孔　　　(c)锪端面

图 6.53 锪削

锪削时,切削速度不宜过高,需对钢件加润滑油,以免锪削表面产生径向振纹或出现多棱形等质量问题。

6.6 攻螺纹和套螺纹

用丝锥在工件圆柱内孔壁上加工内螺纹的操作称为攻螺纹(俗称攻丝)。

用板牙在工件外圆柱表面上加工外螺纹的操作称为套螺纹（俗称套丝）。

6.6.1　攻螺纹的相关知识

1. 丝锥

丝锥和铰杠

丝锥是加工小直径内螺纹的成形刀具，其结构如图 6.54 所示。丝锥的切削部分制成锥形，以便使切削负荷均匀分配在几个刀齿上，其作用是切除内螺纹牙间的多余金属；校准部分的作用是修光螺纹和引导丝锥轴向移动。

丝锥分为手用丝锥和机用丝锥两种。手用丝锥用于手工攻螺纹；机用丝锥用于在机床上攻螺纹。手用丝锥一般由两只组成一套（图 6.55），分为头锥和二锥，二者切削部分的长度和锥角均不相同，校准部分的外径也不相同。头锥的切削部分较长，锥角较小，约有 6 个不完整的齿，以便切入，担负 75% 的切削工作量；二锥的切削部分较短，锥角大些，约有 2 个不完整的齿，担负 25% 的切削工作量。

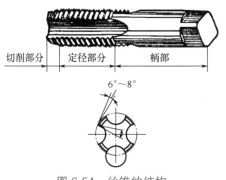

图 6.54　丝锥的结构

图 6.55　手用丝锥

2. 铰杠

铰杠是用于夹持丝锥和铰刀的工具。

3. 机用攻螺纹夹头

在钻床上攻螺纹时，要用攻螺纹夹头夹持丝锥，攻螺纹夹头起保护作用，防止丝锥在负荷过大或攻盲孔到底时折断。

4. 钻螺纹底孔及倒角

丝锥在攻螺纹时，除具有切削作用外，还具有挤压金属的作用。加工塑性好的材料时，挤压作用尤为显著。因此，攻螺纹前的底孔直径（钻孔直径）必须大于螺纹标准规定的内径。确定底孔钻头直径 d_0 可查阅有关手册资料，也可采用下列经验公式计算。

钢及韧性金属：

$$d_0 \approx d - P$$

铸铁及脆性金属：

$$d_0 \approx d - 1.1P$$

式中，d_0 为底孔钻头直径（螺纹底孔直径）；d 为螺纹大径；P 为螺距。

攻盲孔的螺纹时，因为丝锥不能攻到孔底，所以底孔的深度要大于螺纹长度。盲孔深度可按下式计算。

$$盲孔深度 = 要求的螺纹深度 + 0.7d$$

式中，d 为螺纹公称直径。

攻螺纹前，需对底孔孔口倒角，倒角处直径可略大于螺纹直径，以使丝锥开始切削时容易切入，并可防止孔口出现挤压出的凸边，螺纹攻穿时，最后一牙不易崩裂。

6.6.2 攻螺纹的操作方法

1. 起攻螺纹

起攻螺纹应使用头锥。起攻时，双手握住铰杠中部，把装在铰杠上的头锥插入孔口，使丝锥与工件表面垂直，适当施加垂直压力，并沿顺时针方向转动，使丝锥攻入孔内 1.2 圈，如图 6.56（a）所示。

用直角尺检查丝锥与工件表面是否垂直，若不垂直，则重新切入丝锥，直至垂直，如图 6.56（b）所示。

攻内螺纹

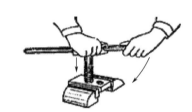

（a）起攻的方法　　　　（b）检查垂直度

图 6.56　起攻螺纹的方法

2. 深入攻螺纹的方法

正确起攻螺纹后，进入深入攻螺纹阶段。双手紧握铰杠两端，平稳地顺时针旋转铰杠，不需要再施加垂直压力。顺时针旋转 1 ~ 2 圈后，逆时针旋转 1/4 ~ 1/2 圈，以便切屑断碎而排出，如图 6.57 所示。

图 6.57　深入攻螺纹的方法

在攻螺纹过程中，要经常对丝锥进行润滑，以减小切削阻力和提高螺纹的表面质量。

攻盲孔螺纹时，攻螺纹前要在丝锥上做好螺纹深度标记，并经常退出丝锥，清除留在孔内的切屑；否则，会因切屑堵塞而引起丝锥折断或攻出的螺纹达不到深度要求。

3. 用二锥攻螺纹的方法

用头锥攻螺纹后，应使用二锥再攻一次。先用手将二锥顺时针旋入到不能旋进为止，再装上铰杠继续攻螺纹，以避免损坏已攻出的螺纹和防止乱牙。

4. 丝锥的退出

攻通孔螺纹时可以攻到底，使丝锥落下；攻盲孔螺纹时，攻到位后逆时针反转退出丝锥。

6.6.3　套螺纹的相关知识

1. 板牙

板牙是加工小直径外螺纹的成形刀具。如图 6.58 所示为开缝式板牙，可对其板牙螺纹孔的尺寸进行微量调节。板牙由切削部分、校准部分和排屑孔组成。板牙两端的切削部分做成 $2 \times 60°$ 的锥角，使切削负荷均匀分配在几个刀齿上；中间为校准部分，起修光螺纹和导向作用；排屑孔为 3 个或 4 个。

2. 板牙架

板牙架用来夹持板牙、传递扭矩，如图 6.59 所示。

图 6.58　开缝式板牙

图 6.59　板牙架

3. 工件直径的确定及倒角

为了使零件上的配合滑动表面达到配合精度、增加接触面、减少摩擦磨损、延长使用寿命，常需经过刮削，如机床导轨、滑动轴承等。因刮削劳动强度大、生产率低，故加工余量不宜过大（约小于 0.1mm）。

$$d_0 \approx d - 0.3P$$

式中，d_0 为工件直径；d 为螺纹大径；P 为螺距。

为了使板牙起套时，容易切入工件并正确引导，需要对工件端部倒角 $15° \sim 20°$，如图 6.60 所示。工件倒角后的小端直径应略小于螺纹小径，以避免切出的螺纹端部出现锋口和卷边。

图 6.60　工件倒角

6.6.4　套螺纹的操作方法

1. 工件夹持

在台虎钳上夹持工件时，应将工件夹正、夹直，并尽量使位置低些。由于套螺纹时的切削力矩较大，若用台虎钳直接夹持工件，则易使工件表面受到损伤，因此一般用 V 形夹块或厚铜片衬垫保证夹紧。

2. 套螺纹

使板牙端面与工件垂直，双手握住板牙架中部并适当施加垂直压力，沿顺时针方向转动，使板牙切入工件，如图 6.61 所示。板牙切入工件 1～2 牙后，检查是否垂直，并及时纠正。继续往下套扣时，不再施加压力。在套扣过程中要时常反向转动，以便断屑。在钢件上套扣时，可加机油润滑。

套螺纹

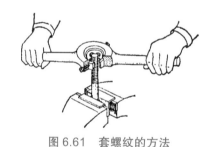

图 6.61　套螺纹的方法

3. 板牙退出

套螺纹后，应逆时针反向转动，取下板牙。

6.7　刮　　削

用刮刀在工件已加工表面刮去一层薄金属的加工称为刮削。

刮削时，刮刀对工件既有切削作用又有压光作用。经刮削的表面会留下微浅刀痕，可形成存油空隙，以减小运动部件的摩擦阻力，提高工件的耐磨性；还可以刮去机械加工遗留的刀痕、表面细微不平及中部凹凸，改善表面质量。零件上的配合滑动表面，为了达到配合精度、增加接触面、减少摩擦磨损、延长使用寿命，常需经过刮削，如机床导轨、滑动轴承等。

刮削是钳工的一种精密加工方法，表面粗糙度低于 $Ra0.4\mu m$。因刮削劳动强度大、生产率低，故加工余量不宜过大（小于 0.1mm）。

6.7.1 刮削的相关知识

1. 刮刀

一般刮刀用碳素钢 T10A、T12A 或轴承钢锻成，也可在刮刀头部焊硬质合金。刮刀分为平面刮刀和曲面刮刀两类。

（1）平面刮刀（图 6.62）。平面刮刀用于刮削平面，可以分为粗刮刀、细刮刀和精刮刀。

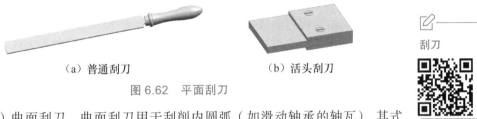

（a）普通刮刀　　　　　　（b）活头刮刀

图 6.62　平面刮刀

刮刀

（2）曲面刮刀。曲面刮刀用于刮削内圆弧（如滑动轴承的轴瓦），其式样很多，较常见的是三角刮刀，如图 6.63 所示。

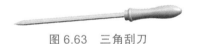

图 6.63　三角刮刀

2. 校准工具

校准工具有两个作用：一是用于与刮削表面磨合，以接触点的数量和分布的疏密程度来显示刮削表面的平整程度，提供刮削依据；二是用于检验刮削表面的精度。

平面刮削的校准工具主要有以下几种。

（1）校准平板 [图 6.64（a）]：检验和磨合宽平面的工具。

（2）桥式直尺 [图 6.64（b）]、工字形直尺：检验和磨合长且窄的平面的工具。

（3）角度直尺：检验和磨合燕尾形或 V 形面的工具。

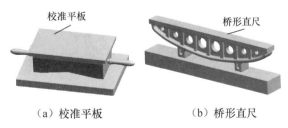

（a）校准平板　　　　　　（b）桥形直尺

图 6.64　校准平板和桥形直尺

刮削内圆弧面时，常采用与之配合的轴作为校准工具。若无现成的轴时，则可自制一根标准心轴作为校准工具。

3.显示剂

显示剂是显示被刮削表面与标准表面间贴合程度的一种辅助材料。显示剂色泽鲜明、容易扩散、对工件没有磨损且无腐蚀。常用显示剂如下。

（1）红丹粉。红丹粉由氧化铁或氧化铝加机油调和而成，多用于铸铁和钢的刮削，使用较广泛。

（2）蓝油。蓝油由普鲁士蓝加蓖麻油调和而成，多用于铜和铝的刮削。

6.7.2 刮削操作方法

1.平面刮削方法

平面刮削方法主要有手刮法和挺刮法。采用手刮法时，应右手握住刀柄，左手握住刮刀近刀头 50mm 处，刮刀与刮削平面呈 25°～30°，刮削时右臂向前推动刮刀，左手向下压并引导刮削方向。挺刮法是将刀柄放在小腹右下侧，距刀刃 80～100mm 处双手握住刀身，用腿部和臂部的力量使刮刀向前挤压的方式。当刮刀开始向前挤时双手加压力，在推挤的瞬间右手引导刮刀的方向，左手控制刮削，达到需要的长度时提起刮刀。

图 6.65 曲面刮削方法

2.曲面刮削方法

曲面刮削常用三角刮刀。刮削时，右手握住刀柄，左手向下用四指横握刀杆，用大拇指抵住刀杆。右手做半圆运动，左手辅助右手，除做圆周运动外，还顺着曲面拉动或推动，使刮刀除做圆周运动外，还做轴向移动，如图 6.65 所示。

3.刮削质量检验

（1）刮削研点检验。采用研点法，在刮削表面均匀涂一层很薄的显示剂，然后与校准工具（平板、心轴等）配研［图 6.66（a）］。工件表面上的高点经配研后，磨去显示剂而显示亮点（贴合点），如图 6.66（b）所示。

用 25mm×25mm 的方框检查刮削质量，以（25×25）mm² 内贴合点的数目表示，若贴合点多且均匀则表明刮削质量高，如图 6.66（c）所示。

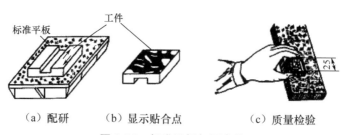

（a）配研　　（b）显示贴合点　　（c）质量检验

图 6.66 标准平板与研点法

（2）平面度、直线度检验。可用框式水平仪检查平面度、直线度，如图 6.67（a）所示。

（3）研点高度检验。可用百分表在平板上检查研点高度误差，如图 6.67（b）所示。

（a）用框式水平仪检查
平面度、直线度

（b）用百分表检查
研点高度误差

图 6.67　刮削质量检验

6.8　研　　磨

用研磨工具和研磨剂从零件表面磨掉极薄的一层金属的加工法称为研磨。

研磨是精密零件精加工的主要方法，尺寸精度可达 IT1 级以上，表面粗糙度为 $0.008 \sim 0.1\mu m$。采用研磨方法可加工零件的内外表面、平面、圆锥面、球面、螺纹面、齿轮面和特形表面。淬火或未淬火的碳钢、硬质合金、铸铁和铜等金属及玻璃等非金属都可进行研磨。几乎所有精密量具的工作面都是用研磨加工出来的。

6.8.1　研磨的基础知识

1. 研磨的原理

研磨是机械与化学联合作用的结果。研磨时，借研磨剂在研磨工具与工件之间不断地改变方向做滑动和滚动而起研磨作用；借研磨液与零件表面发生的化学反应，在零件表面形成一层易被磨粒刮去的氧化薄膜而加速研磨作用。研磨分为湿研和干研。

湿研是在研磨过程中，不断充分地添加研磨剂，如图 6.68（a）所示。干研是在研磨工具表面均匀地嵌入一层研磨剂，研磨时不再加任何研磨剂，在近乎完全干燥的情况下研磨，如图 6.68（b）所示。

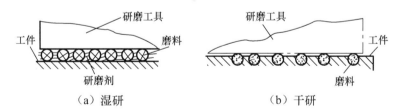

（a）湿研　　　　　　　　　　（b）干研

图 6.68　研磨的原理

湿研效率高，干研精度高。一般先湿研，将尺寸磨到适当程度，再用干研进行最后精加工。

2. 研磨剂

研磨剂是指在磨料中加入研磨液或研磨膏（黏结剂和润滑剂）。

（1）磨料。磨料在研磨中起切削作用。常用的磨料有氧化铝（刚玉）、碳化物类、金刚石和软质化学磨料等。

磨料的粒度有粗有细。粗粒度的磨削有力，但磨出的表面较粗。细粒度的磨削力弱，但磨出的表面较细。因此，选择磨料粒度时，应根据零件表面要求的粗糙度、精度以及研磨余量而定。

（2）研磨液。研磨液在研磨过程中主要有3个作用：使磨料均匀分布；润滑；在零件表面形成氧化薄膜，从而加速研磨的过程。常用研磨液有下列几种。

机油——一般用10号机油。在精密研磨中，常以1份机油和3份煤油混合使用。

煤油——用于粗研磨时，要求研磨快且对零件表面粗糙度要求不高。

猪油——把熟猪油和磨料拌成糊状，再加约30倍的煤油调匀。因其中含有油酸，故有助于研磨，降低表面粗糙度。猪油用于极精密的研磨。

在研磨液中加入少量石蜡、蜂蜡等填料和化学活性作用较强的油酸、脂肪酸、硬脂酸与工业用甘油等，研磨效果更好。

（3）研磨膏。研磨膏是在磨料中加入黏结剂和润滑剂调制而成的。使用时，先清洗零件与研磨工具并将研磨膏稀释后，再分别涂在零件或研磨工具表面。注意粗研与精研的研磨膏不能混用。

3. 研具

（1）研磨工具材料。因为研磨工具一方面用来嵌存磨料，另一方面把工具本身的几何形状准确地传递给零件，研磨工具的质量直接影响研磨的效果，所以研磨工具应由较软的材料制成，以便嵌入磨料，但又不能太软，否则磨料会全部嵌入，反而影响了研磨效果。研磨工具通常有以下几种。

灰铸铁——用于精细研磨，硬度为120～220HB。

软钢——适用于研磨螺纹或细孔。

铜——适用于研磨余量大的粗研。

铅——适用于研磨软钢或其他软金属。

木、皮革——适用于研磨铜或其他软金属。

（2）研磨工具类型。研磨工具可分为通用研磨工具和专用研磨工具。通用研磨工具有研磨平板［图6.69（a）］、研磨直尺、研磨盘等。专用研磨工具有螺纹研磨工具、圆锥孔研磨工具、圆柱孔研磨工具、千分尺研磨器和卡尺研磨器等。

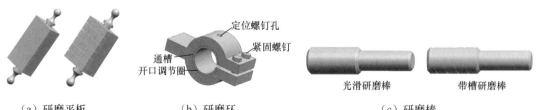

（a）研磨平板　　　　（b）研磨环　　　　（c）研磨棒

图6.69　研磨工具

6.8.2 平面的研磨方法

1. 准备工作

根据工件的表面选择研磨工具，初研用带槽的平板，精研用平整的平板。为工件表面去毛刺，并用汽油洗擦干净。在初研用的平板研磨工具的槽内涂一层薄且均匀的研磨剂。

2. 粗研

将工件待研表面轻轻放在带槽的粗研平板上并轻轻加压，使工件沿平板整个表面按 8 字形、仿 8 字形或螺旋形运动轨迹研磨，如图 6.70 所示。研磨中，要不断改变研磨方向和位置，以保证研磨表面的质量。粗研时，工件的研磨表面受压要均匀，压力要适中。若压力大，则研磨切削量大，表面粗糙度差，同时磨料会划伤工件表面。研磨速度不宜太高，否则会引起工件发热，降低研磨质量。通常研磨压力和研磨速度分别为 0.1 ～ 0.2MPa 和 30 ～ 50m/min。研磨 5 ～ 8 遍后，可将工件表面擦洗干净，准备精研。

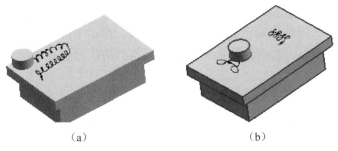

（a）　　　　　　　　　　　（b）

图 6.70　平面研磨运动轨迹

3. 精研

在精研用的平板上涂一层薄且均匀的精研研磨剂，把粗研过的工件表面轻轻放在平整的精研磨板上，可按 8 字形、仿 8 字形或螺旋形运动轨迹精研。精研压力和精研速度更低，分别为 0.01 ～ 0.02MPa 和 10 ～ 30m/min。研磨 5 ～ 8 遍后，擦洗干净工件表面，检验后涂上更薄一层研磨剂再进行研磨，直到检验合格。

6.9　矫正与弯曲

消除金属棒料、板料、条料变形的操作称为矫正。

矫正不能用于脆性材料。韧性材料经过矫正后会变硬和变脆，必要时，矫正后应进行退火，以恢复其原有的力学性能。

6.9.1 矫正的基础知识

常用矫正工具如下。

（1）平板和铁砧。平板和铁砧用来矫正大面积板料或条料、型钢等。

（2）手锤。钳工用圆头铁锤、方头铁锤、铜锤、木槌和橡皮锤等。

（3）抽条和拍板。抽条和拍板是用薄板条或坚实木材制成的专用工具，用于敲打变形薄板料。

（4）压力机。压力机分为液压机和螺旋压力机，用于矫正轴类零件和棒料。

6.9.2　矫正的基本方法

可以在机械上进行矫正，也可以用手工工具进行矫正。

1. 扭转法

扭转法用于在台虎钳上矫正条形材料的扭曲变形，如图 6.71 所示。

2. 延展法

延展法用于矫正各种翘曲的板料和型钢。

（1）厚度小于 4mm 板料的矫正。薄板的变形主要是面部凸凹，是由内应力或加工等因素引起的，根据不同情况，采用相应的矫正方法。对于中部凸起的板料，不应锤击凸起，因为凸起是由于凸起处在外力作用下伸展了，所以如果锤击凸起处，就会使其更加伸展而增大凸起。正确做法如下：延展凸起处的周围，即用手锤从接近凸起的地方开始从近到远轻轻均匀地敲打，落点由疏而密，因为越接近边缘越需要较大的延展，如图 6.72 所示。

图 6.71　扭转法

图 6.72　中凸板料的矫正

（2）很薄板料的矫正。可在光滑的平板上用抽条打击、用木质拍板推碾或用木槌敲击矫正很薄板料，如图 6.73 所示。

（a）抽打平面　　（b）推碾平面　　（c）敲击平面

图 6.73　很薄板料的矫正

3. 弯曲法

弯曲法是采用在平板上锤击或在压力机上顶压的方法来矫正棒料、轴或条料的方法，如图 6.74 所示。

（a）锤击矫正　　　　（b）顶压矫正

图 6.74　弯曲法矫正

6.9.3　弯曲的基础知识

把直的钢材弯成曲线或所需角度的操作称为弯曲。金属材料弯曲时，靠外层的部分受拉力而伸长，靠内层的部分受压力而缩短，中间有一层材料不变形，称为中性层。计算弯曲前毛坯长度时，可按中性层的长度计算，如图 6.75 所示。

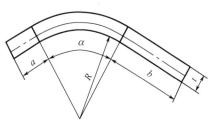

$$L = a + b + \frac{2\pi\alpha}{360}(R + x_0 t)$$

图 6.75　中性层长度之和

式中，L 为工件展开长度（mm）；a、b 为直边长度（mm）；R 为弯曲半径（mm）；α 为弯曲角度（°）；t 为工件厚度（mm）；x_0 为中性层位置系数（可查相关表）。

6.9.4　弯曲的方法

弯曲分为冷弯曲和热弯曲。在常温下进行的弯曲称为冷弯曲。若工件厚度超过 5mm，则需对工件进行加热弯曲，称为热弯曲。

1. 弯曲板料

对工件划线后，在台虎钳上用软钳口夹紧，用合适尺寸的垫块做辅助工具，分步弯曲成形，如图 6.76 所示。

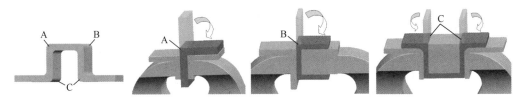

图 6.76　弯曲板料

2. 弯曲管件

弯曲管件前，在管内灌满干砂，防止管弯曲时发生内瘪现象。当孔径小于 13mm 时，一般采用冷弯曲，如图 6.77（a）所示；当孔径超过 13mm 时，多采用热弯曲，如图 6.77（b）所示，只加热弯曲部分。

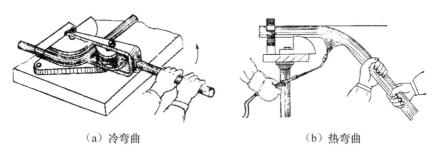

（a）冷弯曲　　　　　　　　　　　　（b）热弯曲

图 6.77　弯曲管件

6.10　综合实训课题

利用所学钳工知识加工图 6.78 所示工艺锤的锤头。

锤头钳工
过程

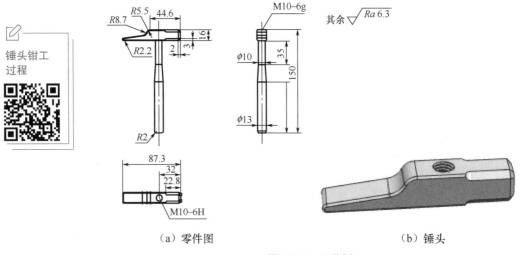

（a）零件图　　　　　　　　　　　　　（b）锤头

图 6.78　工艺锤

具体加工步骤如下。

（1）备料：45 钢，尺寸为（16+0.1）mm×（16+0.1）mm×（100+0.1）mm。

（2）立放备料，用高度尺划线 88.3mm（留量 1mm，以防锯斜）。工件水平放置，水平方向划线 50.2mm，竖直方向划线 6.3mm。

（3）用手工锯沿划线锯除余量。

（4）用高度尺划出圆弧 R8.7mm 的位置，用圆弧锉刀沿线锉削出圆弧形状。

（5）用精修锉刀将上一道工序的尖棱处圆滑过渡至图样尺寸形状。

（6）划线，打中心孔，钻底孔，锪孔倒角。

①划螺纹孔中心位置：用高度尺先划 32mm，再划 8mm（厚度的一半），两线交点为孔中心位置。

②打中心孔：因为一般麻花钻的横刃较宽，钻削时定位不准，所以钻孔前用定心钻打中心孔，台钻转速设为 800r/min，可采用 φ4mm 的 A 型中心钻头。

③ 钻 ϕ8.5mm 的螺纹底孔：台钻转速设为 650r/min，钻削时要经常退出钻头以利于排屑，同时加冷却润滑剂，主要起到降温、助切削、防锈的作用。

④ 孔倒角：台钻转速设为 300r/min；锪孔直径要大于螺纹直径，如 M10 的锪孔直径可以加工到 ϕ11mm 以确保攻完螺纹后孔口没有毛刺；锪孔主要起去毛刺作用，方便下一道工序攻螺纹，采用 ϕ20mm 的锪刀。

（7）攻 M10 螺纹孔。将 M10 丝锥装在铰杠上，顺时针旋转攻螺纹。注意事项如下。

① 起攻时，双手握住铰杠中部，把装在铰杠上的丝锥插入孔口，使丝锥与工件表面垂直，确认垂直后继续向下攻螺纹。

② 在攻螺纹过程中，要经常用毛刷对丝锥加注机油润滑，以减小切削阻力和提高螺纹的表面质量。

③ 顺时针旋转 1 ～ 2 圈后，逆时针旋转 1/4 ～ 1/2 圈，以便切屑断碎排出。

（8）用锉刀将锤头的所有细节特征（倒角）锉削到位。

6.11　钳　工　安　全

钳工实训的注意事项如下。

（1）在台虎钳上装夹工件时，工件应夹在钳口中部，以保证台虎钳受力均匀；夹紧工件时，不允许在手柄上加套管或用锤子敲击手柄，以防损坏台虎钳丝杠或螺母的螺纹。

（2）夹紧后的工件应稳固可靠，便于加工且不发生变形；加工时，用力方向最好朝向台虎钳的固定钳身。

（3）钳工工具或量具应放在钳工工作台上的适当位置，以防损伤或掉下伤人。

（4）禁止使用无柄锉刀、刮刀，手锤的锤柄必须安装牢固；必须用毛刷清理锉屑，不允许用嘴吹或用手抹。

（5）钳工工作台上应安装防护网，以防錾削时切屑飞出伤人。

（6）在钻床上钻孔时，不准戴手套操作或用手接触钻头和钻床主轴，要防止衣袖、头发被卷到钻头上。

（7）使用砂轮机时，应等砂轮转速达到正常转速后进行磨削，操作者应站在砂轮机的斜侧面，不得正对砂轮，以防发生事故。

6.12　小　　　结

本章介绍了钳工的工艺过程和常用工具，根据钳工的加工内容，分别讲解了锯削、锉削、錾削、孔加工操作、攻螺纹与套螺纹、刮削、研磨、弯曲与矫正等基本加工方法。

6.13　思考与练习

1. 思考题

（1）钳工在机械制造中的工作内容有哪些？

（2）什么是划线基准？如何选择划线基准？

（3）錾子应用在哪些地方？

（4）选择锯条时，应考虑哪些因素？

（5）起锯时和锯切时的操作要领分别是什么？

（6）常用的锉刀有哪些？如何选择？

（7）锉平工件的操作要领是什么？

（8）锉削有哪些注意事项？

（9）钻孔的方法是什么？

（10）刮削有什么特点和用途？

2. 实训题

图 6.79 所示为 45 钢工件，请根据所掌握的钳工知识，分析、制订工艺并加工完成。

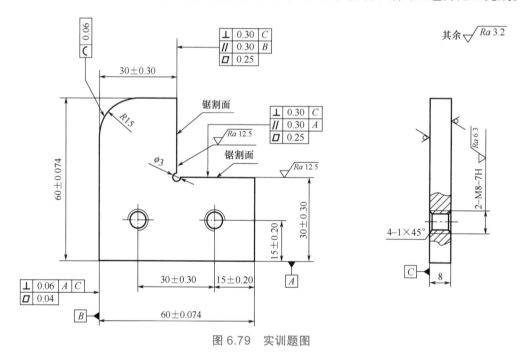

图 6.79　实训题图

第7章
车削加工

教学提示： 车削加工是机械加工中常用的加工方法，它既可以加工金属材料，又可以加工塑料、木材、胶木等非金属材料，适合加工各种回转体表面。虽然随着数控车削加工的兴起，传统车削加工逐渐减少，但其基本知识及加工工艺仍是数控车削加工的基础，需要学生掌握。本章将介绍车床设备知识及车削加工的基本操作，也为后续学习数控车削加工等奠定基础。

教学要求： 通过本章学习，学生可了解车削加工的基本知识，车床的名称、主要组成部分及作用，车床各部分的调整方法；熟悉在车床上加工零件的装夹方法及常用附件的基本结构和用途；掌握车削加工的基本操作，并能正确制订简单零件的车削加工工艺。

7.1 车床的装配、调整与刀具

7.1.1 车削加工工艺特点及车床的基本构造

车削加工是机械加工中常用的加工方法。车床种类很多，尤其近年来数字化车床、自动化车床、高精度车床不断涌现，车削加工发展迅速。

1. 车削加工工艺特点

车削加工是在车床上利用工件的旋转运动及刀具的移动来改变毛坯形状和尺寸，将其加工成所需零件的切削加工方法。切削运动如图 7.1 所示。

车削加工的范围很广，可以车外圆、车端面、切槽、钻孔、镗孔等，如图 7.2 所示。它们有一个共同特点——有回转体表面。

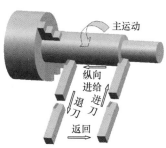

图 7.1 车削运动

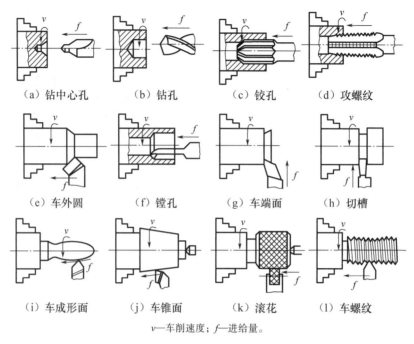

（a）钻中心孔　　　（b）钻孔　　　（c）铰孔　　　（d）攻螺纹

（e）车外圆　　　（f）镗孔　　　（g）车端面　　　（h）切槽

（i）车成形面　　　（j）车锥面　　　（k）滚花　　　（l）车螺纹

v—车削速度；f—进给量。

图 7.2　车床加工范围

车削加工不仅生产效率高、应用广泛，而且适合加工金属和一些非金属材料，加工尺寸精度范围较大，一般可达 IT7 ～ IT12，精车时可达 IT5 ～ IT6，表面粗糙度为 $Ra0.8 ～ 6.3\mu m$。

2. 车床的基本构造

车床中应用较广泛的是卧式车床。C6140 型车床的组成和外形如图 7.3 所示。

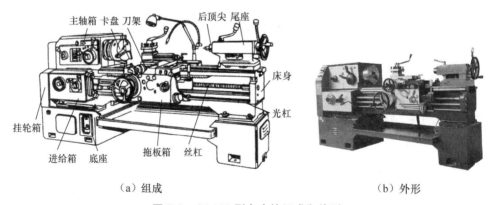

（a）组成　　　　　　　　　　　（b）外形

图 7.3　C6140 型车床的组成和外形

（1）床头部分。床头部分包括主轴箱和卡盘。主轴箱又称主轴变速箱，带动车床主轴及卡盘转动，变换主轴箱外面的手柄位置，可以使主轴得到不同的转速。卡盘主要用来夹持工件，并带动工件一起转动。

（2）挂轮箱。挂轮箱把主轴的转动传递给进给箱，调换箱内齿轮，并与进给箱配合，可以车削不同的螺纹。

（3）走刀部分。走刀部分包括进给箱、光杠和丝杠。利用进给箱内部的齿轮机构，通过箱体外面的手柄，把主轴的旋转运动传递给光杠或丝杠，使光杠或丝杠得到不同的转速。光杠用来把进给箱的运动传递给拖板箱，使拖板和上面的车刀按要求的速度做纵向直线走刀运动或横向直线走刀运动。丝杠用来车削螺纹，它能使拖板和上面的车刀按要求的速度移动。

（4）拖板部分。拖板部分包括拖板箱、拖板和刀架。拖板箱把光杠或丝杠的转动传递给拖板部分，通过箱体外面的手柄，经拖板部分使车刀纵向走刀或横向走刀。拖板分为大拖板、中拖板、小拖板。大拖板用于纵向切削工作，中拖板用于横向车削工件和控制车刀切入工件的深度，小拖板用于控制纵向吃刀及纵向车削较短工件或锥度工件。刀架用来装夹车刀。

（5）尾座。尾座用来安装顶尖以支顶较长的工件，还可以安装切削刀具（如钻刀、铰刀、中心钻等）。

（6）床身。床身用来支承车床的各个部件，如床头箱、拖板箱、拖板和床尾等。床身上有两条导轨，拖板和床尾可沿着导轨移动。

（7）附件。附件包括中心架、跟刀架等。车削较长工件时，附件用来支承工件。

7.1.2 车刀的结构、材料与角度

车刀是用于车削加工的具有切削部分的刀具。

1. 车刀的结构

车刀从结构上分为整体式车刀、焊接式车刀、机夹式车刀、可转位式车刀四种，如图7.4所示。

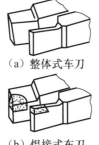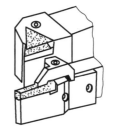

（a）整体式车刀 （b）焊接式车刀 （c）机夹式车刀 （d）可转位式车刀

图7.4 车刀的种类

车刀由刀头和刀杆两部分组成，刀头是车刀的切削部分，刀杆是车刀的夹持部分。

车刀的切削部分由三面、两刃、一尖组成，如图7.5所示。

（1）前刀面：切削时，切屑流出所经过的表面。

（2）后刀面：切削时，与工件正在形成的表面相对的表面。

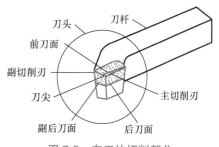

图7.5 车刀的切削部分

（3）副后刀面：切削时，与工件已加工表面相对的表面。

（4）主切削刃：前刀面与主后刀面的交线。它可以是直线或曲线，承担主要切削工作。

（5）副切削刃：前刀面与副后刀面的交线，一般只承担少量切削工作。

（6）刀尖：主切削刃与副切削刃的相交部分。为了强化刀尖，常将刀尖磨成圆弧形或成一小段直线，称为过渡刃。

2. 车刀的材料

在切削过程中，车刀的切削部分常因受力、受热和摩擦而磨损。对车刀材料有下列基本要求。

（1）车刀材料应具备的性能。

① 高硬度和好的耐磨性：只有车刀材料的硬度高于被加工材料的硬度才能切下金属。一般车刀材料在常温下的硬度大于 60HRC。车刀材料越硬，其耐磨性就越好。

② 足够的强度与冲击韧性：在切削过程中会产生振动，使车刀承受压力、冲击和振动。车刀必须具备承受这些负荷的强度和冲击韧性，不会发生刀刃崩碎和刀杆折断的情况。

③ 高的耐热性：车刀磨损时产生大量的热，要在高温下保持切削所需的硬度、耐磨性、强度和冲击韧性。

④ 良好的工艺性和经济性：车刀要便于制造、价格低廉。

（2）常用的车刀材料。

常用的车刀材料有高速钢和硬质合金。

① 高速钢。高速钢是一种高合金钢，俗称白钢、锋钢等。其强度、冲击韧性、工艺性很好，是制造复杂形状刀具（如成形车刀、麻花钻头、铣刀、齿轮刀具等）的主要材料。高速钢在切削温度不超过 600℃ 时能保持良好的切削性能。

② 硬质合金。以耐热性和耐磨性好的碳化物为基体，结合黏结剂，采用粉末冶金方法压制成各种形状的刀片，然后用铜钎焊方法焊接在刀头上。其特点是硬度高（相当于 74 ~ 82HRC）、耐磨性好，且在 800 ~ 1000℃ 的高温下仍能保持良好的热硬性。但硬质合金车刀韧性差、不耐冲击，大多制成刀片形式，焊接或机械夹固在中碳钢的刀体上使用。

3. 车刀的角度

车刀的角度对加工质量和生产率等起着重要作用。如图 7.6 所示，切削时，垂直于主运动方向的平面称为基面（对车刀而言，基面为水平面，即与车刀底面平行）；与切削刃上选定的一点相切并垂直于基面的平面称为切削平面；再做一个与切削平面和基面同时垂直的平面，称为主剖面。三个平面就构成了一个空间坐标系，在空间坐标系里可以表达刀头上三面两刃的空间位置。车刀的主要角度如图 7.7 所示。

（1）前角 γ_0：主剖面上前刀面与基面的夹角，表示前刀面的倾斜程度。图 7.8 所示为前角与后角的剖视图。

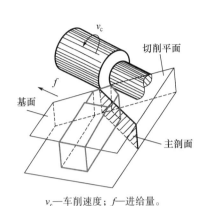

v_c—车削速度；f—进给量。

图 7.6 确定车刀角度的辅助平面

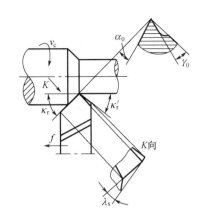

图 7.7 车刀的主要角度

前角的作用：增大前角，可使刀刃锋利、切削力小、切削温度低、刀具磨损少、表面加工质量高。但过大的前角会使刃口强度降低，容易造成刃口损坏。

选择前角的原则：用硬质合金车刀加工钢件（塑性材料等）时，一般选取 $\gamma_0 = 10° \sim 20°$；加工灰铸铁（脆性材料等）时，一般选取 $\gamma_0 = 5° \sim 15°$。精加工时，可取较大的前角；粗加工时，应取较小的前角。当工件材料的强度和硬度大时，前角取较小值，有时甚至取负值。

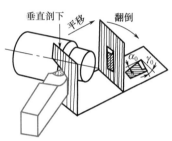

图 7.8 前角与后角的剖视图

（2）后角 α_0：主剖面上主后刀面与切削平面的夹角，表示主后刀面的倾斜程度。

后角的作用：减少主后刀面与工件之间的摩擦，并影响刃口的强度和锋利程度。

选择后角的原则：取后角 $\alpha_0 = 6° \sim 8°$。

（3）主偏角 κ_r：主切削刃与进给方向在基面上投影的夹角（图 7.9）。

主偏角的作用：影响切削刃的工作长度（图 7.10）、背向力、刀尖强度和散热条件。主偏角越小，切削刃工作长度越长，散热条件越好，但背向力越大（图 7.11）。

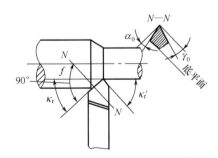

图 7.9 车刀的主偏角与副偏角

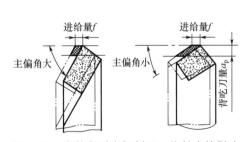

图 7.10 主偏角对主切削刃工作长度的影响

选择主偏角的原则：车刀常用的主偏角有 45°、60°、75°、90°。当工件粗大、刚性好时，主偏角可取较小值。当车细长轴时，为了减小径向力而引起工件弯曲变形，主偏角宜选取较大值。

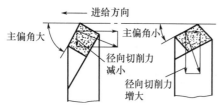

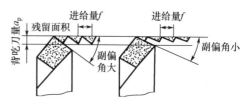

图 7.11　主偏角改变时径向切削力的变化　　　图 7.12　副偏角对残留面积高度的影响

（4）副偏角 κ_r'：副切削刃与进给方向在基面上投影的夹角（图 7.9）。

副偏角的作用：影响已加工表面的表面粗糙度（图 7.12）。减小副偏角可使已加工表面光洁。

选择副偏角原则：一般取 κ_r' =5°～15°，精车时取 κ_r' =5°～10°，粗车时取 κ_r' =10°～15°。

（5）刃倾角 λ_s：主切削刃与基面的夹角。当刀尖为切削刃最高点时为正值，反之为负值。

刃倾角的作用：主要影响主切削刃的强度和控制切屑流出的方向。以刀杆底面为基准，当刀尖为主切削刃最高点时，λ_s>0，切屑流向待加工表面，如图 7.13（a）所示；当主切削刃与刀杆底面平行时，λ_s=0，切屑沿着垂直于主切削刃的方向流出，如图 7.13（b）所示；当刀尖为主切削刃最低点时，λ_s<0，切屑流向已加工表面，如图 7.13（c）所示。

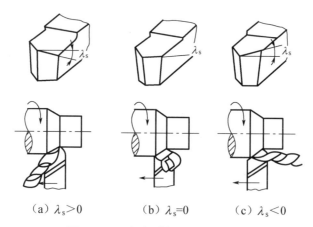

（a）λ_s>0　　　　（b）λ_s=0　　　　（c）λ_s<0

图 7.13　刃倾角对切屑流向的影响

选择刃倾角的原则：一般取 λ_s=0°～±5°。粗加工时常取负值，虽然切屑流向已加工表面无妨，但保证了主切削刃的强度；精加工时取正值，使切屑流向待加工表面，不会划伤已加工表面。

7.2　车削外圆、端面和钻中心孔

车削外圆、端面和钻中心孔的相关知识

1. 选择机床

车削时应根据车床规格，考虑被加工工件的最大外圆直径和最大长度选取机床。

2. 装夹工件

车削时，因为零件随车床主轴做旋转运动，所以车削前必须把零件装夹在车床主轴的夹具上，以保证零件被加工表面的回转中心与车床主轴的轴线重合，使零件在加工前占有一个正确的位置，即定位。零件定位后还要夹紧，以承受切削力、重力等。因此，在机床（或夹具）上安装零件一般经过定位和夹紧两个过程。

零件的形状、尺寸和加工批量不同，安装零件的方法及使用附件也不同。在普通车床上常用如下附件。

（1）自定心卡盘。自定心卡盘（又称三爪卡盘）如图 7.14（a）所示。使用时，用卡盘扳手转动小伞齿轮，可使与之啮合的大伞齿轮随之转动，大伞齿轮背面的平面螺纹带动三个卡爪同时做向心或离心移动，以同时夹紧或松开零件，如图 7.14（b）所示。当零件直径较大时，可换上反爪进行装夹，如图 7.14（c）所示。自定心卡盘能自动定心，可节省许多校正零件的时间，是车床上常用的通用夹具。

自定心卡盘

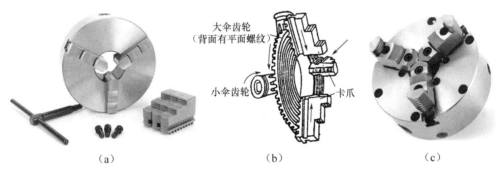

大伞齿轮
（背面有平面螺纹）

小伞齿轮

卡爪

（a）　　　　　　　　　（b）　　　　　　　　　（c）

图 7.14　自定心卡盘

用自定心卡盘安装工件如图 7.15 所示。

① 零件在卡爪间必须放正，轻轻夹紧，夹持长度至少为 10mm。

② 启动机床，使主轴低速旋转，检查零件有无偏摆，若有偏摆则停车，用小锤轻敲校正，然后紧固零件。

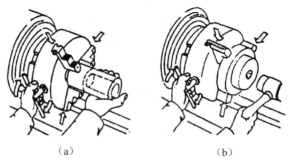

（a）　　　　　　　　　　　（b）

图 7.15　用自定心卡盘安装工件

（2）四爪卡盘。四爪卡盘与自定心卡盘不同，自定心卡盘的三个卡爪是同时联动的，而四爪卡盘的每个卡爪都是独立运动的，如图 7.16（a）所示。

四爪卡盘不但可以装夹圆形截面工件，而且可以装夹正方形、长方形、椭圆形和其他不规则形状截面的工件。使用四爪卡盘安装工件时必须找正，如图 7.16（b）和图 7.16（c）所示。

四爪卡盘

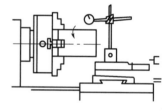

（a）四爪卡盘　　　　　（b）划线找正　　　　　（c）用百分表找正

图 7.16　四爪卡盘及其找正

（3）顶尖、跟刀架及中心架。

①顶尖。如果轴类零件的长径比较大，对台阶面同心度、端面与轴线的垂直度要求较高，并须多次调头安装和粗、精车以保证质量，或车削之后还有铣、磨加工，则需采用一前一后两顶尖装夹工件，如图 7.17 所示。前顶尖装在车床主轴前端的莫氏锥孔内，后顶尖装在尾架套筒的莫氏锥孔内。前、后顶尖支撑在工件两端面的顶尖孔内，靠近主轴一端用卡箍夹住工件，由装在主轴上的拨盘带动工件随主轴转动。

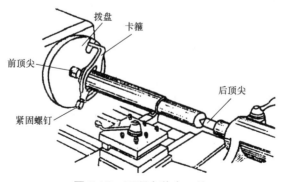

拨盘　卡箍

前顶尖

后顶尖

紧固螺钉

图 7.17　两顶尖装夹工件

常用的顶尖有死顶尖和活顶尖两种，如图 7.18 所示。前顶尖采用死顶尖，后顶尖易磨损，在高速切削时常采用活顶尖。

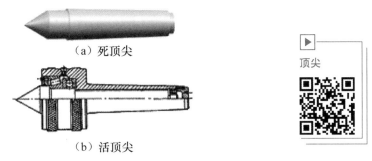

（a）死顶尖

（b）活顶尖

图 7.18 常用顶尖

顶尖

当不需要掉头安装即可在车床上保证零件的加工精度时，可用自定心卡盘代替拨盘，即采用一夹一顶的装夹方法，如图 7.19 所示。

图 7.19 一夹一顶装夹工件

② 跟刀架。精车或半精车细长光轴类零件时，常用跟刀架辅助丝杠和光杠等。跟刀架的使用及外形如图 7.20 所示。跟刀架固定于大拖板上，并随大拖板做纵向运动。先在工件上靠后顶尖的一端车出一小段外圆，根据它调节跟刀架的支承，再车工件的全长。使用跟刀架可以抵消径向切削力，从而提高精度和表面质量。

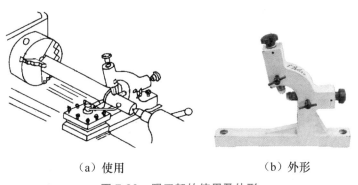

（a）使用 　　　　　　（b）外形

图 7.20 跟刀架的使用及外形

③ 中心架。在长杆件端面进行孔加工和不能穿过主轴孔的大直径长轴进行车端面时，一般使用中心架。中心架的使用及外形如图 7.21 所示。中心架由压板螺钉紧固在车床导轨上，以互呈 120° 的三个支承爪支承在零件预先加工的外圆面上，以提高零件的刚性。

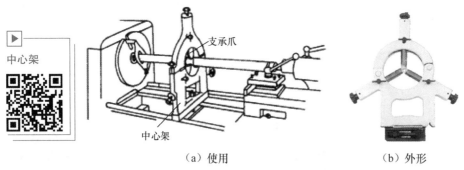

（a）使用   （b）外形

图 7.21　中心架的使用及外形

（4）心轴。已经对内孔进行精加工且其他部分的同轴度要求较高的盘套类零件，常用心轴以零件的内孔定位来加工外圆，以保证零件外圆与内孔的同轴度及端面与内孔轴线的垂直度，如图 7.22 所示。

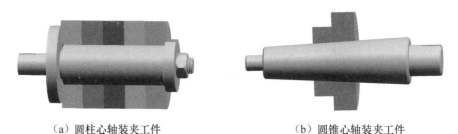

（a）圆柱心轴装夹工件   （b）圆锥心轴装夹工件

图 7.22　心轴的使用

用双顶尖将心轴安装在车床上，以加工端面和外圆。安装时，根据零件的形状、尺寸、精度要求和加工数量采用不同结构的心轴。当零件长径比小于 1 时，应使用带螺母压紧的圆柱心轴，如图 7.22（a）所示；当零件长径比大于 1 时，可采用带有小锥度（1:5000～1:1000）的心轴，如图 7.22（b）所示。

（5）花盘和角铁。在车床上加工大、扁、形状不规则，无法用自定心卡盘和四爪卡盘装夹的大型零件，且要保证加工平面与安装平面平行、加工孔或外圆轴线与安装平面垂直时，常采用花盘，如图 7.23 所示。

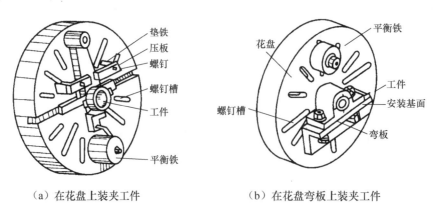

（a）在花盘上装夹工件   （b）在花盘弯板上装夹工件

图 7.23　花盘的使用

3.选择刀具

（1）45° 车刀（图 7.24）。45° 车刀主要用于车削不带台阶的光轴，它可以车外圆、端面和倒角，刀头和刀尖部分的强度高。

（2）75° 车刀（图 7.25）。75° 车刀适用于粗车加工余量大、表面粗糙、有硬皮或形状不规则的零件。它能承受较大的冲击力，刀头的强度和耐用度高。

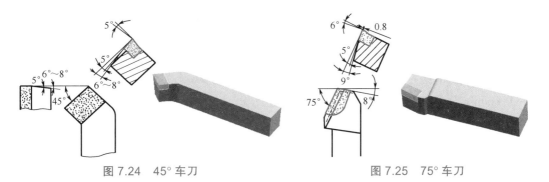

图 7.24 45° 车刀   图 7.25 75° 车刀

（3）90° 车刀（图 7.26）。90° 车刀也称偏刀，用来车削工件的端面和台阶，有时也用来精车外圆，特别是细长工件的外圆，可以避免把工件顶弯。

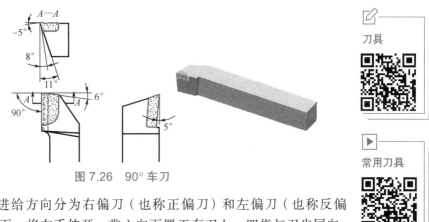

图 7.26 90° 车刀

刀具

常用刀具

外圆车刀按进给方向分为右偏刀（也称正偏刀）和左偏刀（也称反偏刀），判别方法如下：将右手伸开，掌心向下置于车刀上，四指与刀尖同向，当主切削刃在大拇指的一边时是右偏刀，否则是左偏刀。

（4）中心钻。用顶尖装夹工件，需要在工件的两端面打中心孔，先按轴要求的长度车平端面，再用专用的中心钻在端面打孔。

常用中心孔有 A 型中心孔和 B 型中心孔，分别是用两种中心钻加工出来的，如图 7.27 所示。

（a）A 型中心孔及中心钻   （b）B 型中心孔及中心钻

图 7.27 常用中心孔及中心钻

中心孔的规格是按小圆孔的直径表示的，如 4mm 中心孔，6mm 中心孔等。中心孔的尺寸取决于工件的直径和质量，选用时可查相关资料。

4. 外圆的车削方法

工件旋转，车刀做纵向走刀，即可车外圆。外圆车削一般可分为粗车、半精车和精车。

（1）粗车。粗车时，应使用外圆粗车刀［图 7.28（a）和图 7.28（b）］，尽可能快地将毛坯上的多余部分车掉（但要留一定的精车加工余量）。粗车时吃刀深、走刀快，车刀要有足够的强度，能一次走刀车掉较多加工余量，提高生产效率。粗车采用大的背吃刀量 a_p、较大的进给量 f 及较高的切削速度 v_c，背吃刀量为 2～3mm，进给量为 0.3～0.8mm/r。

车外圆

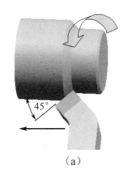
（a）

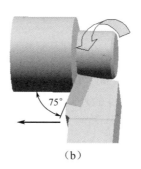
（b）

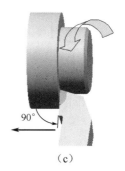
（c）

图 7.28　外圆加工方法

切削速度：使用硬质合金车刀车钢件时，切削速度为 50～70m/min；车铸铁时的切削速度取车钢件时切削速度的 70%。

对精度要求较高的工件，粗车时应留半精车和精车的切削余量，半精车切削余量为 1～3mm，精车切削余量为 0.1～0.5mm。

（2）精车。粗车后，根据图纸对零件精度和表面粗糙度的要求，半精车、精车工件［图 7.28（c）］。因为精车的目的是达到零件精度和表面粗糙度要求，所以车刀锋利，刀刃平直、光洁。车削时，采用小的背吃刀量和进给量，背吃刀量为 0.2～0.5mm，进给量为 0.05～0.2mm/r。

切削速度：使用硬质合金车刀车钢件时，切削速度为 100m/min；车铸铁时的切削速度取车钢件时切削速度的 50%。

5. 端面的车削方法

工件旋转，车刀做横向走刀，即可车端面。车台阶实际上是车外圆和车端面的综合。

（1）45°车刀车端面（图 7.29）。车刀由外圆向中心进给，利用主削刃切削，工件中心的凸台逐渐被车掉，不易损坏刀尖。45°车刀的刀头强度大，工件表面粗糙度较小，适用于车削较大的平面。

（2）75°左偏刀车端面（图 7.30）。用 75°左偏刀的主切削刃切削，切削顺利，工件表面粗糙度小，刀头强度和散热性好，车刀耐用，适合车削铸件、锻件的大平面。

车端面

图 7.29　45°车刀车端面　　　　图 7.30　75°左偏刀车端面

（3）90°偏刀车端面。

① 90°右偏刀车端面。如图 7.31（a）所示，由外圆向中心走刀车削端面，用右偏刀的副切削刃切削，切削不顺利，当背吃刀量较大时，向内的切削力会使车刀扎入工件表面而形成凹面，适合精车端面（背吃刀量要小）。如图 7.31（b）所示，由中心向外圆走刀时用主切削刃切削，切削力向外，不会形成凹面。

② 90°左偏刀车端面。如图 7.32 所示，用主切削刃切削，切削顺利，车出的端面表面粗糙度较小。但工件中心的凸台瞬间被车掉，易损坏车刀刀尖。

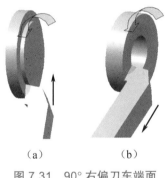 

（a）　　　　　　（b）

图 7.31　90°右偏刀车端面　　　　　　图 7.32　90°左偏刀车端面

6.钻中心孔的方法

（1）将中心钻安装在钻夹头上并夹紧，如图 7.33 所示。

（2）擦净钻夹头的锥柄部和尾座锥孔，将钻夹头的锥柄撞入尾座的锥孔。

（3）推动车床尾座，使中心钻靠近工件端面，锁紧尾座套筒。

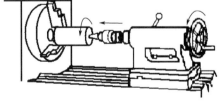

图 7.33　钻中心孔

（4）启动车床，主轴以较高的速度旋转，手摇尾座套筒手轮，使中心钻前进而钻入工件。中心孔不宜钻得过深。

（5）钻后，中心钻应做短暂停留，然后退出，使中心孔光、圆、准确。

7.2.2 车削外圆、端面和钻中心孔实训案例

完成图 7.34 所示外圆、端面及中心孔的加工操作。

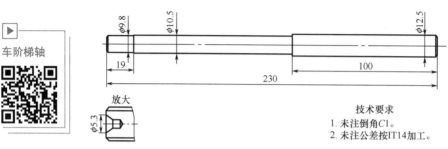

技术要求
1. 未注倒角 C1。
2. 未注公差按 IT14 加工。

图 7.34　车削外圆、端面及钻中心孔

加工工艺步骤如下。

（1）用自定心卡盘夹住毛坯，伸出约 30mm，夹紧后车平端面。

（2）钻中心孔。

（3）用一夹一顶的方法装夹，粗车外圆至 ϕ13mm，长度尽量大些。

（4）精车外圆至 ϕ12.5mm，长度为 100mm。

（5）倒角 C1。

（6）调头，用自定心卡盘夹住工件，伸出约 30mm，夹紧后车平端面。

（7）钻中心孔。

（8）用一夹一顶的方法装夹，粗车外圆至 ϕ11mm 左右，长度为 130mm。

（9）精车外圆至 ϕ（10.5 ± 0.1）mm。

（10）精车外圆至 ϕ9.8mm，长度为 19mm。

（11）倒角 C1。

7.3　在车床上钻孔、镗孔和铰孔

7.3.1 钻孔、镗孔和铰孔实训的相关知识

很多零件因支撑和联接的需要而做成带内圆柱孔的形式，如轴承套、齿轮、带轮与轴配合的孔。孔的加工方法很多，根据零件加工要求的不同分为钻孔、扩孔、铰孔和镗孔。

1. 钻孔、扩孔、铰孔的相关知识

多在车床上加工回转体零件的内孔。对于直径较小、要求精度高和表面粗糙度较低的孔，常采用钻孔、扩孔、铰孔的加工工艺。

在车床上进行钻加工、扩加工、铰加工与在钻床上加工使用的工具和刀具相同，具体可参考 6.5.1 部分内容。

2. 镗孔的相关知识

铸造、锻造或用钻头钻出的孔，当工件上孔径较大时，为了达到所要求的尺寸精度和表面粗糙度，常采用镗孔的加工工艺。镗孔可以作为粗加工，也可以作为精加工，精度为IT7～IT8。

（1）镗刀。镗刀可分为通孔镗刀和盲孔镗刀。通孔镗刀是用来镗通孔的，其切削部分结构与外圆车刀相似，如图 7.35（a）所示。盲孔镗刀是用来镗盲孔或台阶孔的，其切削部分结构与外圆偏刀相似，如图 7.35（b）所示。刀尖与刀杆的距离应小于内孔半径，否则无法车平孔底面。

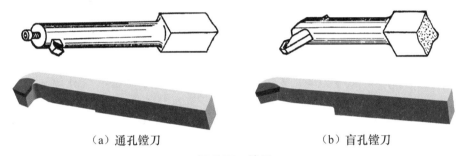

（a）通孔镗刀　　　　　　　　　（b）盲孔镗刀

图 7.35　镗刀

（2）镗削的工艺特点。

① 车床镗削可用于 ϕ8mm 以上结构孔的加工。

② 由于镗刀杆受孔径的限制，刚性较差，易弯曲变形和振动，因此镗削质量的控制（特别是细长孔）不如铰削方便。

③ 镗刀杆的弯曲变形使得加工时采用较小的进给量和背吃刀量，只有多次走刀才能完成加工，生产率较低，适用于单件小批量生产。

3. 钻孔的方法

在车床上钻孔与在钻床上钻孔类似，不同的是钻头要装在车床尾座的套筒里，钻头不动，工件随主轴运动，钻头随尾座套筒做进给运动，如图 7.36 所示。

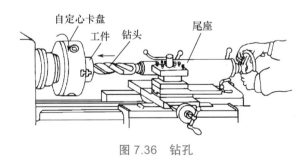

自定心卡盘　工件　钻头　尾座

图 7.36　钻孔

钻孔的步骤如下。

（1）装夹钻头。锥柄钻头可直接装在尾座套筒锥孔中，直柄钻头用钻夹头夹持。

（2）车平端面，工件端面中心不能留有凸点。为防止钻头引偏，可先在工件端面用中心钻或较短钻头预钻定心坑，如图 7.37 所示。

（a） （b）

图 7.37 预钻定心坑

（3）调整尾座位置，使钻头达到所需长度，为防止产生振动，应使套筒伸出距离尽量小。位置调好后，锁紧尾座。

图 7.38 在刀架上装挡块

（4）某些工件表面存在杂质、砂眼、气孔等缺陷，钻头刚钻入工件时会左右摇晃，可在刀架上装一个挡块，支承钻头的头部，使之对准工件的中心（图 7.38），缓慢进给，在工件上钻出定心孔后退出刀架。

（5）钻削速度不宜过高，以免钻头剧烈磨损，通常为 0.3 ～ 0.6m/s。

（6）在车床上，用手慢慢转动尾座手轮实现钻头走刀。钻小孔时，走刀量太大会使钻头折断。将要钻通时，应降低钻削速度，以防钻头折断。孔钻通后，先退出钻头再停车。

（7）钻削钢件时，为了不使钻头发热，必须加注充分的切削液；钻削铸铁时，一般不用切削液。由于在车床上钻孔时，切削液很难进入切削区，因此在钻削过程中，需经常退出钻头进行排屑和冷却。

4. 扩孔、铰孔的方法

（1）用麻花钻扩孔。用麻花钻扩孔时，钻头横刃不参加工作，轴向切削力小，走刀轻快，且钻头外缘处的前角大，易把钻头拉进去，造成钻头在尾座套筒内打滑。所以，扩孔时要把钻头外缘处的前角修小，且不能因为切削时轻松就增大进给量。

（2）用扩孔钻扩孔。将扩孔钻安装在车床尾座的套筒内。扩孔时，除铸造青铜外，其余材料的工件扩孔时都要加注切削液。

（3）在车床上铰孔。选用机用铰刀，将铰刀插在尾座套筒的锥孔中，锁紧尾座。

5. 镗孔的方法

（1）装刀时，刀杆中心线必须与进给方向平行，刀尖应对准中心，精镗或镗小孔时可略装高一些。镗刀伸出长度应尽可能小，以减少振动，但应不小于镗孔深度。

（2）安装通孔镗刀时，主偏角可小于90°，如图 7.39（a）所示；安装盲孔镗刀时，主偏角需大于90°，如图 7.39（b）所示，否则不能镗平内孔底平面，镗孔在纵向进给至孔末端时转为横向进给，镗出内端面与孔壁垂直良好的衔接表面。

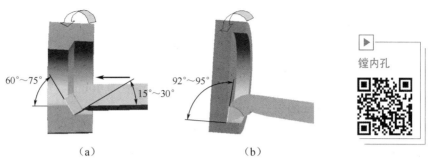

镗内孔

图 7.39　镗孔

（3）安装镗刀后，在开车前，应检查镗刀杆装得是否正确，以防止镗孔时因镗刀杆歪斜而使镗杆碰到已加工内孔表面。

（4）镗孔时的注意事项。

①由于镗刀杆刚性较差，切削条件不好，因此，切削用量应比车外圆时小些，切削速度也要低 10% ～ 20%。镗盲孔时，由于排屑困难，因此进给量应小些。

②粗镗时，应先进行试切，调整切削深度，再自动走刀或手动走刀。进刀时，必须注意镗刀横向进退方向与车外圆相反。

③精镗时，背吃刀量和进给量应更小。调整背吃刀量时应利用刻度盘，并用游标卡尺检查零件孔径。当孔径接近最后尺寸时，应以很小的切削深度重复镗削几次，消除锥度，保证镗孔精度。

7.3.2　钻、扩、铰和镗孔实训案例

完成图 7.40 所示外圆、端面及中心孔的加工操作。

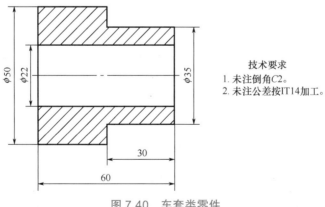

技术要求
1. 未注倒角C2。
2. 未注公差按IT14加工。

图 7.40　车套类零件

加工工艺步骤如下。

（1）用自定心卡盘夹住毛坯，找正后夹紧。

（2）粗车端面后，粗车外圆至 ϕ51mm，长度为 70mm。

（3）精车端面，然后精车外圆至 ϕ50mm，长度为 70mm。

（4）粗车外圆至 ϕ36mm，长度为 30mm。

（5）精车外圆至φ35mm，长度为30mm。

（6）倒角。

（7）用φ18mm钻头钻孔，深度为70mm。

（8）用φ20mm扩孔钻扩孔，深度为70mm。

（9）用镗刀将φ20mm孔镗至φ21.85mm，深度为70mm，倒内角。

（10）用φ22mm的铰刀铰孔。

（11）用切断刀沿长度60mm处切断，切一半时退刀，对工件左边已切成槽倒角，然后继续切断。

（12）调头装夹，倒内角。

7.4　槽的加工和工件的切断

7.4.1　槽车削和切断实训的相关知识

零件的毛坯很长，需要按预定长度切断后加工；或者先在长的毛坯上加工好零件，再从毛坯上切下，这种加工方法称为切断，如图7.41所示。

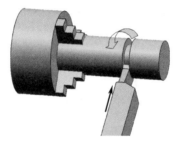

图 7.41　切断

为了实现零件结构工艺的要求，需要在零件的外圆、内孔、端面加工出各种形状的沟槽，如外沟槽、内沟槽、端面槽。沟槽的形状也是多种多样的，常见的有矩形槽、圆形槽、梯形槽、燕尾槽、T形槽等，如图7.42所示。

梯形槽　圆形槽　矩形槽　　　梯形槽　圆形槽　矩形槽　　　矩形槽　T形槽　燕尾槽　圆形槽

（a）外沟槽　　　　　（b）内沟槽　　　　　（c）端面槽

图 7.42　常见的沟槽

1. 切断刀和车外槽刀

切断刀以横向走刀为主。为了减少材料浪费，切断刀的主切削刃很窄；为了切到工件的中心，切断刀的刀头很长，使刀头强度比其他刀具低，车削时容易折断，要注意切削用量的选择。

（1）高速钢切断刀（图7.43）。

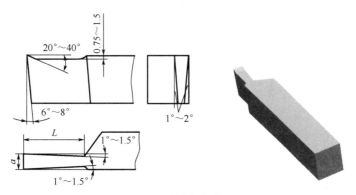

图 7.43　高速钢切断刀

（2）硬质合金切断刀（图7.44）。

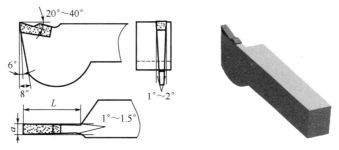

图 7.44　硬质合金切断刀

切槽刀和切断刀的结构及几何角度相似，但是切槽刀的刀头几何形状决定了被加工槽的形状，也就是切槽刀的刀头形状要与被加工槽吻合。

2. 内沟槽车刀

内沟槽车刀与切断刀的几何形状基本相似，只是在内孔中切槽。在小孔中加工内沟槽时，一般用整体式车刀［图7.45（a）］；在大孔中加工内沟槽时，可使用刀杆装夹式车刀［图7.45（b）］。

（a）整体式车刀　　　　　　　　　（b）刀杆装夹式车刀

图 7.45　内沟槽车刀

3. 切断刀、切槽刀的安装

（1）使切槽刀或切断刀的主切削刃平行于零件轴线，两个副偏角相等，如图 7.46 所示。

（2）安装切断刀时，刀尖必须严格对准零件中心（图 7.47），若刀尖装得过高或过低，则切断处有凸起部分，且刀头容易折断或不易切削。

（3）切断时，刀具伸出刀架的长度不要过大。

图 7.46　切槽刀的正确位置

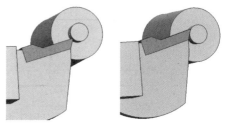

图 7.47　切断刀刀尖与工件中心高度相同

4. 切断和切槽的切削用量

因为切断刀和切槽刀的刀头强度比其他刀具低，所以应适当减小切削用量。

进给量：进给量太大，容易使切断刀折断；进给量太小，刀具后刀面与工件产生强烈的摩擦，发热加剧，并引起振动。一般地，进给量和切削速度如下。

进给量：高速钢刀具，车钢料时为 0.05 ～ 0.10mm/r，车铸铁时为 0.10 ～ 0.20mm/r。

硬质合金车刀：车钢料时为 0.10 ～ 0.20mm/r；车铸铁时为 0.15 ～ 0.25mm/r。

切削速度：高速钢刀具，车钢料时为 30 ～ 40m/min；车铸铁时为 15 ～ 25m/min。

硬质合金车刀：车钢料时为 80 ～ 120m/min；车铸铁时为 60 ～ 100m/min。

5. 车外沟槽和切断的方法

（1）车外沟槽的方法。

① 切窄槽时，主切削刃宽度等于槽宽，在横向进刀中一次切出，如图 7.48（a）和图 7.48（b）所示。

② 切宽槽时，主切削刃宽度小于槽宽，在横向进刀中多次切出，如图 7.48（c）所示。

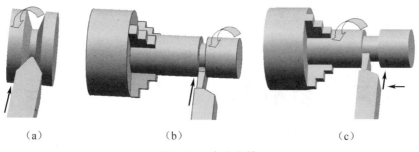

（a）　　　　　　（b）　　　　　　（c）

图 7.48　车外沟槽

（2）切断的方法。

① 切断处应靠近卡盘，以免引起零件振动。

② 手动进给均匀。快切断时，应降低进给速度，以防刀头折断。

③ 应加注切削液。

6. 车内沟槽的方法

车内沟槽时，刀杆直径因受孔径和槽深的影响而比镗孔时小，排屑更困难，所以难度大于镗孔。

（1）车直槽。

① 槽宽：窄槽可直接用准确的主刀刃宽度来保证；宽槽可用大拖板刻度盘来控制尺寸，如图 7.49（a）所示。

② 槽深：可由中拖板刻度控制。

③ 轴向位置：用大、小拖板刻度或挡铁控制。开始对刀时，要注意加上主刀刃宽度，如图 7.49（b）所示，车刀轴向移动距离为 $L+b$。

（2）车梯形槽。先用内孔切槽刀车出直槽，再用刀头呈梯形的成形刀车成梯形槽，如图 7.50 所示。

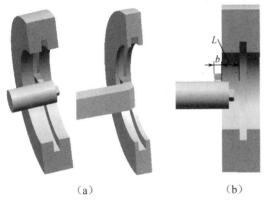

图 7.49　内沟槽刀具轴向移进距离

图 7.50　车内梯形槽

7.4.2　槽加工和切断实训案例

完成图 7.51 所示的零件槽切削和切断的加工。

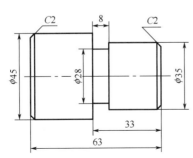

技术要示

1. 未注倒角锐角倒钝C1。
2. 未注公差按IT14加工。
3. 表面粗糙度Ra 3.2。

图 7.51　槽切削及切断

加工工艺步骤如下。

（1）用自定心卡盘夹住毛坯，使毛坯伸出 70mm 左右，夹紧。

（2）粗车端面后，粗车外圆至 $\phi46$mm，长度为 70mm。

（3）精车端面，然后精车外圆至 $\phi45$mm，长度为 70mm。

（4）粗车外圆至 $\phi36$mm，长度为 33mm。

（5）精车外圆至 $\phi35$mm，长度为 33mm。

（6）倒角。

（7）用 5mm 切刀在工件上车出 8mm 的槽，用游标卡尺测量槽宽。

（8）用切断刀沿长度 63mm 处切断，切一半时退刀，对工件左边已切成槽倒角，然后继续切断。

7.5 车内、外圆锥面

7.5.1 内、外圆锥面车削实训的相关知识准备

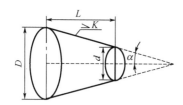

D—大端直径；d—小端直径；
α—半锥角（或 K—锥度）；L—圆锥长度。

图 7.52 圆锥各部分名称

锥面零件在机器设备中应用广泛，常用在要求同心度高、定心准确、传递大扭矩的场合，如车床尾座锥孔与顶尖锥柄的配合等。

圆锥各部分名称如图 7.52 所示。圆锥有四个基本参数：大端直径、小端直径、半锥角（锥度）和圆锥长度。只要知道任意三个参数值，运用简单的几何知识即可求出另一个参数值。在生产中，圆锥尺寸的标注方法和计算公式见表 7-1。

表 7-1 圆锥尺寸的标注方法和计算公式

图例	说明	计算公式
	图上注明圆锥的 D、d、L，未知 K 和 α	$K = \dfrac{D-d}{L}$ $\tan\alpha = \dfrac{D-d}{2L}$
	图上注明圆锥的 D、K、L，未知 d 和 α	$d = D - KL$ $\tan\alpha = \dfrac{K}{2}$

续表

图例	说明	计算公式
	图上注明圆锥的 D、α、L，未知 d 和 K	$d = D - 2L\tan\alpha$ $K = 2\tan\alpha$
	图上注明圆锥的 K、L、d，未知 D 和 α	$D = d + KL$ $\tan\alpha = \dfrac{K}{2}$

7.5.2 内、外圆锥车削加工方法及其注意事项

车圆锥时，当工件随主轴旋转时，如果车刀做与车床主轴的中心线呈一定角度 α 的直线运动就可车出圆锥。根据圆锥的长度、锥度、圆锥的标注方法和生产批量，有不同的加工方法。

1. 转动小拖板法

转动小拖板车圆锥较常见。车削时，首先将小拖板转盘上的螺母松开，按零件要求的锥度将小拖板转过一个半锥角 α（图 7.53）；然后固定转盘上的螺母，摇动小刀架手柄开始车削，使车刀沿着锥面母线移动，车出所需圆锥面。

受小刀架行程限制，该方法只能手动车削长度较短、锥度较大的锥面零件。

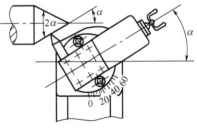

图 7.53 转动小刀架法车锥面

通过计算可得知小拖板应转动的角度，但是，实际操作时不可能只转一次小拖板就能准确地得到这个角度。

（1）校正小拖板转动角度。对精度要求较高的圆锥，加工时要留有一定的加工余量，以采用锥形塞规或锥形套规（图 7.54）校正小拖板转动角度。加工圆锥孔时，校正圆锥孔的角度如图 7.55 所示。

（a）锥形塞规　　　　（b）锥形套规

图 7.54 锥形塞规与锥形套规

图 7.55 校正圆锥孔的角度

按计算角度转动小拖板后车削锥孔，用锥形塞规塞进 1/2 ～ 2/3 深度时停止车削，清理锥孔内表面，沿圆锥面的三个均匀分布位置，顺着锥体母线涂上一层显示剂（白粉笔或红丹粉），把锥形塞规放入锥孔，靠住锥面在半圈范围内来回转动。然后取出观察，如果锥体的小端有摩擦痕迹而大端没有，就说明锥孔的锥度过大，应适当减小拖板的转动角度；反之亦然。调整转动角度后，少量进给并车削一刀，再用上述方法检查校正。如此反复进行，直到锥形塞规上的摩擦痕迹均匀为止，此时小拖板的转动角度达到工件锥度的精度要求，锁紧小拖板，可以对圆锥孔进行精加工。

若加工圆锥体，则用锥形套规按相同方法校正转动角度。

（2）测量和控制圆锥直径尺寸。测量圆锥最大尺寸、最小尺寸的方法与测量内孔和外圆相似，但卡尺要卡在锥体最大端或最小端处（图 7.56）。

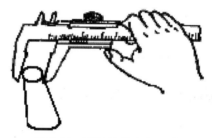

图 7.56　测量圆锥直径尺寸

2. 偏移尾座车圆锥

对于锥度较小、长度较大的圆锥，当对精度要求不高时，采用偏移尾座的方法车削。

采用两顶尖装夹，把尾座向内或向外偏移一定距离，使工件回转轴线与车床主轴轴线形成的夹角等于圆锥体的锥角的一半 $2/\alpha$。由于尾座的最大偏移量为 ±15mm，因此车削的锥度范围有一定限制，而且不能车削内锥孔。

（1）顶尖接触方式。尾座偏移后，前后顶尖不在一条直线上，为消除零件回转阻滞或别劲，可采用图 7.57 所示的两种顶针接触方式。

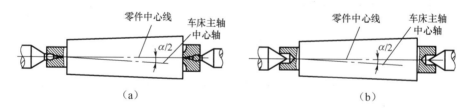

图 7.57　适用于偏移尾座的顶尖接触方式

① 60° 中心孔，两端采用球头顶尖。

② 当两端顶尖为 60° 锥体时，零件两端的中心孔为圆柱形。

（2）计算尾座偏移量 S。如图 7.58 所示，尾座偏移量的计算公式如下。

$$S = l \times \frac{D-d}{2L}$$

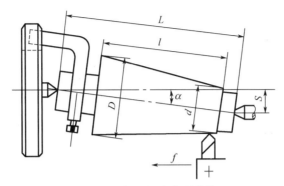

图 7.58　偏移尾座车圆锥体

（3）调整尾座偏移量。如图 7.59 所示，为使尾座偏移量与计算出来的理论值完全一致，可在小拖板上固定一只百分表。偏移尾座前，百分表与尾座上精确表面接触，使指针对准零位，拧动尾座的调整螺钉，百分表的摆动量等于计算出来的尾座偏移量，再将移动后的尾座固紧。

为了保证尾座偏移量调整准确，加工零件前可进行车削试验。

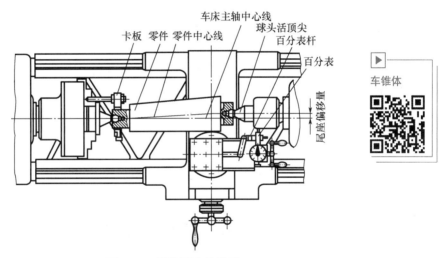

图 7.59　调整尾座偏移量

3. 铰圆锥孔

加工直径较小的圆锥孔时，因为车刀刀杆强度差，难以达到较高的精度和较小的表面粗糙度，所以采用锥形铰刀（图 7.60）加工。铰削加工的锥孔精度比车削加工的高，表面粗糙度也更低。

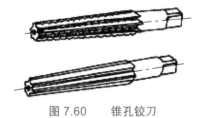

图 7.60　锥孔铰刀

7.5.3　内、外圆锥车削实训案例

完成图 7.61 所示的内圆锥孔的加工。

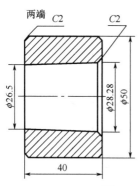

图 7.61　内圆锥孔的加工

技术要求

1. 未注倒角为 C1。
2. 未注公差按 IT14 加工。
3. 锥孔为 4 号莫氏锥度，检验时可用车床顶尖作为检验工具。研配时，接触面积不小于总面积的 2/3。

加工工艺步骤如下。

（1）用自定心卡盘夹住毛坯，使毛坯伸出约 60mm，夹紧。

（2）粗车端面后，粗车外圆至 ϕ51mm，长度约为 50mm。

（3）外圆倒角 C2。

（4）在端面上加工中心孔，以中心孔定位钻 ϕ22mm 内孔。

（5）切断工件，长度为 42mm。

（6）调头装夹，并以车好的工件端面定位后夹紧。

（7）车端面，控制工件长度为 40mm，并倒角。

（8）将小溜板顺时针转动约 1°16′34″，用内孔车刀加工锥度内孔。要用小拖板进刀，在加工过程中不能移动大拖板。

（9）大端直径车至 ϕ27 时，用车床顶尖作为锥形塞规进行研配，根据表面接触情况调整小拖板转动角度。少量进给并车削一刀，再用上述方法反复进行校正，直到锥形塞规上摩擦痕迹均匀为止。

（10）锁紧小拖板，加工内锥孔大端孔径为 ϕ28.28mm，并倒内角。

7.6　螺纹的加工

7.6.1　螺纹车削实训的相关知识

螺纹的加工方法有多种，大批量专业化生产采用滚螺纹、轧螺纹、搓螺纹等高效方法；而在一般机械加工企业中，在车床上车螺纹是螺纹的常用加工方法。

1. 螺纹的形成和各部分名称

（1）螺纹的形成。螺旋线的形成如图 7.62 所示。用 Rt△ABC 绕直径为 d_2 的圆柱旋转一周，斜边 AC 在圆柱表面上形成的曲线就是螺旋线。

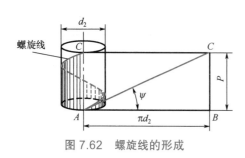

图 7.62　螺旋线的形成

$\triangle ABC$ 的 AB 边就是圆柱的周长（$AB=\pi d_2$），BC 边就是螺距 P。螺旋线上升的角度 Ψ 称为螺纹升角。

螺旋线向右旋转称为右螺纹（正丝），向左旋转称为左螺纹（反丝）。

在圆柱面上形成的螺纹称为圆柱螺纹，在圆锥表面上形成的螺纹称为圆锥螺纹。

在圆柱或圆锥外表面形成的螺纹称为外螺纹，在内表面形成的螺纹称为内螺纹。

在车床上，工件旋转，车刀沿工件中心线等速移动，经过多次进刀后，在工件表面形成螺纹，如图 7.63 所示。

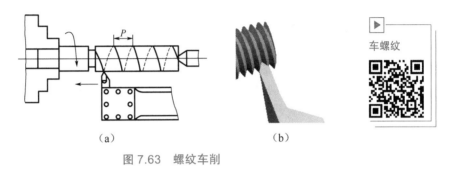

图 7.63　螺纹车削

使用不同形状的刀头，可以车削出三角形螺纹、矩形螺纹（方牙）、梯形螺纹等（图 7.64）。

（a）三角螺纹　　（b）矩形螺纹　　（c）梯形螺纹

图 7.64　螺纹的类型

（2）三角形螺纹的各部分名称（图 7.65）。三角形螺纹分为普通螺纹、英制螺纹、管螺纹。其中，普通螺纹应用最广泛，其牙型角为 60°。

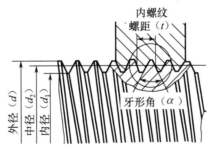

图 7.65　三角螺纹的各部分名称

2. 三角形螺纹车刀

（1）螺纹车刀。常用螺纹车刀有高速钢车刀和硬质合金车刀。高速钢车刀用于低速车削螺纹或精车螺纹；硬质合金车刀（图 7.66）用于高速车削螺纹。

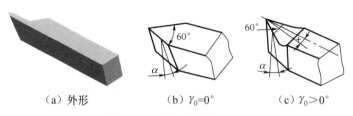

（a）外形　　　　（b）$\gamma_0=0°$　　　　（c）$\gamma_0>0°$

图 7.66　常见的螺纹车刀

因为高速切削时牙型角要增大，所以刀尖角应适当减小 30'。

螺纹的牙型角 α 是靠车刀的刀尖角保证的，螺纹车刀的前角对牙形角的影响较大，如果车刀的前角大于或小于 0°，则车削出的螺纹牙形角大于车刀的刀尖角，前角越大，牙形角的误差也就越大。对精度要求较高的螺纹，常取前角 $\gamma_0=0°$，如图 7.66(b) 所示。粗车螺纹时，为改善切削条件，可取 $\gamma_0>0°$ 的螺纹车刀，如图 7.66(c) 所示。

（2）螺纹车刀的安装。安装车刀时，刀尖必须与零件中心等高。调整时，用对刀样板对刀，保证刀尖角的等分线严格地垂直于零件的轴线，如图 7.67 所示。

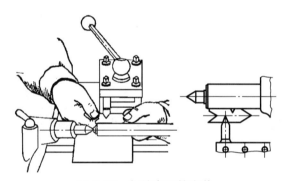

图 7.67　螺纹车刀的安装

3. 车床的调整

因为螺纹的螺距 P 是由车床的运动保证的，所以要调整车床：使工件旋转一周，车刀准确地移动一个工件的螺距。调整时，一般只要按照铭牌上标注的数据变换手柄和挂轮就可以了。开合螺母要切换到丝杠传动位置。

7.6.2　螺纹车削方法及其注意事项

1. 三角形外螺纹的车削

（1）车削公称直径。先按车外圆的方法车削工件的公称直径，即螺纹大径减 0.2～0.3mm，倒角。

（2）螺纹的车削步骤。车螺纹要经过多次走刀，在多次走刀过程中，必须保证车刀每次都落入切出的螺纹槽内，否则会发生"乱扣"现象。螺纹车削的步骤如图 7.68 所示。

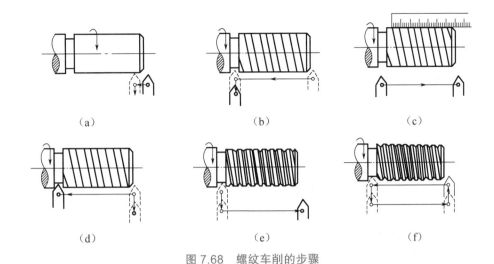

（a）　　　　　　　　　（b）　　　　　　　　　（c）

（d）　　　　　　　　　（e）　　　　　　　　　（f）

图 7.68　螺纹车削的步骤

① 开车，使车刀与工件轻微接触，记下刻度盘读数，向右退出车刀，如图 7.68（a）所示。

② 合上开合螺母，在工件表面车削一条螺旋线，横向退出车刀，停车，如图 7.68（b）所示。

③ 开反车，使车刀退到工件右端，停车，用钢直尺检查螺距是否正确，如图 7.68（c）所示。

④ 利用刻度盘调整切削深度，开车切削，如图 7.68（d）所示。

⑤ 车刀将至行程终了时，应做好退刀停车准备，先快速退出车刀，再开反车退回刀架，如图 7.68（e）所示。

⑥ 再次横向切入，继续切削，如图 7.68（f）所示。

螺纹车削的特点是刀架纵向移动比较快，操作者要胆大心细、思想集中、动作果断。

（3）车削螺纹的进刀方法。

① 直进法（也称成形法）。车螺纹过程中，在每次往复行程后，车刀只利用中托板做横向进刀，直到螺纹车削完毕，如图 7.69（a）所示。直进法每次进刀量要逐渐减小，比如当螺距 $P=1.5$mm 时，总进刀深度为 $0.6P=0.9$mm，中拖板的进刀深度分配如下：第一刀进刀 0.4mm；第二刀进刀 0.2mm；第三刀进刀 0.2mm；第四刀进刀 0.1mm。

直进法操作简单，可得到比较正确的牙形，但两个切削刃同时工作，排屑不畅，螺纹不易车光，并且容易产生"扎刀"现象，只适合车削螺距 $P \leqslant 1.5$mm 的三角形螺纹。

② 左右进刀法（也称双面赶刀法）。车削螺纹过程中，车刀沿牙型的左面和右面反复逐步切进，如图 7.69（b）所示，每一次进刀都是中拖板横向进给与小拖板左右进给结合。

采用左右进刀法，车刀每次只有一侧刀刃切削，排屑效果较好，不易产生"扎刀"现象，可适当提高切削用量，螺纹较光滑。但车刀受单向轴向力，会增大螺纹牙型误差。

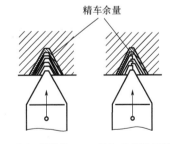

精车余量

（a）直进法　　　（b）左右进刀法

图 7.69　车削螺纹的进刀方法

工程实训

2. 三角形内螺纹的车削

车削内螺纹和车削外螺纹的方法相同，由于车削内螺纹是在内孔中进行的，车刀杆细长，刚性差，切屑难以排出，切削液不易注入，不便于观察，因此比车削外螺纹困难。

内螺纹车刀的外形与镗孔刀相似，刀头部分与外螺纹车刀相同，如图 7.70 所示。

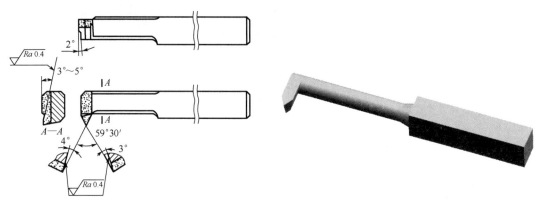

图 7.70　硬质合金内螺纹车刀

车削内螺纹时，受车刀的挤压作用，内孔直径减小，尤其是车削塑性材料，所以车削内螺纹前的内孔直径 $D_{孔}$ 要比内螺纹小径 D_1 略大（$0.1\sim0.3$mm），因为加工内螺纹后其实际小径等于或略大于理论小径 D_1，这样可以用下列近似公式计算。

车塑性金属：

$$D_{孔}\approx d-P$$

车脆性金属：

$$D_{孔}\approx d-1.05P$$

7.6.3　螺纹车削实训加工案例

完成图 7.71 所示的螺纹车削加工。

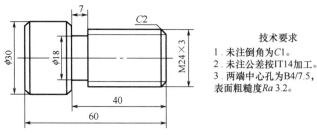

技术要求
1．未注倒角为C1。
2．未注公差按IT14加工。
3．两端中心孔为B4/7.5，
　表面粗糙度Ra 3.2。

图 7.71　螺纹车削加工

加工工艺步骤如下。

（1）用自定心卡盘夹住毛坯，伸出约 40mm，夹紧。

（2）车平端面。

（3）打中心孔。

（4）粗车外圆至 ϕ31mm，再精车至 ϕ30mm，并倒角。

（5）工件调头，采用一夹一顶的方法装夹。

（6）车平端面，控制工件长度为 60mm。

（7）车外圆至 $\phi24_{-0.2}$mm 并倒角，并倒 ϕ 外圆的角。

（8）车退刀槽，宽度为 7mm。

（9）车 M24×3 螺纹。

7.7　车削偏心工件

7.7.1　偏心车削实训的相关知识

偏心类零件（如偏心轴、发动机曲轴、振动轴等）在机械设备中应用较多，其特点是外圆与外圆或内孔与外圆的中心线不重合，偏移一定距离（偏心距），我们称为偏心轴或偏心套。偏心工件如图 7.72 所示。

图 7.72　偏心工件

偏心轴、偏心套都在车床上加工，它们的车削方法与车削外圆、内孔的方法相同，不同的是使需要加工的偏心部分的轴线与车床主轴的中心线重合。

7.7.2　偏心车削加工方法及注意事项

1. 数量少、精度低的偏心工件的加工

一般采用划线方法找出偏心轴（孔）的轴线，然后利用四爪卡盘或两顶尖装夹进行加工。

划线时，将工件放在 V 形铁上，先用高度游标尺找到中心，再把高度游标尺上移一个偏心距离，并在工件四周和两端面划出偏心线，如图 7.73 所示。

一般在钻床上加工偏心中心孔，当要求高时在坐标镗床上加工。

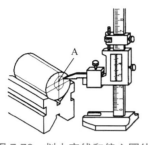

图 7.73　划十字线和偏心圆线

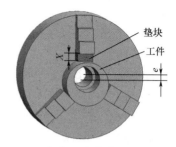

图 7.74　用自定心卡盘装夹加工偏心工件

（1）用自定心卡盘装夹车削偏心轴。可用自定心卡盘上装夹加工长度较小的偏心工件，如图 7.74 所示，在一个卡爪上加垫片，使工件产生偏心进行车削。垫片厚度

$$x = 1.5e \pm k \quad (k \approx 1.5 \Delta e)$$

式中，x 为垫片厚度（mm）；e 为工件偏心距（mm）；k 为偏心距修正值（mm），正负按实测结果确定；Δe 为试切后实测偏心距误差（mm）。

（2）用四爪卡盘装夹车削偏心工件。用四爪卡盘装夹加工偏心工件，必须按已划好的偏心和侧母线校正，使偏心轴和车床主轴轴线重合，如图 7.75 所示。

（3）用两顶尖装夹车削偏心工件。对于一般的偏心轴，只要能在偏心轴上钻中心孔，有鸡心夹头的装夹位置，就应该用两顶尖的方法加工。用两顶尖装夹加工偏心轴与车削一般的外圆表面没有什么区别，只是两顶尖是顶在偏心中心孔中加工，如图 7.76 所示。这种方法不需要找正。

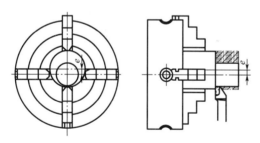

图 7.75　用四爪卡盘装夹加工偏心工件

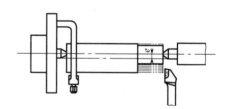

图 7.76　用两顶尖间装夹车削偏心工件

2. 数量多、精度高的偏心工件的加工

可用偏心卡盘或专用夹具车削偏心工件，具体加工方法参阅有关资料。

7.7.3　偏心车削加工实训案例

完成图 7.77 所示偏心轴和偏心套的加工，要求同时加工出偏心轴和偏心套，并把二者配合起来。使用毛坯为 $\phi 40\text{mm} \times 88\text{mm}$ 的圆钢。

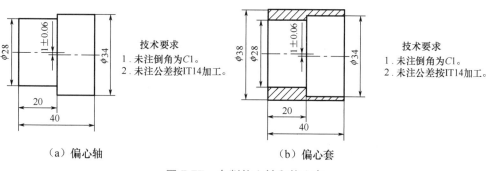

（a）偏心轴　　　　　　　　　　　（b）偏心套

图 7.77　车削偏心轴和偏心套

（1）用自定心卡盘夹住毛坯外圆长度约 30mm，找正并夹紧。

（2）车端面。

（3）粗车外圆至 ϕ39mm，长度为 43mm。

（4）将工件调头，用自定心卡盘夹住 ϕ39mm 外圆面，长度约为 30mm。

（5）车端面。

（6）粗、精车外圆至 ϕ34mm，长度为 45mm。

（7）重新装夹，找正 1mm 的偏心距。

（8）粗、精车外圆至 ϕ28mm，长度为 20mm。

（9）将工件调头，用自定心卡盘夹住 ϕ34mm 外圆面，长度约为 20mm，找正并夹紧。

（10）将 ϕ39mm 外圆面车削至 ϕ38mm，长度为 44mm。

（11）在端面上加工中心孔。

（12）钻 ϕ25mm×40mm 孔。

（13）镗孔至 ϕ34mm，长度为 20mm。

（14）重新装夹，找正 1mm 的偏心距。

（15）镗孔至 ϕ28mm，长度为 20mm。

（16）在长度为 40mm 处切断工件，获得偏心套。

（17）车端面，保证偏心轴长度为 40mm。

（18）将偏心轴与偏心套配合。

7.8　特型面车削加工

7.8.1　特型面车削实训的相关知识准备

　　手柄、手轮、圆球、凸轮等机器零件的母线是一条曲线，这种零件表面称为特型面，如图 7.78 所示。

车手柄

图 7.78　特型面

7.8.2 特型面车削加工及注意事项

1. 车削特型面

在车床上加工特型面的方法有双手控制法、成形刀法和靠模法等。

（1）双手控制法（图 7.79）。对于数量少或单件特型面零件，可采用双手控制法车削。

左手摇动中刀架手柄，右手摇动小刀架手柄，两手配合，使刀尖走过的轨迹与所需特型面的曲线相同。操作时，熟练摇动左右手柄，配合协调，最好先做个样板，再对照样板进行车削。双手控制法的优点是不需要其他附加设备；缺点是不容易将工件车削光整，需要较高的操作技术，生产率也较低。

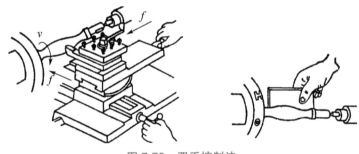

图 7.79　双手控制法

（2）成形刀法。对于数量较多的特型面零件，宜采用成形刀法车削。车削时，要求刀刃形状与工件表面吻合，如图 7.80 所示。装刀时，刃口要与工件轴线等高。由于成形刀与工件的接触面积大，容易引起振动，因此需要采用小切削量，只做横向进给，且要有良好的润滑条件。

成形刀法操作方便、生产率高，能获得精确的表面形状；但由于受工件表面形状和尺寸的限制，且刀具制造、刃磨较困难，因此只在成批生产较短特型面零件时采用。

靠模车削

（3）靠模法。用靠模法车削特型面的原理是利用自动走刀，根据靠模的形状车削所需特型面，如图 7.81 所示。加工时，只需把滑板换成滚柱，把锥度靠模板换成带有所需曲线的靠模板即可。采用靠模法加工的工件尺寸不受限制，可采用机动进给，生产率和加工精度高，广泛用于成批量生产。

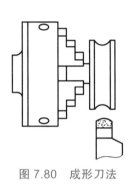

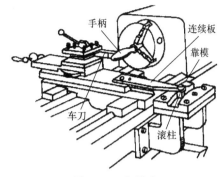
手柄　连续板　靠模

车刀　滚柱

图 7.80　成形刀法　　　　　图 7.81　靠模法

2. 滚花

对于某些机械零件和工具的手握、调整部分，为了增大摩擦力和使零件表面美观，常在零件表面加工出花纹，如车床拖板上的刻度盘、千分尺上的微分筒等。这些花纹一般是在车床上用滚花刀滚压而成的。

（1）花纹的种类。花纹有直纹和网纹两种，如图 7.82 所示。花纹用两条花纹相隔的距离（节距 P）表示，分为 0.628mm、0.942mm、1.257mm、1.571mm，对应的滚花刀模数分别为 0.2mm、0.3mm、0.4mm、0.5mm。花纹的节距根据工件的直径和宽度选择，尺寸越大，节距越大，花纹越粗。

（2）滚花刀。单轮滚花刀用来滚直纹；双轮滚花刀由一个左旋滚花刀和一个右旋滚花刀组成，用来滚网纹，如图 7.83 所示。

滚花

（a）直纹　　　　（b）网纹　　　　（a）单轮滚花刀　　　（b）双轮滚花刀

图 7.82　花纹的种类　　　　　　图 7.83　滚花刀

（3）滚花方法。

① 滚花时，转速要低，一般不超过 200r/min。

② 滚花的径向挤压力很大，一定要夹紧和顶紧工件。

③ 加切削液以冷却润滑。

7.8.3　特型面车削加工实训案例

完成图 7.84 所示特型面的车削。

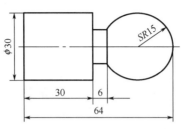

图 7.84　特型面车削

加工工艺步骤如下。

（1）用自定心卡盘夹住毛坯 30mm 左右，夹紧。

（2）粗车端面后，粗车外圆至 ϕ31mm，长度为 33mm。

（3）精车端面后精车外圆至 ϕ30mm。

（4）外圆倒角 C1。

（5）调头装夹，并以车好的工件外圆定位后夹紧。

（6）车端面，总长度控制在 64mm。

（7）粗车外圆至 ϕ31mm，长度为 31mm。

（8）精车外圆至 ϕ30mm。

（9）从端面向里 34mm 切出 6mm 宽的沟槽，直径 ϕ15mm。

（10）用双手分别控制大拖板和中拖板加工 SR15mm 的圆球。

7.9　综合实训课题

利用车削知识加工图 7.85 所示工件。

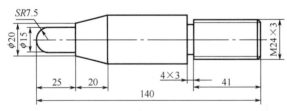

图 7.85　综合实训加工工件

加工工艺步骤如下。

（1）用自定心卡盘夹住毛坯外圆，伸出部分约为 80mm。

（2）车平端面。

（3）车削 ϕ29.5mm 的外圆部分。

（4）车削 ϕ15mm 的外圆部分。

（5）车削 SR7.5mm 的球头部分。

（6）车削锥面。

（7）工件调头装夹 ϕ29.5mm 的外圆，留毛坯另一端的车削部分约为 70mm。

（8）车削端面，控制工件长度为 140mm。

（9）车削 ϕ29.5mm 的外圆部分。

（10）车削 ϕ24mm 的外圆部分。

（11）倒角 $C2$。

（12）车削 4mm × 3mm 退刀槽。

（13）车削螺纹 M24 × 3。

7.10　实训中常见问题解析

7.10.1　外圆车削加工注意事项

（1）当毛坯未被车圆时，属断续车削，应减小进给量和切削速度。

（2）粗车铸件、锻件毛坯时，切削深度要大于毛坯表面氧化皮厚度，以防止车刀过早磨损。

（3）安装车刀时，刀尖与工件旋转中心线等高，刀杆与走刀方向垂直。

（4）用顶尖安装工件时，顶尖一定要顶紧工件并锁紧尾座上的套筒手柄。

（5）尽量减小工件的伸出长度，或另一端用顶尖支住，以增大安装刚度。

（6）不能在工件温度较高时测量，应先掌握工件的收缩情况，或在车削时浇注冷却液，降低工件温度后再测量。

车削锤柄

（7）用一夹一顶或两顶尖安装工件时，由于后顶尖中心线不在主轴的中心线上，车削外圆时会出现锥度现象，因此粗车前应校正锥度。

7.10.2　平面车削的注意事项

（1）将工件装在卡盘上，必须先校正外圆和端面再夹紧。

（2）车削大端面时，必须把大拖板的紧固螺钉锁紧。

（3）中、小拖板的塞铁不能太松，刀架应压紧。

（4）装刀时，必须使车刀的主切削刃垂直于工件的轴心线。

7.10.3　孔加工的注意事项

1. 加工中心孔的注意事项

（1）工件端面要车平，不能留有凸台，否则会使中心钻折断。

（2）钻中心孔时，转速应较高。

（3）中心钻磨损后，要及时更换或修磨，否则会使中心钻折断。

（4）应充分浇注切削液或及时清除切屑，否则会使中心钻折断。

（5）中心孔形状应正确，中心孔应圆整、表面粗糙度小、深度合适，不能钻偏。

2. 钻孔加工的注意事项

（1）钻孔前必须车平端面，中心不能留有凸台。

（2）调整尾座，使其与主轴同轴。

（3）当工件内部有缩孔、砂眼、夹渣等时，应降低转速，减小钻孔时的走刀量。

（4）在车床上钻孔时，切削液很难进入切削区，在加工过程中要经常退出钻头，以排屑和冷却钻头。

（5）安装钻头前，应清除车床尾座套筒内的灰尘和杂质。

3. 镗孔的注意事项

（1）提高刀具耐用度，防止因中途磨损而出现内孔有锥度的情况。

（2）尽量采用大尺寸刀杆，减小切削用量，避免刀杆刚性差，产生"让刀"现象。

（3）正确安装刀具，防止刀杆与孔壁碰撞。

（4）当孔壁薄时，要选择合理的装夹方法，避免工件变形。

7.10.4 车削圆锥的注意事项

（1）车刀刀尖必须严格对准工件的旋转中心，避免在圆锥母线上出现双曲线误差。

（2）仔细计算小拖板转动角度，并反复试车校正。

（3）调整小拖板塞铁，使小拖板移动均匀。操作时，要双手轮流转动小拖板手柄，使其移动均匀。

（4）当中途刃磨车刀后再次安装时，必须重新调整垫片厚度，使刀尖严格对准工件的旋转中心。

7.10.5 车削螺纹的注意事项

（1）车削螺纹完成前，不要提起开合螺母，否则会产生螺纹"乱扣"现象。当丝杠螺距是工件螺距整数倍时，不存在此问题。

（2）车削第一个工件时，先车削出一条浅浅的螺旋线，再停车，用钢板尺校对螺距是否正确。

（3）正确刃磨和测量刀尖角。

（4）合理分配和选用切削用量，及时修磨螺纹车刀。

7.10.6 切断和车削沟槽的注意事项

（1）切槽刀主刀刃的宽度要根据沟槽宽度刃磨。

（2）在切宽槽的过程中，要及时测量，要仔细计算沟槽深度。

（3）切断工件前，要正确测量，防止切下的工件长度错误。

（4）正确安装切断刀。刃磨时，必须使主刀刃平直、两刀刃圆弧对称、两副切削刃和副后角对称。

（5）选择适当的切削速度并浇注切削液。适当提高进刀速度，避免产生噪声和振动。

7.11　车 工 安 全

在车工实训中，要严格遵守人身和设备安全规程。

7.11.1　人身安全注意事项

（1）应穿工作服，扣好每个扣子，袖口扎紧。女生应戴工作帽，头发应塞入帽内。不要穿凉鞋、拖鞋，女生不能穿高跟鞋。

（2）车削时，头不应离工件太近，以防切屑飞入眼睛。当车削崩碎状切屑的工件时，必须戴防护眼镜。

（3）工作时，必须集中注意力，不允许擅自离开车床或做与车床工作无关的事。不能靠近正在旋转的工件或车床部件。

（4）工件和刀具必须安装牢固，以防飞出而发生事故。卡盘必须装有保险装置。

（5）不准用手制动转动的卡盘。

（6）车床启动时，不能测量工件，也不能用手摸工件的表面。

（7）使用专用钩子清除切屑，绝对不允许用手直接清除。

（8）工件装夹完毕，应随手取下卡盘扳手。

（9）在车床上工作时，不准戴手套。

7.11.2　设备安全注意事项

（1）开车前，应检查车床各部分机构是否完好。车床启动后，应使主轴低速空转 $1 \sim 2min$，使润滑油散布到各处（在冬季尤为重要），车床运转正常后工作。

（2）在工作中主轴需要变速时，必须停车。

（3）为了保持丝杠的精度，除车削螺纹外，不得使用丝杠自动进刀。

（4）不允许在卡盘、床身导轨上敲击或校直工件；不准在床面上放工具或工件。

（5）刀具磨损后，应及时刃磨。用钝刃刀具继续切削会增大车床负荷，甚至损坏机床。

（6）车削铸件、气割下料的工件时，应擦去导轨上的润滑油，去除工件上的型砂杂质，以免磨坏床面导轨。

（7）使用切削液时，要在车床导轨上涂润滑油。应定期更换冷却泵中的切削液。

（8）应清除车床上及车床周围的切屑及切削液，擦净后，按规定在加油部位加注润滑油。

（9）工作完毕，将大拖板摇至床尾端。将各传动手柄放在空挡位置，关闭电源。

7.12　小　　结

车削加工是金属切削加工中的常用加工方法。本章详细介绍了外圆与端面车削、内圆

柱孔在车床上的加工、槽车削、圆锥面车削、螺纹车削、偏心工件车削及特型面车削的加工方法；并设置了专项实训案例和综合实训课题，让读者综合掌握车削加工。

7.13　思考与练习

1. 思考题

（1）车床由哪几部分组成？各具有什么作用？

（2）车刀的刀头由哪些部分组成？

（3）车刀有哪几个主要角度？各具有什么作用？如何选择？

（4）常用的车刀材料有哪些？应用时分别有什么特点？

（5）如何安装车刀？有哪些注意事项？

（6）在车床上安装工件常用哪几种方法？各有什么特点？

（7）车端面常用哪几种车刀？分析它们车端面时的优缺点及应用场合。

（8）切断刀有什么特点？如何切断？

（9）盲孔镗刀与通孔镗刀有什么区别？

（10）转动小拖板法车削圆锥有什么优缺点？如何确定小拖板的转动角度？

（11）车削特型面有哪几种方法？滚花时有什么注意事项？

（12）螺纹车刀与外圆车刀有哪些不同？

（13）车削螺纹的步骤有哪些？进刀方法有哪些？

2. 实训题

（1）车削加工图 7.86 所示的锤柄，毛坯是直径为 $\phi16mm$ 的 45 钢棒料，制订加工工艺步骤并完成加工。

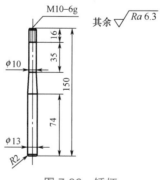

图 7.86　锤柄

（2）根据车床加工的特点，设计一件适合车削加工的工件，要求工件具有创意性、实用性和欣赏性。

第 8 章
铣 削 加 工

教学提示：铣削加工是在铣床上利用铣刀的旋转（主运动）和零件或刀具的移动（进给运动）对零件进行切削加工的工艺。它是一种生产率较高的平面、沟槽和成形表面的加工方法，应用范围比较广。

教学要求：通过本章学习，学生可了解铣削加工的基本知识；了解铣削加工特点、切削运动、铣床的结构及调整方法、铣床的传动原理、铣刀的结构、铣刀的安装和铣床附件的功用；熟悉在铣床上用平口钳装夹及校正零件的方法；掌握铣削加工水平面、垂直面及沟槽的基本操作。

8.1 铣削刀具与机床及夹具

铣削就是在铣床上以铣刀旋转为主运动、以工件或铣刀移动为进给运动的切削加工方法。铣削加工是一种技术性较强的加工方法，在金属切削加工中应用广泛，它是加工平面和曲面的主要方法。在铣床上使用不同的铣刀，可以加工不同位置的平面（包括水平面、垂直面、斜面等）、沟槽（包括直角槽、V 形槽、燕尾槽、T 形槽、键槽、圆弧槽等），以及成形面、型腔等，如图 8.1 所示。

（a）铣削平面 　　　　（b）铣削侧面 　　　　（c）铣削T形槽

图 8.1 铣削加工

铣削的切削要素包括铣削速度、进给量、背吃刀量和侧吃刀量。铣削速度 v_c 是指铣刀最外圆上一点的线速度，单位为 m/s；进给量 f 是工件相对于铣刀单位时间内移动的距离，单位为 mm/min；铣削深度 a_p 是指在平行于铣刀轴线方向上测量的切削层尺寸，单位为 mm；铣削宽度 a_c 是指在垂直于铣刀轴线方向上测量的切削层尺寸，单位为 mm。

铣削具有以下特点：①采用多刃刀具加工，刀刃轮替切削，刀具冷却效果好、耐用度高；②加工范围广；③刀轴、刀具种类繁多，在提高加工能力的同时，装夹较复杂；④铣刀的制造和刃磨较困难；⑤铣削属于冲击性切削，铣削时易产生冲击、振动；⑥铣削加工精度为 IT8～IT9，表面粗糙度 Ra1.6～3.2μm。

铣床是用铣刀进行铣削加工的机床。在铣削过程中，以多齿铣刀旋转为主运动，工件随工作台做纵向、横向、垂直三个方向的直线进给运动；进给运动可根据加工要求，由工件在相互垂直的三个方向，做某方向运动来实现。在少数铣床上，进给运动也可以是工件的回转运动或曲线运动。根据工件的形状和尺寸，工件和铣刀可在相互垂直的三个方向上调整位置。由于采用多齿刀具，因此铣削加工的效率较高，其应用范围也比较广泛。

8.1.1 铣刀的类型及结构

铣刀是一种多齿回转刀具，由刀体和刀齿两部分组成，可用来加工平面、沟槽、斜面和成形面。对单个刀齿而言，其几何参数和切削过程与车刀类似。

1. 铣刀切削部分材料的基本要求

（1）高硬度和高耐磨性。在常温下，切削部分材料只有具备足够的硬度才能切入工件。刀具具有高耐磨性才不易磨损，延长了使用寿命。

（2）好的耐热性。刀具在切削过程中会产生大量的热，尤其在切削速度较高时温度很高。因此，刀具材料应具备好的耐热性，即在高温下仍能保持较高的硬度，具有继续切削的性能。这种具有高温硬度的性质又称热硬性或红硬性。

（3）高的强度和好的韧性。在切削过程中，因为刀具要承受很大的切削力，所以刀具材料要具有高的强度，否则易断裂和损坏。由于铣削属于冲击性切削，铣刀会受到很大的冲击和振动，因此，铣刀材料还应具备好的韧性，这样才不易崩刃、碎裂。

（4）工艺性好。为了顺利制造出各种形状和尺寸的刃具，尤其对形状比较复杂的铣刀，要求刀具材料的工艺性好。

2. 铣刀的类型

铣刀的种类很多，同一种刀具名称也很多。铣刀的分类方法很多，下面介绍几种常见的分类方法。

1）按铣刀切削部分的材料分类

（1）高速钢铣刀。高速钢铣刀是常用铣刀，一般形状较复杂的铣刀都是高速钢铣刀。高速钢铣刀有整体式高速钢铣刀和镶齿式高速钢铣刀两种。

（2）硬质合金铣刀。硬质合金铣刀大多不是整体式的，将硬质合金铣刀刀片以焊接或机械夹持的方式镶装在铣刀刀体上，如硬质合金立铣刀、三面刃铣刀等，其适用于高速切削。

2）按铣刀刀齿的构造分类

按铣刀刀齿的构造分类，铣刀分为尖齿铣刀和铲齿铣刀，其刀齿截面如图8.2所示。

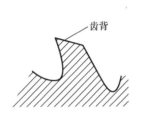

（a）尖齿铣刀的刀齿截面　　　（b）铲齿铣刀的刀齿截面

图8.2　尖齿铣刀和铲齿铣刀的刀齿截面

（1）尖齿铣刀。在垂直于刀刃的截面上，尖齿铣刀齿背的截面形状由直线或折线组成。尖齿铣刀制造和刃磨比较容易，刃口较锋利。

（2）铲齿铣刀。在刀齿截面上，铲齿铣刀齿背的截面形状由阿基米德螺旋线组成。刃磨时，只要前角不变，其齿形就不变。成形铣刀一般采用铲齿铣刀。

3）按铣刀的安装方式分类

（1）带孔铣刀。采用孔安装的铣刀称为带孔铣刀，其主要类型如图8.3所示。

铣刀介绍

（a）整体式圆柱铣刀　　（b）成形铣刀　　（c）锯片铣刀

图8.3　带孔铣刀的主要类型

（2）带柄铣刀。采用柄部安装的铣刀称为带柄铣刀，其主要类型如图8.4所示。

（a）端面铣刀　　（b）立铣刀　　（c）键槽铣刀　　（d）T形铣刀　　（e）燕尾槽铣刀

图8.4　带柄铣刀的主要类型

4）按铣刀的形状和用途分类

（1）加工平面用铣刀。加工平面用铣刀主要有两种，即圆柱铣刀和端铣刀。加工较小的平面时，也可以用立铣刀和三面刃铣刀。

（2）加工直角沟槽用铣刀。加工直角沟槽时常用三面刃铣刀、立铣刀、键槽铣刀、盘形槽铣刀、锯片铣刀、开缝铣刀（切口铣刀）。

（3）加工特型槽用铣刀。加工特型槽时常用 T 形槽铣刀、燕尾槽铣刀和角度铣刀等。

（4）加工特型面用铣刀。加工特型面用铣刀一般是专门设计的，称作成形铣刀，如齿轮盘形模数铣刀。

（5）切断用铣刀。常用的切断用铣刀是锯片铣刀。

（a）整体式铣刀　　　（b）镶齿式铣刀

图 8.5　不同结构形式的铣刀

5）按铣刀的结构形式分类

（1）整体式铣刀［图 8.3（a）和图 8.5（a）］。整体式铣刀的切削部分、装夹部分及刀体集成一体。一般整体式铣刀可由高速钢制成；也可先由高速钢制造切削部分、用结构钢制造刀体部分，再焊接成整体。这类铣刀一般体积不大。

（2）镶齿式铣刀［图 8.5（b）］。直径较大的三面刃铣刀和端铣刀一般都采用镶齿结构。镶齿式铣刀的刀体是由结构钢制成的，刀体上有安装刀齿的部位，刀齿是由高速钢制成的，将刀齿镶嵌在刀体上，经修磨而成。这样可节省高速钢材料，提高刀体利用率，具有工艺性好等特点。

3.铣刀的结构

铣刀是多刃刀具，每个齿都相当于一把简单的刀具，如图 8.6（a）所示。下面以圆柱形铣刀为例，介绍铣刀的主要几何参数，如图 8.6（b）所示。

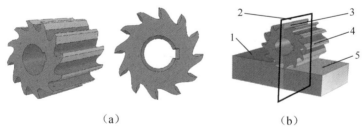

（a）　　　　　　　　（b）

1—待加工面；2—基面；3—前刀面；4—后刀面；5—已加工面。

图 8.6　圆柱形铣刀及其组成

1）铣刀各部分的名称
（1）工件上的表面。
①待加工面：工件上即将被切去的表面。
②已加工面：工件上已加工的表面。

（2）假想参考平面。

① 基面：假想平面，它是通过刀刃上任一点并与该点的切削速度方向垂直的平面。

② 切削平面：假想平面，它是通过切削刃并与基面垂直的平面。

（3）刀具上的表面。

① 前刀面：切削时，刀具上切屑流过的表面。

② 后刀面：与加工表面相对的面。

2）圆柱形铣刀的主要几何角度

（1）前角。前角是前刀面与基面的夹角。前角的作用是在切削中减少金属变形量，使切屑排出顺利，从而改善切削性能，获得较光洁的已加工面。前角的选择取决于被切金属的材料性能、刀具强度等。一般高速钢铣刀的前角为 $10° \sim 25°$。

（2）后角。后角是后刀面与切削平面的夹角。后角的主要作用是减小后刀面和已加工面之间的摩擦，使切削顺利进行，并获得较光洁的已加工面。后角的选择主要取决于刀具强度及前角、楔角。由于后角在圆周方向起作用，因此规定在端截面内测量。一般后角为 $6° \sim 20°$。

（3）楔角。楔角是前刀面与后刀面的夹角。楔角决定了刀具刃口的强度。楔角越小，刀具刃口越锋利，越容易切入工件，但强度和导热性能较差；反之，刀具刃口强度高，但会使切削阻力增大。因此，对于不同的刀具材料和不同的刀具结构，应选择不同的楔角。

（4）螺旋角。为了使铣削平稳、排屑顺利，圆柱形铣刀的刀齿一般都制成螺旋槽形，如图 8.7 所示。螺旋刀刃的切线与铣刀轴线间的夹角称为圆柱形铣刀的螺旋角。

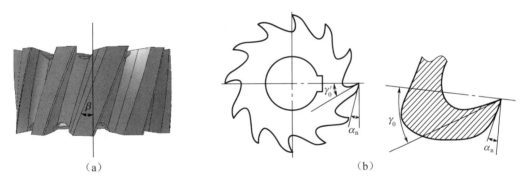

（a）　　　　　　　　　　　　　　　　（b）

图 8.7　螺旋齿圆柱形铣刀及其螺旋角

4.铣刀的标记

为了便于辨别铣刀的规格、材料和制造单位等，一般在铣刀上刻有标记。标记的主要内容包括以下几个方面。

（1）制造厂的商标。各量具刃具厂都有产品商标，一般刻在刀具非工作部位，可由商标知道是哪家工厂的产品。我国制造铣刀的主要厂家如下："◇"表示哈尔滨量具刃具集团有限责任公司，"△"表示北京量具刃具厂，"☆"表示上海工具厂有限公司，"◇"表示上海量刃具厂，"///"表示成都量刃具厂，等等。

（2）制造铣刀的材料标记。一般用材料的牌号表示制造铣刀的材料，如 W18Cr4V 铣刀。

（3）铣刀尺寸规格标记。铣刀尺寸规格标记因铣刀形状的不同而不同：圆柱形铣刀、三面刃铣刀和锯片铣刀等以"外圆直径 × 宽度 × 内径"表示，如在圆柱铣刀上标记 80 × 100 × 32。立铣刀和键槽铣刀等一般只标注外圆直径。角度铣刀和半圆形铣刀等一般以"外圆直径 × 宽度 × 内孔直径 × 角度（或圆弧半径）"表示，如在角度铣刀上标记 75 × 20 × 27 × 600（或 8R）。铣刀上标注的尺寸均为基本尺寸，在使用和刃磨后往往会发生变化。

5. 铣刀的安装

铣刀的安装情况决定了铣刀的运转平稳性和使用寿命，从而影响铣削质量（如铣削加工的尺寸、形位公差和表面粗糙度）。

（1）带孔铣刀的安装。带孔铣刀安装在刀杆上，刀杆安装在铣床主轴上，如图 8.8 所示。带孔铣刀的安装步骤如图 8.9 所示。在不影响加工的情况下，应尽可能使铣刀靠近铣床主轴，并使吊架尽量靠近铣刀。铣刀的位置可利用更换不同垫圈的方法调整。为保证铣刀端面与刀杆轴线垂直，垫圈两端面必须平行，安装时一定要擦干净。一般铣刀可用平键传递转矩，直径不大的铣刀或锯片铣刀也可靠垫圈端面摩擦力传递转矩。

1—拉杆；2—床身；3—铣床主轴；4—垫圈；5—刀片；6—吊架。

图 8.8　刀杆与主轴的连接方法

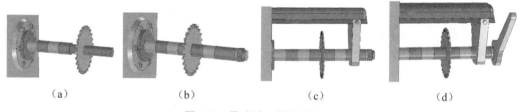

（a）　　　　　　（b）　　　　　　（c）　　　　　　（d）

图 8.9　带孔铣刀的安装步骤

（2）直柄立铣刀的安装。直柄立铣刀的安装如图 8.10 所示，铣刀的直柄插入弹簧套的光滑圆孔，用螺母压紧弹簧套的端面，弹簧套外锥挤紧在夹头体的锥孔中而将铣刀夹住。更换弹簧套或在弹簧套内加不同直径的套筒，可以安装 420mm 以内的各种规格的直柄铣刀。夹头体的锥柄安装在铣床主轴的锥孔中，并用拉杆拉紧。

（3）锥柄立铣刀的安装。如果锥柄立铣刀锥柄尺寸与主轴内锥尺寸相同，则可直接将铣刀装入铣床主轴并用拉杆拉紧，如图 8.11（a）所示；如果铣刀锥柄尺寸与主轴孔锥度尺寸不同，则需要利用中间锥套将铣刀装入铣床主轴锥孔，再用拉杆拉紧，如图 8.11（b）所示。

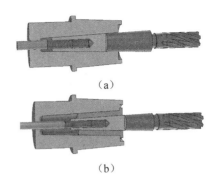

（a）

（b）

图 8.11　锥柄立铣刀的安装

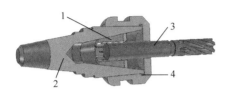

1—夹头体；2—弹簧套；3—铣刀；4—螺母。

图 8.10　直柄立铣刀的安装

6. 铣刀安装后的检查

安装铣刀后，应做以下几方面检查。

（1）检查铣刀装夹是否牢固。

（2）检查挂架轴承孔与铣刀杆支撑轴颈的配合间隙是否合适，一般情况下以铣削时不振动、挂架轴承不发热为宜。

（3）检查铣刀回转方向是否正确，启动机床后，铣刀应向着前刀面方向回转，如图 8.12 所示。

（4）检查铣刀刀齿的径向圆跳动和端面圆跳动。对于一般的铣削，可目测或凭经验确定铣刀刀齿的径向圆跳动和端面圆跳动是否符合要求。对于精密的铣削，可用百分表检测，如图 8.13 所示。将磁性表座吸在工作台上，使百分表的测量触头接触铣刀的刃口部位，测量杆垂直于铣刀轴线（检测径向圆跳动）或平行于铣刀轴线（检测端面圆跳动），然后用扳手向铣刀后刀面方向回转铣刀，观察百分表指针在铣刀回转一周内的变化情况，一般要求为 0.005～0.006mm。

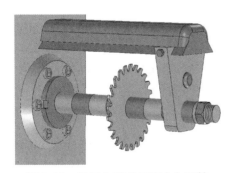

图 8.12　铣刀向着前刀面方向回转

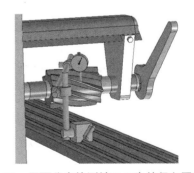

图 8.13　用百分表检测铣刀刀齿的径向圆跳动

如果检测到跳动量过大，则应重装。铣刀刀齿跳动量过大的主要原因如下。

（1）装刀时，铣刀和刀杆等结合面未擦干净。

（2）主轴锥孔有拉毛现象。

（3）刀杆弯曲。

（4）铣刀刃磨不准确。

若铣刀和刀杆等结合面未擦干净，则应拆下清洁并去除毛刺污物。若主轴锥孔有拉毛

现象，则应仔细修复。若刀杆弯曲，则可进行校正。若铣刀刃磨质量不好，铣刀各切削刃不在同一圆周上，则应重新刃磨或换刀。

铣床的类型和结构

铣床是用铣刀对工件进行铣削加工的机床。常用的铣床有卧式万能升降台铣床、立式升降台铣床、龙门铣床及数控铣床等。

1.卧式万能升降台铣床

图 8.14 X6132 型万能铣床

卧式万能升降台铣床简称万能铣床，它是铣床中应用最多的一种。其主轴是水平放置的，与工作台面平行。工作台可沿纵向、横向和垂直三个方向运动。万能铣床的工作台还可在水平面内回转一定角度，以铣削螺旋槽。图 8.14 所示为X6132 型万能铣床。

X6132 型万能铣床的主要组成部分及作用如下。

（1）床身。床身用来支承和固定铣床上的所有部件。其内部装有主轴、主轴变速箱，电器设备及润滑油泵等部件，顶面上有供横梁移动用的水平导轨。前臂有燕尾形的垂直导轨，供升降台上下移动。

（2）横梁。横梁上装有支架，用来支持刀杆的外端，以减少刀杆的弯曲和颤动。横梁伸出长度可根据刀杆长度调整。

（3）主轴。主轴是空心轴，前端有 7∶24 锥孔，可安装铣刀的刀杆并带动其旋转。

（4）纵向升降台。纵向升降台用来安装工件和夹具。工作台的下部有一根传动丝杠，用来带动工件做纵向进给运动。

（5）横向工作台。横向工作台位于纵向升降台的水平导轨上，可带动纵向升降台横向运动。

（6）转台。转台能使纵向升降台在水平面内旋转一个角度（最大为 ±45°），可以斜向移动，以铣削螺旋槽。

（7）升降台。升降台用来支撑整个工作台，并带动其沿床身垂直导轨上下移动。其内部装有进给运动的电动机及传动系统。

2.立式升降台铣床

图 8.15 X5032 型立式铣床

立式升降台铣床简称立式铣床。立式铣床与万能铣床的主要区别是主轴与工作台面垂直。有时根据加工需要，可以将主铣头（包括主轴）偏转一定角度，以便加工斜面。图 8.15 所示为 X5032 型立式铣床。由于操作立式铣床时观察、检查和调整铣刀位置等都比较方便，且便于装夹硬质合金铣刀进行高速铣削、生产率较高，因此应用较广泛。

X5032 型立式铣床是生产中应用极为广泛的一种铣床，其规格、操纵机构、传动变速等与 X6132 型万能铣床基本相同，主要不同点如下。

（1）X5032型立式铣床的主轴位置与工作台面垂直，安装在可以偏转的铣头壳体内，主轴可在正垂直面内做 ±45° 范围内偏转，以调整铣床主轴轴线与工作台面的相对位置。

（2）X5032型立式铣床的工作台与横向溜板连接处没有回转盘，工作台在水平面内不能扳转角度。

（3）X5032型立式铣床的主轴带有套筒伸缩装置，主轴可沿自身轴线在 0 ～ 70mm 范围内手动进给。

（4）X5032型立式铣床的正面增设一个纵向手动操纵手柄，使铣床的操作更加方便。

铣床工作

3. 龙门铣床

龙门铣床（图8.16）主要用来加工大型或较重的工件。它可以用多个铣头同时加工工件的多个表面，生产率较高，适合成批大量生产。龙门铣床有单轴、双轴、四轴等形式。

4. 数控铣床

数控铣床（图8.17）是综合应用电子、计算机、自动控制、精密测量等技术的精密、自动化的机床。在计算机的控制下，其按预先编制好的加工程序自动加工零件。数控铣床具有加工精度高、加工质量稳定、生产率高、劳动强度低、对产品加工的适应性强等特点，适用于新产品开发和多品种、小批量生产及结构复杂、对精度要求高的工件或零件的加工（参见第12章相关内容）。

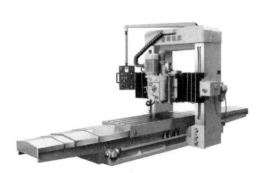

图 8.16　龙门铣床

图 8.17　数控铣床

8.1.3　铣床附件

为扩大铣床的工作范围和便于安装工件，铣床常配有平口钳、万能铣头、回转工作台和分度头等附件。

1. 平口钳

平口钳即机床用平口虎钳，它是一种通用夹具，通常用来安装形状规则的小型工件。

2. 万能铣头

万能铣头装在万能铣床上，不仅可以完成立铣工作，还可以根据铣削的需要，将铣头主轴板偏转任意角度。其底座用四个螺栓固定在铣床垂直导轨上，如图8.18（a）所示。

铣床主轴传递到铣头主轴，铣头主轴的转速级数与铣床的转速级数相同。铣头的壳体可绕主轴轴线偏转任意角度，如图8.18（b）所示。

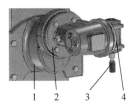

（a）外形结构　　　　　　　　　（b）主轴偏转任意角度

1—底座；2—铣头主轴壳体；3—铣刀；4—壳体。

图 8.18　万能铣头

3. 回转工作台

回转工作台又称转盘或圆工作台。它分为手动回转工作台和机动回转工作台两种，主要功用是大工件分度及铣削带圆弧曲线的外表面和圆弧沟槽的工件。手动回转工作台（图8.19）的内部有一套蜗轮蜗杆，摇动手轮，通过螺旋轴直接带动与回转工作台连接的蜗轮传动。回转工作台周围有刻度，可用来观察和确定回转工作台位置。拧紧紧固螺钉，回转工作台固定不动。回转工作台中央有一个基准孔，可方便地确定工件的回转中心。铣圆弧槽（图8.20）时，将工件安装在回转工作台上并绕铣刀旋转，用手均匀、缓慢地摇动回转工作台，可在工件上铣出圆弧槽。

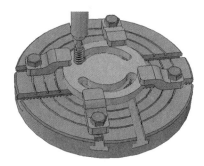

图 8.19　手动回转工作台　　　　　　　图 8.20　在回转工作台上铣圆弧槽

4. 分度头

在铣削加工中常会遇到铣四方、铣六方、铣齿轮、铣花键和刻线等工作。分度头是对工件在圆周、水平、垂直、倾斜方向上等分或不等分地进行分度工作的铣床附件。分度头有许多类型，最常用的是万能分度头，如图8.21所示。

（1）万能分度头的结构。万能分度头由底座、转动体、主轴和分度盘等组成。工作时，它的底座用紧固螺钉固定在工作台上，并利用导向键与工作台中间的一条T形槽配合，使分度头主轴轴线平行于工作台纵向进给。在分度头的基座上装有回转体，分度头的主轴可以随回转体旋转一定角度（图8.22）进行工作，如铣削斜面等。分度头的前端锥孔内可安放顶尖，用来支撑工件；主轴外部有一个短定位锥体与卡盘的法兰盘锥孔连接，以便用卡盘装夹工件。分度头的侧面有分度盘和分度手柄。分度时，摇动分度手柄，蜗轮蜗杆带动分度头主轴旋转。分度头的传动系统如图8.23所示。

图 8.21　万能分度头

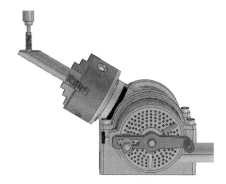

图 8.22　分度头在倾斜位置工作

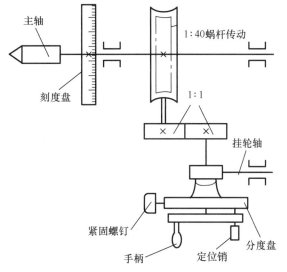

图 8.23　分度头的传动系统

蜗轮与蜗杆的传动比是 1：40，手柄转动一周，蜗轮只能带动主轴转过 1/40 周。若工件在整个圆周上的分度数目 z 已知，则每等分都要求分度头主轴转过 $1/z$ 周。此时，分度手柄旋转周数 n 可由下列比例关系推出：$n=40/z$（n 为分度手柄旋转周数，z 为工件的分度数，40 为分度头常数）。

（2）分度方法。分度方法很多，这里仅介绍最常用的简单分度法。例如，铣齿数 $z=36$ 的齿轮，可按式 $n=40/z$ 算出手柄旋转周数：

$$n = \frac{40}{z} = \frac{40}{36} 周 = 1\frac{1}{9} 周$$

也就是说，每分一齿，手柄都需要转过 $1\frac{1}{9}$ 周，通过分度盘控制这 $\frac{1}{9}$ 周。一般有两块分度盘。分度盘的两面各钻有许多圈孔，同一孔圈上的孔距相等。

第一块分度盘正面各圈孔数依次为 24、25、28、30、34、37，反面各圈孔数依次为 38、39、41、42、43；第二块分度盘正面各圈孔数依次为 46、47、49、51、53、54，反面各圈孔数依次为 57、58、59、62、66。

简单分度时，分度盘固定不动，将分度手柄上的定位销拔出，调整到孔数为 9 的倍数（如孔数为 54）的孔圈上。手柄转过一周后，沿孔数为 54 的孔圈转过 6 个孔距即可 $\left(n = 1\frac{1}{9} = 1\frac{6}{54} \right)$。

为了确保手柄转过的孔距数可靠，可调整分度盘上扇股（又称扁形夹）之间的夹角，使之相当于分度数的孔间距，这样依次分度时可以做到准确无误。

8.1.4 铣床夹具与定位

为了使工件在铣削力和其他外力的作用下始终保持原有位置，必须将工件夹紧。工件从定位到夹紧的过程称为安装。用来使工件定位和夹紧的装置称为夹具。

夹具的作用如下。
（1）保证工件的加工精度。
（2）减少辅助时间，提高生产率。
（3）扩大通用机床的使用范围。
（4）使低等级技术操作者完成复杂的加工任务。
（5）减轻操作者的劳动强度，并有利于安全生产。

夹具的种类如下。
（1）通用夹具。通用夹具的通用性强，由专门厂家生产并标准化，其中有的作为机床的标准附件随机床配套，如铣床上常用的平口钳、分度头等。

（2）专用夹具。专用夹具是为了适应某特定工件某个工序的加工要求而专门设计制造的夹具。

（3）可调夹具。为了扩大夹具的使用范围、解决专用夹具利用率低的缺点，目前大量使用可调夹具。

（4）组合夹具。在新产品试制和单件生产情况下，采用组合夹具可减少夹具的制造时间。因为组合夹具的元件是预先制造好的，所以能较快地组装，为生产提供夹具。同时，由于元件可重复使用，因此可以节省制造夹具的材料和制造费用。但一套组合夹具的元件多，一次性成本较高，维护和管理的工作量也较大。

1.平口钳

平口钳是在铣床上装夹工件的夹具。它主要用于铣削加工零件的平面、台阶、斜面，以及轴类零件的键槽等。

1）平口钳的种类
常用的平口钳有回转式平口钳和非回转式（固定式）平口钳两种，如图 8.24 所示。

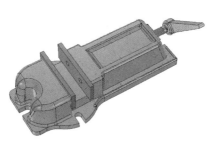

（a）回转式平口钳　　　　　　（b）非回转式平口钳

图 8.24　平口钳

（1）回转式平口钳。回转式平口钳主要由固定钳口、活动钳口、底座等组成。钳身可绕轴线任意扳转，适应性强。但由于多了一层转盘结构而使高度增大，因此刚性较差。

（2）非回转式平口钳。非回转式平口钳与回转式平口钳的结构基本相同，只是底座没有转盘，钳体不能回转，但刚性好。因此，铣削平面、垂直面和平行面时，一般采用非回转式平口钳。

2）平口钳的安装

平口钳的安装方法如下。

（1）清洁。将钳座底面和铣床工作台面擦干净。

（2）平口钳的安装位置。平口钳安装在铣床工作台上，并且是工作台长度方向中心线偏左处，其固定钳口根据加工要求应与铣床主轴轴线平行或垂直，如图 8.25 所示。

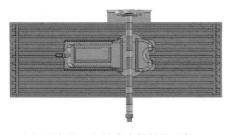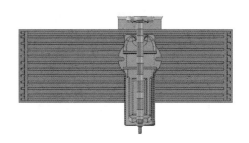

（a）固定钳口与铣床主轴轴线平行　　　　　（b）固定钳口与铣床主轴轴线垂直

图 8.25　平口钳的安装位置

（3）平口钳与铣床的固定。平口钳底座的定位键与工作台的 T 形槽配合，紧固在工作台上。

（4）调整角度。转动钳体，使固定钳口与铣床主轴轴线平行或垂直，也可按需要调整成所需角度。

3）固定钳口的校正方法

加工相对位置精度要求较高的工件时，可用划针校正固定钳口与铣床主轴轴线的垂直，用直角尺校正固定钳口与铣床主轴轴线的平行，用百分表校正固定钳口。

4）用平口钳定位工件

（1）定位方法。铣削长方体工件的平面、斜面、台阶或轴类工件的键槽时，可以用平口钳定位工件。用平口钳定位工件的方法如下。

① 选择毛坯件上一个大且平整的毛坯面为粗基准，将其靠在固定钳口面上。在钳口与工件之间垫铜皮，以防止损伤钳口。用划线盘校正毛坯上平面位置，符合要求后夹紧工件。校正时，工件不宜夹得太紧。

② 以平口钳固定钳口面为定位基准时，将工件的基准面靠向固定钳口面，并在活动钳口与工件间放置一个圆棒。圆棒要与钳口的上平面平行，其位置应在工件夹持部分高度中间偏上。用圆棒夹紧工件能保证工件的基准面与固定钳口面密合，如图 8.26 所示。

③ 以钳体导轨平面为定位基准时，将工件的基准面靠向钳体导轨面。在工件与导轨面之间垫平行垫铁，如图 8.27 所示。为了使工件基准面与导轨面平行，夹紧工件后，可用铝棒或纯铜棒敲击工件上平面，并用手移动平行垫铁。当平行垫铁不再松动时，表明平行垫铁、工件、导轨面密合较好。敲击工件时，用力要适当，并逐渐减小。若用力过大，则会产生反作用力而影响平行垫铁的密合。

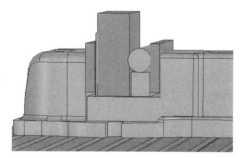

图 8.26　用圆棒夹紧工件

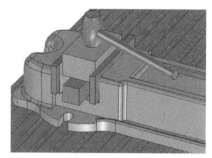

图 8.27　用平行垫铁装夹工件

（2）用平口钳定位工件的注意事项。

① 安装平口钳时，应擦净钳座底面、工作台面。安装工件时，应擦净钳口面、导轨面及工件表面。

② 定位毛坯时，应在毛坯面与钳口面之间垫铜皮等。

③ 定位工件时，必须将工件的基面贴紧固定钳口或导轨面。在钳口平行于刀杆的情况下，承受切削力的钳口必须是固定钳口。

④ 工件的加工表面必须高出钳口，以免铣坏钳口或损坏铣刀。如果工件加工表面低于钳口平面，则可在工件下面垫放适当厚度的平行垫铁，并使工件紧贴平行垫铁。

⑤ 工件的定位位置和夹紧力应适当，使工件装夹后稳固、可靠。

⑥ 用平行垫铁定位工件时，垫铁的平面度、上下表面的平行度及相邻表面的垂直度应符合要求。平行垫铁表面应具有一定的硬度。

2. 螺栓压板机构

当工件较大或形状特殊时，用压板、螺栓、平行垫铁和挡铁把工件直接固定在工作台上铣削。用压板装夹工件如图 8.28 所示。为了保证压紧可靠及工件夹紧后不变形，压板的位置要适当；平行垫铁的高度要与工件适应；工件夹紧后，要用划针复查加工线是否与工作台平行。

对于尺寸较大或不便于用平口钳装夹的工件，常用压板将其压紧在铣床工作台上定位。

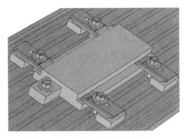

图 8.28　用压板装夹工件

（1）用压板装夹工件的方法。在铣床上使用压板装夹工件时，应选择多块压板，压板的一端搭在工件上，另一端搭在平行垫铁上，平行垫铁的高度应等于或略高于工件被压紧部位的高度，中间螺栓到工件的距离应略小于螺栓到平行垫铁的距离。使用压板时，螺母和压板平面之间应垫放垫圈。

（2）用压板装夹工件的注意事项。

① 压板位置要正确，应压在工件刚度最大的部位。

② 螺栓要尽量靠近工件，以增大夹紧力。

③ 平行垫铁高度应适当，防止压板和工件接触不良。图 8.29 所示为压板、平行垫铁的放置方法。

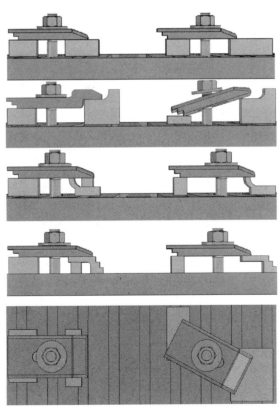

（a）正确放置方法　　　　（b）错误放置方法

图 8.29　压板、平行垫铁的放置方法

④ 工件夹紧处不能有悬空现象，若有悬空，则应将工件垫实。

⑤ 要拧紧螺栓，夹紧力要适当。

⑥ 装夹毛坯时，应在毛坯与工作台面之间垫纸片或铜片，以免损伤工作台面；同时可增大工作台面与工件之间的摩擦力，使工件夹紧、牢靠。

⑦ 装夹已加工工件时，应在压板与工件之间垫纸片或铜片，以免损伤工件已加工表面。

⑧ 使用压板时，应在螺母与压板之间垫放垫圈。

3. 分度头

分度头多用于装夹有分度要求的工件，如利用分度头铣多面体等。

1）分度头的安装和校正

安装分度头时，要校正分度头主轴轴线与水平工作台面平行、与垂直导轨平行。将底座上的定位键放入工作台 T 形槽，先将标准心轴安装于分度头主轴中，再将磁力表架吸于铣床主轴上，调整百分表的位置，使百分表触头分别位于心轴侧母线上，手摇纵向工作台手柄，使工作台移动，同时观察百分表指针变化，并调整分度头位置，直至百分表指针变化量在要求范围内，然后用 T 形螺钉压紧，如图 8.30 和图 8.31 所示。

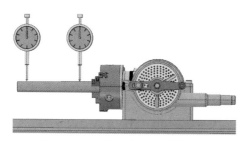

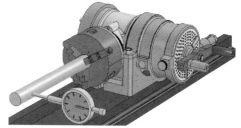

图 8.30　校正分度头主轴轴线与　　　　　　　图 8.31　校正分度头主轴轴线与
　　　　水平工作台面平行　　　　　　　　　　　　　垂直导轨平行

2）用分度头定位工件的方法

零件的形状不同，零件在分度头上定位工件的方法也不同，主要有以下几种。

（1）用自定心卡盘定位工件。加工较短的轴套类零件时，可直接用自定心卡盘定位。用百分表校正工件外圆，当工件外圆与分度头主轴不同轴而造成圆跳动超差时，可在卡爪上垫铜皮，使外圆跳动量符合要求。用百分表校正端面时，用铜锤轻轻敲击高点，使端面圆跳动量符合要求。

（2）用分度头及其附件定位工件。

① 用心轴定位工件。定位前，应校正心轴轴线与分度头主轴轴线的同轴度，并校正心轴的上素线和侧素线与工作台面和工作台纵向进给方向平行。利用心轴定位工件时，根据工件和心轴形式有多种定位形式，如图 8.32 所示。

② 一夹一顶定位工件。一夹一顶定位适用于一端有中心孔的较长轴类工件的加工，如图 8.33 所示。采用此法铣削时刚性较好，适合切削力较大时工件的定位；但校正工件与主轴同轴度较困难，定位工件时应先校正分度头和尾座。

（a）用心轴两顶尖定位工件

（b）用心轴一夹一顶定位工件

（c）用可胀心轴装夹工件　　　（d）用锥度心轴装夹工件　　　（e）用心轴、自定心卡盘装夹工件

图 8.32　不同的定位形式

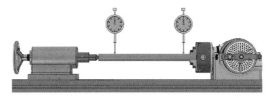

图 8.33　一夹一顶定位工件

8.2　典型表面铣削加工工艺

8.2.1　外圆表面成型

1. 用回转工作台铣削外圆表面

如图 8.34 所示，通常利用回转工作台铣削由圆弧组成的外圆表面。为了保证工件圆弧中心位置和圆弧半径尺寸，铣削前，使用校正方法对回转工作台和工件进行校正。

1）校正方法

（1）顶针校正法 ［图 8.35（a）］。顶针校正法的原理是在回转工作台的主轴孔内插入带有中心孔的校正芯棒，在铣床主轴中装入顶针，校正时回转工作台在工作台上暂不固定，移动工作台，使顶针尖对准转台校正芯棒的中心孔，利用两者内外

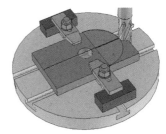

图 8.34　利用回转工作台铣削外圆表面

锥度配合的作用，使回转工作台与机床主轴同轴，然后压紧回转工作台。这种方法操作简便、校正迅速，适用于一般精度的工件校正。

（2）百分表校正法 ［图 8.35（b）］。百分表校正法的原理是把百分表固定在机床主轴上，使百分表的测头与回转工作台中心部的圆柱孔表面保留一定间隙，用手转动机床主轴，根据百分表测头与圆柱孔表面的间隙调整工作台，间隙基本均匀后，使百分表的测头

接触圆柱孔表面，然后根据百分表读数差值调整工作台，直至达到允许误差范围。此校正法精度高，适用于高精度工件的校正。

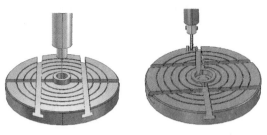

（a）顶针校正法　　　（b）百分表校正法

图 8.35　校正立铣头主轴与回转工作台同轴

校正主轴与回转工作台同轴后，应在纵向、横向工作台手轮的刻度盘上做好标记，作为调整主轴与回转工作台中心距的依据，然后按划线校正法或中心孔校正法校正圆弧面中心与回转工作台中心重合。

2）铣削方法

（1）为了使铣削前的校正工作迅速、正确，应先校正主轴与回转工作台的同轴度，再校正工件圆弧中心与回转工作台的同轴度。

（2）在校正过程中，工作台的移动方向和回转工作台的转动方向应与铣削时的进给方向一致，以便消除传动丝杠及蜗轮蜗杆间隙的影响。铣削时，应始终处于逆铣状态，以免发生"扎刀"现象。

（3）校正工件后，注意找出面与面的连接位置，预先调整工作台和回转工作台，并做好标记，使铣刀切削过程中的转换点落在连接位置上，以保证各部分准确连接。

（4）为保证圆弧表面与其他外形面连接圆滑、便于操作，可按下列顺序铣削。

① 凸圆弧与凹圆弧相切的工件，应先加工凹圆弧面。

② 凸圆弧与凸圆弧相切的工件，应先加工半径较大的凸圆弧面。

③ 凹圆弧与凹圆弧相切的工件，应先加工半径较小的凹圆弧面。

④ 直线与圆弧相切的工件，应先加工凹圆弧再加工直线、先加工直线再加工凸圆弧面。

2.铣削外球表面

铣削外球表面（图 8.36）时，一般采用硬质合金铣刀盘。尺寸较小的工件可安装在分度头或回转工作台上加工；工件尺寸较大时，可安装在机床床头箱或简易减速箱上。

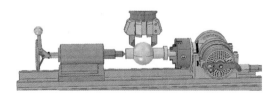

图 8.36　铣削外球面

加工外球表面时，应根据球面在工件上的不同位置，调整工件轴线与铣刀回转轴线的

夹角 β。调整时，若采用立式铣床加工，则一般可通过倾斜铣刀轴线实现；而在卧式铣床上加工外球表面，只能通过倾斜工件轴线实现。铣削外球表面时，轴交角 β 与球面加工位置的关系如图 8.37 所示。由图 8.37（a）可知，轴交角 β 与工件倾斜角（或铣刀轴线倾斜角） α 的关系为 $\alpha + \beta = 90°$。

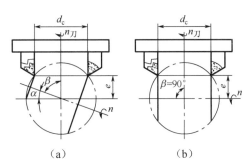

图 8.37　轴交角与球面加工位置的关系

在球面零件加工图中，一般标出球心位置和球面半径 R，根据这些基本尺寸，加工前先计算出铣刀刀尖回转直径 d_c 和轴交角 β 或倾斜角 α 的具体数值，再进行调整。

8.2.2　沟槽表面成型

沟槽表面成型包括直角沟槽表面成型、铣削轴上键槽和特型沟槽表面成型。

1.直角沟槽表面成型

直角沟槽有敞开式（通槽）、半封闭式（半通槽）和封闭式（封闭槽）三种形式，如图 8.38 所示。敞开式直角沟槽主要用三面刃铣刀铣削，也可用立铣刀、盘形槽铣刀铣削。封闭式直角沟槽一般用立铣刀或键槽铣刀铣削。半封闭式直角沟槽需根据封闭的形式采用不同的铣刀铣削。若槽端底面呈圆弧形，则用盘形铣刀铣削；若槽端侧面呈圆弧形，则用立铣刀铣削。

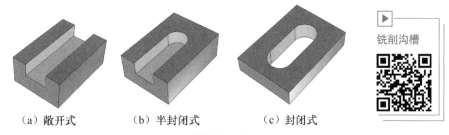

（a）敞开式　　　　（b）半封闭式　　　　（c）封闭式

铣削沟槽

图 8.38　直角沟槽的形式

1）用三面刃铣刀铣削直角沟槽

如图 8.38（a）所示的敞开式直角沟槽，通常用三面刃铣刀或盘形槽铣刀铣削。当尺寸较小时，用三面刃铣刀铣削，如图 8.39 所示；成批生产时，采用盘形槽铣刀铣削。

（1）选择铣刀。

第一步：铣刀宽度。三面刃铣刀刀齿的宽度 B 应不大于沟槽宽度 B'。

第二步：铣刀直径 D。铣刀直径 D 应大于刀轴垫圈的直径 d 加上两倍槽深。选择铣刀如图 8.40 所示。

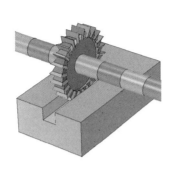

图 8.39　三面刃铣刀铣削直角沟槽

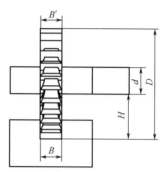

B—铣刀宽度；B'—沟槽宽度；
D—铣刀直径；d—刀轴垫圈直径；H—凸台深度。

图 8.40　选择铣刀

（2）对工件进行定位。

① 选择夹具。一般情况下，用平口钳装夹工件，其固定钳口应与铣床主轴轴线垂直或平行，保证铣出沟槽两侧面与工件基准面平行或垂直。

② 工件的装夹。装夹工件时，工件底面应与钳体导轨或垫铁贴合，保证加工出的沟槽底面深度一致。

（3）铣削操作方法。用三面刃铣刀加工敞开式直角沟槽的方法与加工台阶基本相同，但有两种对刀方法。

① 划线对刀。在工件加工部位划出直角沟槽的尺寸、位置线，装夹、校正工件后，调整机床，使铣刀两侧刃对准工件的沟槽宽度线，紧固横向进给机构，分多次铣出沟槽。

② 侧面对刀。装夹、校正工件后，适当调整机床，当铣刀侧面刚擦到工件侧面时，降低工作台，紧固横向进给机构，调整切削的铣刀，铣出沟槽，如图 8.41 所示。用三面刃铣刀铣削加工精度要求较高的直角沟槽时，应选择略小于槽宽的铣刀，先铣削槽的深度，再扩铣槽的宽度，如图 8.42 所示。

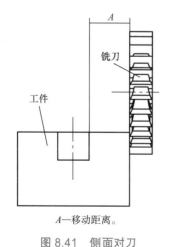

A—移动距离。

图 8.41　侧面对刀

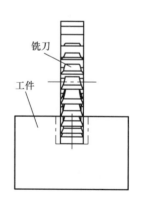

图 8.42　先铣深度再扩铣两侧

（4）用三面刃铣刀铣削直角沟槽的注意事项。

① 要注意安装铣刀所造成的端面偏摆误差（简称摆差），以免因铣刀摆差而把沟槽宽度铣大。

② 在槽宽上分多刀铣削时，要注意铣刀单面切削时的"让刀"现象。

③ 注意对准万能铣床的工作台零位（对中），以免铣出的直角沟槽出现上宽下窄，槽侧面的对称度超差，两侧呈弧形凹面现象。

④ 在铣削过程中，不能中途停止进给；铣刀在槽中旋转时，不能退回工件。

2）用立铣刀铣削半封闭槽和封闭槽

（1）铣削半封闭槽。铣削图8.38（b）所示的半封闭槽时，通常用立铣刀铣削，如图8.43所示。

用立铣刀铣削半封闭槽时，选择的立铣刀直径应不大于槽的宽度。由于立铣刀刚度较差，铣削时易产生"偏让"现象，受力过大而使铣刀折断，因此加工较深的沟槽时，应分多次铣削，以达到要求的深度。铣削时，只能由沟槽的外端铣向沟槽深度。铣削槽深后，扩铣沟槽两侧，扩铣时应避免顺铣，以免损坏铣刀，啃伤工件。

（2）铣削封闭槽。铣削图8.38（c）所示的封闭槽时，通常用立铣刀铣削。用立铣刀铣削封闭槽时，由于铣刀的端面中心附近没有切削面，不能垂直进给切削工作，因此要预钻落刀孔，如图8.44所示，落刀孔的深度略大于沟槽深度，其直径比沟槽宽度小0.5～1mm。铣削时，应分多次进给，每次进给都由落刀孔一端铣向另一端，槽深度达到要求后，扩铣两侧。铣削时，不使用的进给机构应紧固（使用纵向铣削时，应锁紧横向进给机构；反之，则锁紧纵向进给机构），扩铣两侧时应避免顺铣。

可用键槽铣刀铣削精度较高、深度较小的半封闭槽和封闭槽。用键槽铣刀铣削穿通封闭槽时，可不必钻落刀孔。

图8.43 立铣刀铣削半封闭槽

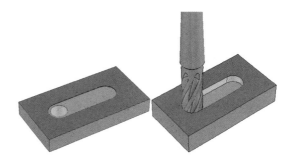

图8.44 立铣刀铣削封闭槽

2. 铣削轴上键槽

键连接是通过键将轴与轴上零件（如齿轮、带轮、凸轮等）结合在一起，并传递转矩的连接。

轴上安装键的沟槽称为键槽，键槽有敞开式键槽和封闭式键槽两种。敞开式键槽大多采用盘形铣刀铣削，封闭式键槽采用键槽铣刀铣削。

1）工件的装夹

轴类零件的装夹方法很多。装夹工件时，不但要保证工件稳定可靠，而且要保证工件

的轴线位置不变，以保证轴槽的中心平面通过轴线。按工件的数量和条件，常用的工件装夹方法有以下几种。

（1）用平口钳装夹（图8.45）。用平口钳装夹工件时，装夹简单、稳固，但当工件直径有变化时，工件轴线在左右（水平位置）方向和上下方向都会变化，安装找正比较麻烦，影响轴槽的深度尺寸和对称度，适用于单件生产。

（2）用 V 形块和压板装夹（图8.46）。常将圆柱形工件放在 V 形块内，并用压板紧固的装夹方法铣削键槽，其特点是工件中心必在 V 形块的角平分线上，对中性好，当工件直径的变化时，不影响键槽的对称度。铣削时，虽然铣削深度有所变化，但变化量一般不会超过槽深的尺寸公差。

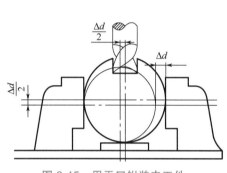

图 8.45　用平口钳装夹工件

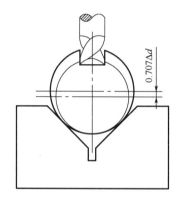

图 8.46　用 V 形块装夹工件

用 V 形块在卧式铣床上用键槽铣刀铣削，若采用图8.47所示的装夹方法，则当工件直径变化时，键槽的对称度会有影响，适用于单件生产。

（3）用轴用虎钳装夹。如图8.48所示，用轴用虎钳装夹轴类零件时，具有用平口钳装夹和 V 形块装夹的优点，装夹简便、迅速。轴用虎钳的 V 形槽能两面使用，其夹角不同，以适应工件直径的变化。

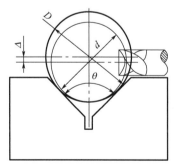

图 8.47　用 V 形块装夹在卧式铣床上铣削

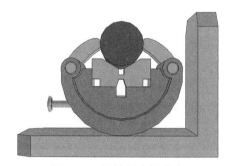

图 8.48　用轴用虎钳装夹

（4）用分度头装夹。用分度头、主轴和尾座的顶尖装夹工件，或用自定心卡盘和尾座顶尖的一夹一顶方法装夹工件。工件的轴线始终在两顶尖或自定心卡盘中心与后顶尖的连心线上，工件轴线的位置不因工件直径的变化而变化，因此，轴上键槽的对称性不会受工件直径变化的影响。安装分度头和尾座时，应用标准量棒在两顶尖间或一夹一顶装夹，用百分表校正其上母线与工作台纵向进给方向平行。

2）对刀

为了使键槽对称于轴线，铣削时，必须使盘形槽铣刀的对称线或键槽铣刀的中心线通过工件的轴线（俗称对中心）。对刀的方法很多，主要有以下几种。

（1）侧面对刀法。用立铣刀或较大直径的盘形槽铣刀加工直径较小的工件时，可在工件侧面涂粉笔末，然后使铣刀旋转。当立铣刀的圆柱面刀刃或三面刃铣刀的侧面刀刃刚擦到粉笔末时，降低工作台，将工作台横向移动距离 A，如图 8.49 所示，可用下式计算。

用盘形槽铣刀铣削时，如图 8.49（a）所示：

$$A = \frac{D+L}{2} + \delta$$

用键槽铣刀铣削时，如图 8.49（b）所示：

$$A = \frac{D+d}{2} + \delta$$

式中，L 为盘形槽铣刀宽度（mm）；d 为键槽铣刀直径（mm）；δ 为对刀量（mm）。

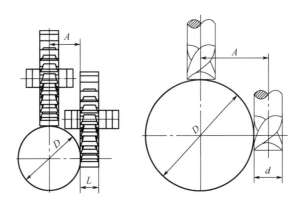

（a）盘形槽铣刀侧面对刀法　（b）键槽铣刀侧面对刀法

图 8.49　侧面对刀法

（2）切痕法对刀。铣削轴类零件上的键槽时，用铣刀在轴上铣出切痕，利用切痕对中心的方法称为切痕对刀。这种方法对刀精度不高，但使用简便，是常用的一种方法。

① 盘形槽铣刀切痕法［图 8.50（a）］。先把工件大致调整到盘形槽铣刀的对称中心位置，启动机床，在工件表面铣出一个接近铣刀宽度的椭圆形切痕，纵向移出工件。用眼睛观测铣刀宽度和切痕的相对位置，然后横向移动工作台，使铣刀宽度落在椭圆的中间位置。

② 键槽铣刀切痕法［图 8.50（b）］。其原理和方法与盘形铣刀切痕法相同，只是键槽铣刀铣出的切痕是边长等于铣刀直径的正方形小平面。对中时，横向移动工作台，使铣刀的刀尖在旋转时落在正方形小平面的中间位置。

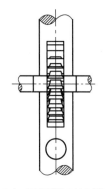 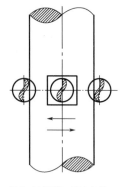

（a）盘形槽铣刀切痕法　　　（b）键槽铣刀切痕法

图 8.50　切痕法对中

（3）用杠杆百分表对刀。这种方法的对刀精度高，适用于在立式铣床上对用分度头装夹的工件、平口钳装夹的工件进行对刀调整，以及对 V 形块进行对中心调整，如图 8.51所示。调整时，将杠杆百分表固定在立铣头主轴上，用手转动主轴，观察杠杆百分表在工件两侧、钳口两侧、V 形块两侧的读数，横向移动工作台，使两侧读数相同。

 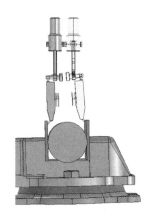 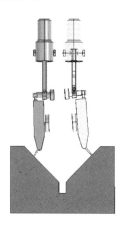

（a）对用分度头装夹的工件对刀　　（b）对用平口钳装夹的工件对刀　　（c）对 V 形块对中心

图 8.51　用杠杆百分表对刀

3）铣削轴上键槽的方法

（1）铣削轴上通键槽。轴上键槽为通槽（如普通车床光杠上的键槽）或一端为圆弧的半通槽（如铣刀杆上的键槽），一般用盘形槽铣刀铣削。若已对这种长轴的外圆进行磨削加工，则可采用平口钳装夹，如图 8.52 所示。为避免因工件伸出钳口太多而产生振动和弯曲，可在伸出端用千斤顶支撑。若工件外圆只经粗加工，则采用自定心卡盘和尾座顶尖装夹，且中间需用千斤顶支撑。工件装夹完毕并调整对刀后，应调整铣削层深度。调整时，先使回转的铣刀刀刃和工件上圆柱面（上母线）接触，再退出工件，调整工件的铣削深度，即可开始铣削。当铣刀开始切到工件时，应手动慢慢移动工作台，不加注切削液，并仔细观察。若出现图 8.53 所示情况，则说明铣刀还未对准中心，应将工件有台阶的一侧向铣刀方向做横向移动调整，直至对准中心为止。

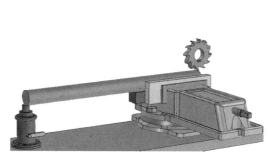
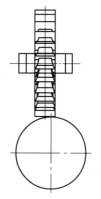

图 8.52 用平口钳装夹   图 8.53 未对准中心

（2）铣削轴上封闭键槽。轴上键槽是封闭槽或一端为直角的半通槽时，应采用键槽铣刀铣削。用键槽铣刀铣削轴槽时，通常不采用一次铣到轴槽深度的铣削方法，因为当铣刀用钝时，其刀刃磨损的轴向长度等于轴槽深度，若刃磨圆柱面刀刃，则会将铣刀直径磨小而不能再用作精加工，因而一般采用磨去端面一段的方法，但磨损长度太大会对铣刀使用不利。用键槽铣刀铣削轴上封闭槽时，常用分层铣削法。

分层铣削法是用符合键槽宽度尺寸的铣刀分层铣削键槽。其原理如下：先在废料上试铣，检查键槽的宽度尺寸符合图样要求后，装夹、校正工件并对刀，再加工工件。铣削时，每次铣削深度约为 0.5mm，以较大的进给量往复铣削，一直切到规定的深度为止。

分层铣削法的特点如下：需在键槽铣床上加工，铣刀刀刃钝后只需磨端面刃，铣刀直径不受影响，铣削时也不会产生"让刀"现象。

3. 特型沟槽表面成型

1）铣削 V 形槽

V 形槽广泛应用于机床夹具中，机床导轨也有采用 V 形槽结构形式的。V 形槽两侧面间的夹角有 60°、90°、120° 三种，其中 90° 最常用，如图 8.54 所示。无论是哪种角度的V 形槽，其铣削原理都是两个不同角度斜面的组合，所以其铣削方法与铣削斜面的方法相同，只是技术要求、复杂程度不同。

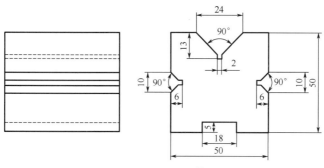

图 8.54 V 形槽

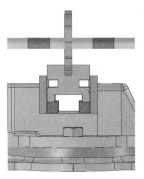

图 8.55　铣削窄槽

（1）铣削 V 形槽的步骤。

① 安装、找正平口钳：固定钳口与横向工作台平行或垂直。

② 安装、找正工件：工件的基准面应与工作台横向进给方向平行或垂直。

③ 铣削窄槽，如图 8.55 所示。

④ 铣削 V 形面。

窄槽的作用：一是使刀尖不担任切削工作。铣刀的刀尖强度最弱、容易损坏，窄槽有利于提高刀具的耐用度。二是能更好地保证被装夹工件与 V 形面紧密贴合。

（2）铣削 V 形槽的方法。

① 用角度铣刀铣削 V 形槽（图 8.56）。对于槽夹角小于或等于 90°的 V 形槽，一般采用与其角度相同的对称双角铣刀在卧式铣床上铣削。工件的基准面应与工作台横向进给方向垂直。也可用一把单角铣刀铣削 V 形槽。在铣削过程中，需将工件调转 180°后铣削另一面。虽然此法找正较费时，但能获得较好的对称度。把铣刀反向调转装夹后，也可铣另一面，但比调转工件费时，而且要重新对刀，对称度较差。

② 用立铣刀或端铣刀铣削 V 形槽。对于槽夹角大于或等于 90°、尺寸较大的 V 形槽，可在立式铣床上调转立铣头，按槽角角度的 1/2 倾斜立铣头，用立铣刀或端铣刀对槽面进行铣削，如图 8.57 所示。

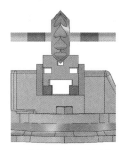

图 8.56　用角度铣刀铣削 V 形槽

图 8.57　用立铣刀铣削 V 形槽

铣削前，应先铣削窄槽，再调转立铣头，用立铣刀铣削 V 形槽。铣削完一侧 V 形面后，将工件松开调转 180°后夹紧，铣削另一侧 V 形面。也可以将立铣头反方向调转后，铣削另一侧 V 形面。铣削时，工件的基准面应与工作台横向进给方向平行。

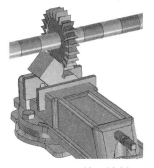

③ 用三面刃铣刀铣削 V 形槽（图 8.58）。对于槽夹角大于 90°、工件外形尺寸较小、精度要求不高的 V 形槽，可在卧式铣床上用三面刃铣刀铣削。铣削时，先按图样在工件表面划线，再按划线校正 V 形槽的待加工槽面与工作台面平行，用三面刃铣刀（最好是错齿三面刃铣刀）铣削 V 形槽面。铣削完一侧槽面后，重新校正另一侧槽面并夹紧工件，将槽面铣削成型。对于槽角等于 90°且尺寸不大的 V 形槽，可一次装夹铣削成型。

图 8.58　用三面刃铣刀铣削 V 形槽

2）铣削 T 形槽

在机械制造行业中，T 形槽多见于机床（铣床、牛头刨床、平面磨床等）的工作台或附件上，主要用于与配套夹具的定位和固定。T 形槽的参数已标准化。图 8.59 所示为带有 T 形槽的工件。T 形槽由直槽和底槽组成，底槽的两侧面平行于直槽，根据使用要求分为基准槽和固定槽。基准槽的尺寸精度和形状、位置要求比固定槽高。

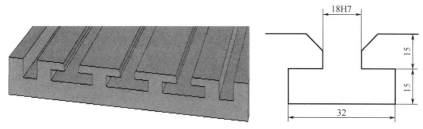

图 8.59　带有 T 形槽的工件

（1）铣削 T 形槽的方法。加工图 8.60 所示带有 T 形槽的工件，装夹时，使工件侧面与工作台进给方向一致。

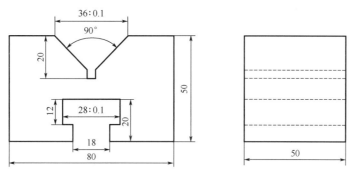

图 8.60　铣削 T 形槽图样

① 铣削直角槽。在立式铣床上，用立铣刀（或在卧式铣床上用三面刃盘铣刀）铣削一条宽度为 18mm、深度为 20mm 的直角槽，如图 8.61 所示。为减小 T 形铣刀端面与槽底的摩擦，可以使直角槽略深一些。

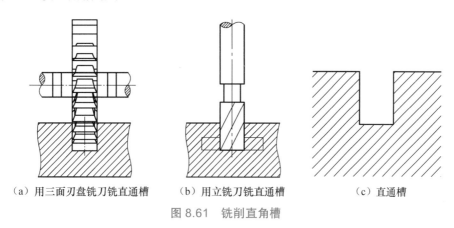

（a）用三面刃盘铣刀铣直通槽　　（b）用立铣刀铣直通槽　　（c）直通槽

图 8.61　铣削直角槽

② 铣削 T 形槽。需用专用的 T 形槽铣刀铣削 T 形槽的底槽，如图 8.62 所示。T 形槽铣刀应按直角槽宽度尺寸（T 形槽的基本尺寸）选择。这里选择柄部直径为 20mm、颈部直径为 16mm、切削部分厚度为 12mm、直径为 28mm 的 T 形槽铣刀。

把 T 形槽铣刀的端面调整到与直角槽底接触，然后开始铣削。在铣削过程中，要经常退刀，并及时清除切屑，切削用量不宜过大，以防铣刀折断。铣削钢件时，还应充分加注切削液，使热量及时散发。

③ 铣削槽口倒角。如果 T 形槽在槽口处有倒角，则可拆下 T 形槽铣刀，装上角度铣刀或用旧的立铣刀修磨的专用倒角铣刀为槽口倒角，如图 8.63 所示。倒角时，应注意两边对称。

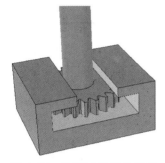 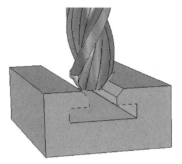

图 8.62　铣削 T 形槽的底槽　　　　　　图 8.63　铣削槽口倒角

（2）铣削 T 形槽的注意事项。

① 用 T 形槽铣刀铣削时，切削部分埋在工件内，切屑不易排出，容易把容屑槽填满（塞刀）而使铣刀失去切削能力，致使铣刀折断。因此，应经常退刀，及时清除切屑。

② T 形槽铣刀的颈部直径较小，要注意防止因铣刀受到过大的铣削力和突然的冲击力而折断。

③ 由于排屑不畅，因此切削时热量不易散失，铣刀容易发热。铣钢件时，应充分加注切削液。

④ T 形槽铣刀不能用得太钝，否则切削能力降低，铣削力和切削热迅速增大。用钝的 T 形槽铣刀铣削是铣刀折断的主要原因。

⑤ 因为用 T 形槽铣刀切削时工作条件较差，所以要采用较小的进给量和较低的铣削速度。但铣削速度不能太低，否则会降低铣刀的切削能力和增大每齿的进给量。

3）铣削燕尾槽

燕尾结构由配合使用的燕尾槽和燕尾（图 8.64）组成，是机床上导轨与运动副间常用的一种结构方式。由于燕尾槽和燕尾之间有相对的直线运动，因此对其角度、宽度、深度有较高的精度要求。尤其对其斜面的平面度要求较高，且表面粗糙度 Ra 要小。燕尾槽的角度有 45°、50°、55°、60° 等，其中常用的为 55° 和 60°。

对于高精度的燕尾机构，将燕尾槽与燕尾一侧的

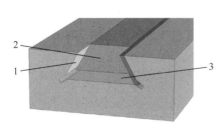

1—燕尾槽；2—燕尾；3—楔铁。

图 8.64　燕尾槽和燕尾

斜面制成与相对直线方向倾斜，即带斜度的燕尾机构，配以带有斜度的楔铁，可进行准确的间隙调整。

（1）铣削燕尾槽的方法。铣削燕尾槽的方法和步骤与铣削T形槽基本相同。

① 用立铣刀或端铣刀铣直角槽或台阶，如图8.65（a）所示，槽深预留余量为0.5～1mm。

② 用燕尾槽铣刀铣削燕尾槽，如图8.65（b）所示。由于铣刀刀尖处的切削能力和强度都很差，为减小切削力，应采用较低的铣削速度和较小的进给量，并及时退刀排屑。铣削应分为粗铣和精铣两步。铣削钢件时，还应充分加注切削液。

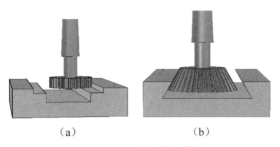

（a）　　　　　　　　　　（b）

图 8.65　铣削燕尾槽

（2）铣削燕尾槽的注意事项。

① 铣削燕尾槽时，工作条件与铣削T形槽相同，而燕尾槽铣刀刀尖处的切削能力和强度都很差，铣削时需要特别谨慎，要及时排屑，充分加注切削液。

② 铣削直角槽时，槽深可留0.5～1mm余量，待铣削燕尾槽时同时铣成槽深，以使燕尾槽铣刀工作平稳。

③ 铣削燕尾槽时应将粗铣、精铣分开，以提高燕尾斜面的表面质量。

8.2.3　平面的铣削加工

铣床的工作台面、机床的导轨面、平口钳的底面和平行垫铁等的表面都是平面。平面是构成机器零件的基本表面。铣削平面是铣工的基本工作内容，也是进一步掌握铣削复杂表面的基础。

铣削平面的质量主要从以下几个方面衡量，即平面的平面度、与其他表面之间的位置精度及铣削加工后的表面质量。平面度和位置精度可用直线度、平面度、平行度、垂直度、倾斜度等衡量，而表面质量主要用表面粗糙度衡量。

1.铣削平面的方法

在铣床上铣削平面的方法有两种，即圆周铣削和端面铣削，分别简称周铣和端铣。

1）圆周铣削

圆周铣削是利用分布在铣刀圆柱面上的刀刃铣削并形成平面的。使用圆柱形铣刀在卧式铣床上进行圆周铣削，铣出的平面与铣床工作台面平行，如图8.66（a）所示。假设有一个圆柱做旋转运动，工件在圆柱下做直线运动通过后，工作表面被碾成一个平面，如图8.66（b）所示。用圆周铣削铣出的平面，其平面度主要取决于铣刀的圆柱度。圆周铣削对圆柱铣刀的要求较高，生产效率较低，在生产中不常使用。

铣削平面

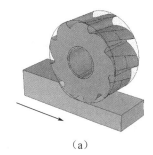

（a）

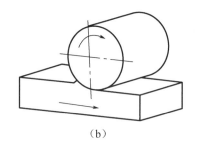

（b）

图 8.66　圆周铣削

2）端面铣削

端面铣削是利用分布在铣刀端面上的刀刃铣削并形成平面的。使用端铣刀在立式铣床上进行端面铣削，铣出的平面与铣床工作台面平行，如图 8.67 所示。也可以在卧式铣床上进行端面铣削，铣出的平面与铣床工作台面垂直，如图 8.68 所示。

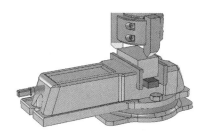

图 8.67　在立式铣床上进行端面铣削

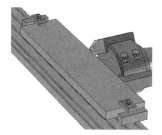

图 8.68　在卧式铣床上进行端面铣削

用端面铣削方法铣出的平面会有一条条刀纹，刀纹的宽度与工件进给速度和铣刀转速等诸因素有关。

用端面铣削铣出的平面，其平面度主要取决于铣床主轴轴线与进给方向的垂直度。若主轴轴线与进给方向垂直（图 8.69），则铣刀刀尖会在工件表面铣出呈网状的刀纹。若主轴轴线与进给方向不垂直，则铣刀刀尖会在工件表面铣出单向的弧形刀纹，工件表面被铣出一个凹面，如图 8.70 所示。如果铣削时，进给方向是从刀尖高的一端移向刀尖低的一端，则还会产生"拖刀"现象；反之，则可避免产生"拖刀"现象。因此，用端面铣削方法铣削平面时，应校正铣床主轴轴线与进给方向的垂直度。

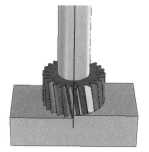

图 8.69　主轴轴线与进给方向垂直

图 8.70　主轴轴线与进给方向不垂直

3）铣床主轴与工作台进给方向垂直度的校正

（1）立式铣床主轴轴线与工作台面垂直度的校正（立铣头零位的校正，如图 8.71 所示）。立铣头的零位一般由定位销保证。若因定位销磨损等而需要调整时，可用百分表校正。将角形表杆固定在立铣头主轴上，安装百分表，使百分表测量杆与工作台面垂直。测量时，使测量触头与工作台面接触，测量杆压缩 0.3 ～ 0.5mm，记下百分表的读数，然后扳转立铣头主轴 180°，并记下读数，其差值在 300mm 长度上应不大于 0.02mm。检测时，应断开主轴电源开关，主轴转速挡位挂在高速挡。

（2）卧式铣床主轴轴线与工作台进给方向垂直度的校正（工作台零位的校正）

① 利用回转盘刻度校正。校正时，只需使回转盘的零刻线对准鞍座上的基准线，铣床主轴轴线与工作台纵向进给方向垂直。这种校正方法操作简单，但精度不高，只适用于一般要求工件的加工。

② 用百分表校正，步骤如下。

a. 将长度为 500mm 的检验平行垫铁的侧检验面校正到与工作台纵向进给方向平行后紧固，如图 8.72 所示。

b. 将角形表杆装在铣床主轴上，安装百分表。

c. 将主轴转速挡位挂在高速挡。扳转主轴，在平行垫铁侧检验面的一端压表 0.3 ～ 0.5mm，将百分表调零。再扳转主轴 180°，使百分表转到平行垫铁侧另一端打表，在 300mm 长度上的读数差值应不大于 0.02mm。若超过 0.02mm，则可用木槌轻轻敲击工作台端部，调整至达到要求为止，然后紧固回转工作台。

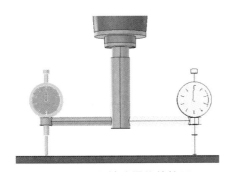

图 8.71 立铣头零位的校正

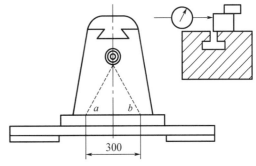

图 8.72 卧式铣床工作台"零"位的校正

4）圆周铣削与端面铣削的比较

（1）由于端铣刀的刀杆短，刚度好，且同时参与切削的刀齿较多，因此端面铣削振动小、铣削平稳、效率高。

（2）端铣刀的直径可以做得很大，故端面铣削能一次铣削较宽的平面且不需要接刀。而圆周铣削工件加工表面的宽度受圆柱形铣刀宽度的限制，不能太宽。

（3）端铣刀的刀片装夹方便、刚度好，适合高速铣削和强力铣削，可提高生产率和减小表面粗糙度。

（4）端铣刀的刃磨不如圆柱形铣刀要求严格，刀刃和刀尖在径向及轴向参差不齐，对加工表面的平面度没有影响；而若圆柱形铣刀的圆柱度不好，则直接影响加工表面的平面度。

（5）在铣削层宽度、铣削层深度和每齿进给量相同的条件下，对端铣刀不采用修光刃和减小副偏角等进行铣削时，用圆周铣削加工的表面比用端面铣削加工的表面粗糙度小。

2. 顺铣与逆铣

1）铣削方式

铣削有顺铣与逆铣两种铣削方式。

（1）顺铣。铣削时，铣刀对工件的作用力在进给方向上的分力与工件进给方向相同的铣削方式称为顺铣。

（2）逆铣。铣削时，铣刀对工件的作用力在进给方向上的分布与工件进给方向相反的铣削方式称为逆铣。

2）圆周铣削时的顺铣与逆铣

圆周铣削时的顺铣与逆铣如图 8.73 所示。圆周铣削时顺铣与逆铣的优缺点见表 8-1。

顺铣

逆铣

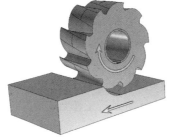

（a）顺铣   （b）逆铣

图 8.73 圆周铣削时的顺铣与逆铣

表 8-1 圆周铣削时顺铣与逆铣的优缺点比较

项目	顺铣	逆铣
工件承受的垂直力	向下，将工件压紧	向上，有把工件从夹具内抬起的倾向，工件易松动
工件承受的水平力	促使工作台加速进给，节省动力；但丝杠与螺母之间间隙大，易产生窜动	有防止工作台进给的倾向，消耗动力大，但无窜动现象
铣刀承受的径向力	向上，始终指向刀轴线，铣刀产生的振动小，表面粗糙度小	铣刀刀齿切入时，指向刀轴线；刀齿切出时，背向刀轴线，铣刀产生较大的周期性振动，表面粗糙度大
切削的厚度	切屑由厚到薄，铣刀切入工件时无滑移现象，铣刀不易磨损，使用寿命长	切屑由薄到厚，铣刀切入工件时有滑移现象，铣刀易磨损，使用寿命短

尽管顺铣的优点比逆铣多，但圆周铣削时，一般采用逆铣。其原因如下：采用顺铣时，必须调整工作台丝杠与螺母之间的轴向间隙以达到 0.01 ～ 0.04mm，调整比较困难。因此，

如果采用顺铣，当铣削余量较大，铣削力在进给方向的分力大于工作台和导轨面之间的摩擦力时，工作台就会产生窜动，造成每齿进给量突然增大而损坏铣刀；同时影响加工表面质量，使表面粗糙度增大。采用逆铣时，因作用在工件上的力在进给方向上的分力与进给方向相反，工作台不会产生拉动，故通常采用逆铣而不采用顺铣。

只有当加工不易夹紧或长且薄的工件时，宜采用顺铣；有时，为改善铣削质量而采用顺铣，但必须调整工作台丝杠与螺母之间的轴向间隙，将其控制在 0.01 ～ 0.04mm。

3）端面铣削时的顺铣与逆铣

根据铣刀和工件的相对位置，端面铣削的铣削方式分为对称铣削和不对称铣削，如图 8.74 所示。端铣也存在顺铣与逆铣。

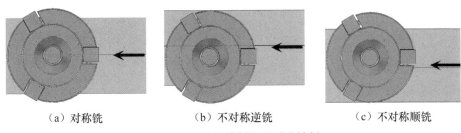

（a）对称铣　　　　　（b）不对称逆铣　　　　　（c）不对称顺铣

图 8.74　对称铣削和不对称铣削

（1）对称铣削。铣削层宽度在铣刀轴线两边各一半，刀齿切入与切出的切削厚度相等，称为对称铣削。如图 8.74（a）所示。铣刀的进刀部分（左半部分）是顺铣，铣刀的出刀部分（右半部分）是逆铣。因为对称铣削方式会使工作台横向产生窜动，所以铣削前必须紧固横向工作台。对称铣削主要用于加工短且宽或较厚的工件。

（2）不对称铣削。铣削层宽度在铣刀轴线的一边，刀齿切入与切出的切削厚度不相等，称为对称铣削。不对称铣削分为不对称逆铣和不对称顺铣两种方式。分别如图 8.74（b）和图 8.74（c）所示。不对称顺铣可能造成工作台窜动，一般不采用；不对称逆铣可延长刀具的使用寿命，端面铣削一般采用此方式。

4）铣削平面的操作步骤

（1）选择铣刀并安装铣刀。根据工件的结构和尺寸、铣床类型、粗铣和精铣选用铣刀；安装铣刀后，要检查刀具是否完全紧固。

（2）装夹工件。铣削平面时，工件可夹在平口钳上，也可用压板、螺钉等直接装夹在工作台上。装夹工件时，应擦净钳口和导轨面，在工件的下面放置平行垫铁，工件的待加工表面应高出钳口 5mm 左右。夹紧工件后用锤子轻轻敲击，并拉动垫铁，检查是否贴紧。毛坯工件应在钳口处垫铜片，以防损坏钳口。

（3）选择、调整铣削用量。根据铣削速度、主轴转速及进给量的计算公式，计算并合理地选择粗铣和精铣的主轴转速、进给量和铣削层深度，然后调整铣削用量。

（4）对刀和调整铣削层深度。开车使铣刀旋转，缓缓上移工作台，使工件与铣刀刚好接触，记好工作台此时的刻度，纵向退出工作台。根据记好的刻度将工件上升至铣削层深度位置，并锁紧工作台。

（5）铣削加工。用手均匀地摆动手柄，使工件与刀具接触，视铣削长度选择手动进给或机动进给。

3. 铣削斜面

铣削斜面时，工件、机床、刀具之间必须满足两个条件：一是工件的斜面应平行于铣削时铣床工作台的进给方向。二是工件的斜面应与铣刀的切削位置吻合，即用圆柱形铣刀铣削时，斜面与铣刀的外圆柱面相切；用端铣刀铣削时，斜面与铣刀的端面重合。

在铣床上铣削斜面的方法有倾斜工件铣削、旋转立铣头铣削和用角度铣刀铣削三种。

（1）倾斜工件铣削。倾斜工件铣削斜面的方法，实际上是通过对工件的定位，使铣削的斜面与铣床工作台面平行，从而变铣削斜面为铣削平面。因此，铣削斜面时，只需将工件斜面装夹成与工作台面平行即可，即把工件安装成所需角度。如先对工件待加工的斜面划线，再斜压在平口钳或用斜垫铁将工件斜压在工作台上，按划线找正工件位置，如图 8.75 所示。也可利用分度头将工件倾斜一个角度。

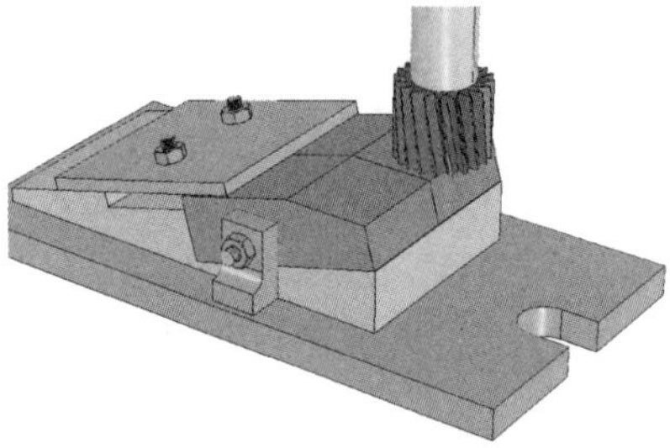

图 8.75　倾斜工件铣削

（2）旋转立铣头铣削。如图 8.76 所示，将工件装夹在平口钳上，把立铣头扳转一个角度，用端铣刀铣削斜面。

（3）用角度铣刀铣削。如图 8.77 所示，较小的斜面可用合适的角度铣刀铣削。

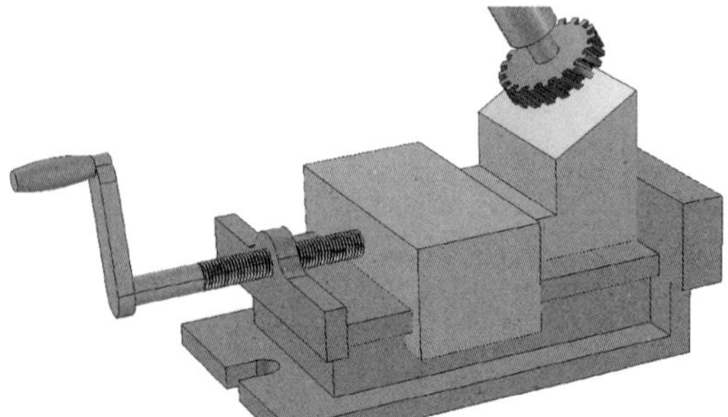

图 8.76　旋转立铣头铣削

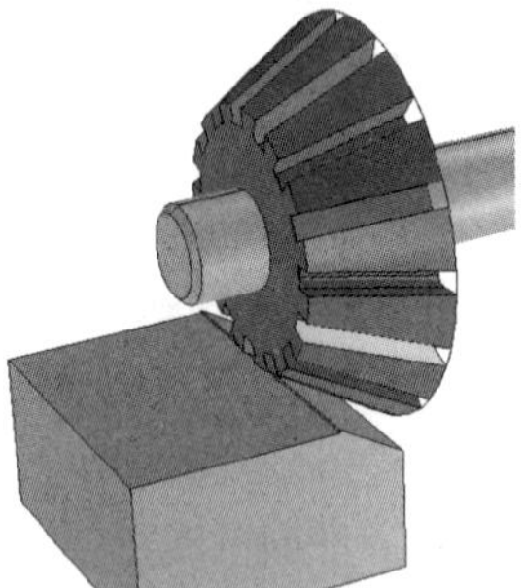

图 8.77　用角度铣刀铣削

铣削斜面的步骤与铣削平面相同，铣削时应注意以下几点。

（1）划出的轮廓线应准确无误。

（2）安装夹具时，夹具底面与工作台面应紧密贴合，夹具钳口与进给方向的关系应正确，夹具在工作台上的固定应牢固、可靠。

（3）工作台的倾斜角度要准确。

（4）铣刀倾斜铣削斜面时，立铣头扳转的角度要准确。

（5）角度铣刀的角度要准确。

（6）安装时，要擦干净工件基准面和定位面。

（7）用平口钳装夹时，应检查平口钳的导轨面与工作台面的平行度。

（8）端面铣削时，应调整机床主轴轴线，使其与工件进给方向垂直。

（9）圆周铣削时，要确保铣刀的同轴度及铣刀轴线与工件进给方向的平行度。

4. 铣削台阶面

在铣床上铣台阶面时，可采用三面刃盘铣刀或立铣刀，如图 8.78（a）和图 8.78（b）所示。在成批大量生产中，大多采用组合铣刀同时铣削多个台阶面，如图 8.78（c）所示。

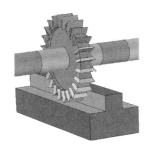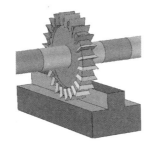

（a）用三面刃盘铣刀　　　　（b）用立铣刀　　　　（c）用组合铣刀

图 8.78　铣台阶面

8.2.4　成型表面加工

1. 铣削成型面

一般在卧式铣床上用成形铣刀铣削，成形铣刀的形状与加工面吻合。铣削成型面如图 8.79 所示。

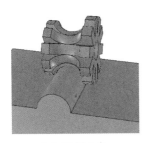

（a）铣削凸台　　　（b）铣削凸台　　　（c）铣削凹槽　　　（d）铣削齿轮

图 8.79　铣削成型面

2. 铣齿

铣齿是用与被切齿轮齿槽形状相符的成形铣刀铣出齿形的方法。

铣削时，在卧式铣床上用分度头卡盘和尾座顶尖装夹工件，用一定模数和压力角的盘状齿轮铣刀［图 8.80(a)］铣削；在立式铣床上用指状齿轮铣刀［图 8.80(b)］铣削。铣削一个齿槽后，将工件退出进行分度，再铣削下一个齿槽，直到铣完所有齿槽为止。

（a）盘状齿轮铣刀铣削　　　（b）指状齿轮铣刀铣削

图 8.80　用盘状齿轮铣刀和指状齿轮铣刀铣削齿轮

由此可知，各齿间的等分精度取决于分度头和分度操作，而齿廓形状精度与模数铣刀的刀齿轮廓有关。因此，要铣出准确的齿形，必须对一种模数、一种齿数的齿轮制造一把铣刀，这显然是不经济的。为了便于刀具的制造和管理，一般把铣削模数相同而齿数不同的齿轮所用的铣刀制成 8 把一套，分为 8 个刀号，每号铣刀加工一定齿数范围的齿轮（表 8-2）。而每号铣刀的刀齿轮廓只与该号齿数范围内的最少齿数齿槽的理论轮廓一致，对其他齿数的齿轮只能获得近似齿形。例如，铣削模数为 3mm、齿数为 28 的齿轮时，应选择模数为 3mm 的 5 号齿轮铣刀。

表 8-2　齿轮铣刀的加工齿数范围和刀号

刀号	1	2	3	4	5	6	7	8
加工齿数范围	12 ～ 13	14 ～ 16	17 ～ 20	21 ～ 25	26 ～ 34	35 ～ 54	55 ～ 134	≥135 及齿条

铣齿的特点是设备简单，刀具成本低，生产率低，加工齿轮精度低，只能达到齿轮精度等级 9 ～ 11 级。铣齿多用于修配或单件生产某些转速低、精度要求不高的齿轮。在批量生产中，多采用齿轮加工机床（如插齿机、滚齿机等）用展成法加工齿轮，可获得较高的齿形精度、分度精度和高的生产率。

8.3　综合实训课题

8.3.1　铣床实训操作

以 X6132 型万能铣床基本操作为例。

1. 工作台纵向、横向和升降的手动操作

要掌握铣床的操作，先了解各手柄的名称、工作位置及作用，并熟悉它们的使用方法和操作步骤。图 8.81 所示为 X6132 型万能铣床的操作手柄。在进行工作台纵向、横向和升降的手动操作练习前，应关闭机床电源，检查各向紧固手柄是否松开，再分别进行各向进给的手动练习。

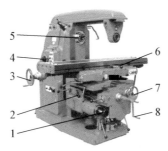

1—进给变速手柄；2—横向进给手柄；3—纵向手柄；4—主轴变速盘；5—主轴；
6—纵向进给手柄；7—横向手柄；8—升降手柄。

图 8.81　X6132 型万能铣床的操纵手柄

1）进行工作台在各个方向的手动匀速进给练习

插入某方向手动操作手柄，接通该向手动进给离合器。摇动进给手柄，带动工作台做相应方向上的手动进给运动。若顺时针摇动手柄，则工作台前进（或上升）；若逆时针摇动手柄，则工作台后退（或下降）。

2）进行工作台在各个方向的定距移动练习

纵向：进 30mm →退 32mm →进 100mm →退 1.5mm →进 1mm →退 0.5mm。

横向：进 32mm →退 30mm →进 10mm →退 1.5mm →进 1mm →退 0.5mm。

升降：升 3mm →降 2.3mm →升 1.35mm →降 0.5mm →升 1mm →降 0.15mm。

3）注意事项

在进行移动规定距离的操作时，若手动摇过了刻度，则不能直接摇回，必须退回半转以上消除丝杠间隙形成的空行程后，重新摇到要求的刻度。另外，不使用手动进给时，必须将各向手柄与离合器脱开，以免机动进给时旋转伤人。

2. 主轴的变速操作

1）操作步骤

变换主轴转速时，必须先接通电源，停车后再按以下步骤操作。

（1）将变速手柄向下压，使手柄的榫自槽内滑出，并迅速转至最左端，直到榫块进入槽。

（2）转动转速盘，将选择的转速对准指针。转速盘上有 30 ～ 1500r/min 共 18 种转速。

（3）将手柄下压脱出槽，迅速向右转回，快到原来位置时慢慢推上，完成变速。

2）注意事项

由于电动机启动电流很大，因此连续变速不应超过 3 次，否则易烧毁电动机保护电路。若必须变速，则中间的间隔时间应不少于 5min。

3）具体练习内容

（1）将铣床电源开关转动到"通"位置，接通电源。

（2）将主轴转速分别变换为 30r/min、95r/min 和 150r/min。

（3）按"启动"按钮，使主轴回转 3 ～ 5min，检查油窗是否甩油。

（4）停止主轴回转。

3．进给变速操作

1）操作步骤

铣床上的进给变速操作需在停止自动进给的情况下进行，操作步骤如下。

（1）向外拉出进给变速手柄。

（2）转动进给变速手柄，带动进给速度盘转动。将进给速度盘上选择好的进给速度值对准指针位置。

（3）将变速手柄推回位，完成进给变速操作。

2）具体练习内容

将进给速度分别变换为 30mm/min、60mm/min、118mm/min。

4．工作台纵向、横向和升降的机动进给操作

1）操作步骤

如图 8.81 所示，X6132 型万能铣床在各个方向的机动进给手柄都有两副，是联动的复式操纵机构，操作更加便利。打开电源开关，将进给速度变换为 118r/min，按下面步骤进行各项自动进给练习。

（1）检查各挡块是否安全、紧固。三个进给方向的安全工作范围各由两块限位挡块实现安全限位。若非工作需要，不得随意将其拆除。

（2）按主轴"启动"按钮，使主轴回转。

（3）按相应进给方向的扳动手柄，使工作台分别做纵向、横向、垂直方向的机动进给，并检查进给箱油窗是否甩油。

（4）停止工作台进给，然后停止主轴回转。

2）注意事项

（1）机动进给时，不得同时接通两个方向的进给。

（2）练习完毕，应使工作台处于各进给方向的中间位置，各手柄恢复原来位置，关闭机床电源开关，并认真擦拭机床。

8.3.2 铣削综合实训案例

如图 8.82 所示零件（材料为 HT200），加工 60±0.15mm 的平面，可在卧式铣床上用圆柱形铣刀铣削，也可在立式铣床上用套式立铣刀铣削。现选用圆柱形铣刀，在 X6132 型万能铣床铣削。

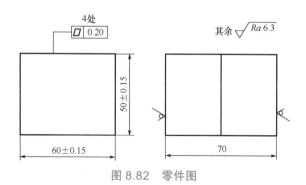

图 8.82　零件图

1. 选择与安装铣刀

1）选择铣刀

根据工件的尺寸精度和形状精度要求，加工工序分为粗铣和精铣。粗铣时，选用外径 $\phi = 63mm$、长度 $L=80mm$、内径 $J=27mm$、齿数 $z=6$ 的粗齿圆柱形铣刀。精铣时，选用"圆柱形铣刀 63×80 GB/T 1115—2022"齿数 $z=10$ 的细齿圆柱形铣刀。

2）安装铣刀

根据铣刀的规格，选用 $\phi 27mm$ 的锥柄长刀杆，如图 8.83 所示。

（1）调整横梁（悬梁）位置，如图 8.84 所示。

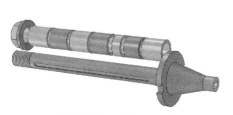
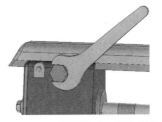

图 8.83　锥柄长刀杆　　　　　　图 8.84　调整横梁（悬梁）位置

① 松开横梁左侧的两个螺母。

② 转动中间带齿轮的六角轴，将横梁调整到适当位置。

③ 紧固横梁左侧的两个螺母。

（2）安装铣刀杆。

① 安装铣刀杆前，擦净主轴锥孔和刀杆锥柄，如图 8.85（a）所示。

② 将刀杆装入主轴锥孔，并旋入拉紧螺杆，如图 8.85（b）所示。

③ 用扳手拧紧螺杆上的螺母，如图 8.85（c）所示。

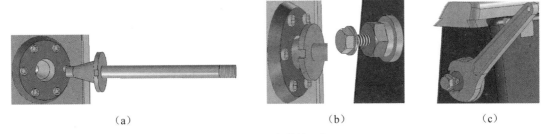

（a）　　　　　　　　　　（b）　　　　　　　（c）

图 8.85　安装铣刀杆

（3）安装铣刀。

① 将铣刀和垫圈的两端面擦干净。

② 装上垫圈，使铣刀的安装位置尽量靠近主轴，尽量安装平键，以防铣削时铣刀松动。装上垫圈，并旋入螺母。

（4）安装吊架及紧固刀杆螺母。

① 安装吊架，并调整吊架与轴承的间隙，如图 8.86（a）所示。

② 拧紧吊架左侧紧固螺母，如图 8.86（b）所示。

③ 拧紧刀杆端部螺母，如图 8.86（c）所示。

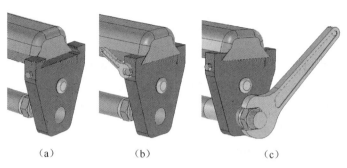

（a）　　　　　　（b）　　　　　　（c）

图 8.86　安装吊架步骤

④ 紧固刀杆螺母时，应先安装吊架，否则会扳弯刀杆，如图 8.87 所示。

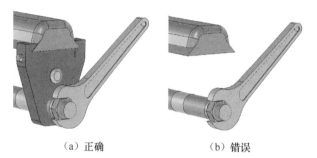

（a）正确　　　　　　（b）错误

图 8.87　紧固刀杆螺母

3）拆卸铣刀和刀杆

（1）松开刀杆上的螺母。

（2）松开吊架左侧的紧固螺母，拆下支架，取出铣刀，装上垫圈及螺母。

（3）松开拉紧螺杆上的螺母，用锤子轻敲拉紧螺杆端部，如图 8.88 所示，旋出拉紧螺杆，取下刀杆。

2.装夹工件

根据工件形状，选用平口钳装夹工件，装夹过程如下。

1）安装平口钳

（1）将平口钳底部与工作台面擦净。

图 8.88　轻敲拉紧螺杆端部

（2）将平口钳安放在工作台中间的 T 形槽内，且安放位置略偏左，如图 8.89 所示。

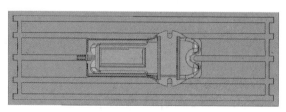

图 8.89　平口钳安装在工作台上

（3）双手拉动平口钳底盘，使定位控向同一侧贴紧。

（4）用 T 形螺栓将平口钳压紧。

2）装夹工件并检查

将平口钳的钳口和导轨面擦净，在工件下面放置平行垫铁，使工件待加工面高出钳口 5mm 左右。夹紧工件后，用锤子轻敲工件，并拉动垫铁，检查是否贴紧。对于毛坯工件，应在钳口处垫铜片，以防损坏钳口。

3. 选择铣削用量

1）粗铣

取铣削速度 $v = 15\text{m}/\text{min}$，每齿进给量 $a_\text{f} = 0.12$ 毫米／齿，则主轴转速

$$n = \frac{1000v}{\pi D} = \frac{1000 \times 15}{3.14 \times 63} \text{r}/\text{min} \approx 75.83\text{r}/\text{min}$$

实际调整铣床主轴转速 $n = 75\text{r}/\text{min}$。

每分钟进给量为 $v_\text{f} = a_\text{f}zn = (0.12 \times 6 \times 75)\text{mm}/\text{min} = 54\text{mm}/\text{min}$，实际调整每分钟进给量 $v_\text{f} = 47.5\text{mm}/\text{min}$

取铣削层深度 $t = 2.5\text{mm}$，铣削层宽度 $B = 60\text{mm}$。

2）精铣

选取铣削速度 $v = 20\text{m}/\text{min}$、每齿进给量 $a_\text{f} = 0.06\text{mm}$。实际调整时，主轴转速为 $n = 95\text{r}/\text{min}$，每分钟进给量 $v_\text{f} = 60\text{mm}/\text{min}$，铣削层深度 $t = 0.5\text{mm}$，铣削层宽度 $B = 60\text{mm}$。

4. 选择铣削方式

通常铣平面时采用逆铣，如采用顺铣，则机床必须具有螺纹间隙调整机构，将丝杠与螺母间隙调整在 0.05mm 以内，否则容易损坏铣刀。

5. 铣平面的操作方法

（1）对刀。使工件置于圆柱形铣刀的下方，在工件表面贴一张薄纸。启动机床，铣刀旋转后，缓缓升高工作台，使铣刀刚好擦去纸片，如图 8.90 所示。在垂直方向刻度盘上做好标记，下降工作台，摇动纵向手柄，退出工件。

（2）调整铣削层深度。粗铣时，工作台垂直上升 2.5mm；精铣时，工作台垂直上升 0.5mm。

（3）铣削。采用手动进给铣削，均匀地摇动纵向手柄，粗铣时表面粗糙度 Ra 小于 12.5μm，精铣时表面粗糙度 Ra 小于 6.3μm。铣削完毕，停机，下降工作台，退出工件。将工件反转 180° 装夹后，铣削另一平面。

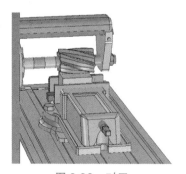

图 8.90 对刀

（4）测量。卸下工件，用游标卡尺或千分尺测量，要求工件尺寸达到（60±0.15）mm。

8.4　实训中常见问题解析

1. 齿轮箱（包括进给运动齿轮）产生响声或发出异味

检查齿轮箱内润滑油油管是否来油，若无润滑油，则会造成齿轮啮合不灵活或者咬死，产生响声和发出异味。齿轮箱内的轴承得不到润滑时，容易把轴卡死和打坏齿轮，也会产生响声和发出异味。另外，齿轮松动、错位也会使齿轮在啮合过程中产生响声。电源断相，引起电动机内部温度升高时会发出焦味和异常的声音。遇到这类故障时，必须立即关闭电源并检修，否则将损坏齿轮、轴、烧坏电动机。

2. 无效行程过大（转动手柄而工作台不移动，习惯上称为"间隙"）

这是由丝杠与螺母之间有过大的间隙（制造时的间隙和使用时正常磨损）而造成的。如果无效行程超过手柄的八分之一转，就应停止使用，调整有关部位后方可继续使用。

3. 工作台、升降台移动不均匀（如冲击）或松动

造成这类故障的主要原因是楔铁磨损，加工出来的零件表面一般呈波纹状，严重时会损坏铣刀。当发现楔铁磨损时，应拧紧调节螺钉或进行检修，以保证工作台和升降台均匀移动。

4. 铣床振动

铣床振动不仅会缩短铣刀的使用寿命，还将严重地影响零件表面粗糙度。产生振动的原因如下：铣床刚性不足；传动部件有问题，如齿轮啮合不好、皮带接缝粗糙、电动机安装位置不正确等；铣床地基的耐振性不足；铣削时产生断续切削或受力过大；等等。在实际工作中，可根据具体情况处理。

5. 主轴过热或摆动（窜动）

其产生原因是主轴上的一对圆锥轴承太紧或太松，应及时调整。调整时，拧动紧贴主轴中段间锥轴承的螺母，使其压紧或放松。

6. 工作台摇不动

当工作台摇不动时，应检查工作台导轨润滑油路是否畅通、楔铁是否太紧、工作台两端吊架平面轴承上的锁紧螺母是否太紧。不合理的装夹也会引起工作台摇不动，如装夹较长零件时，用压板螺栓将零件两端与工作台面紧固得太紧，造成工作台拉伸变形而摇不动。把长且重的零件装夹在工作台的一端，也会导致工作台摇不动。

7. 无快速进给

进给电动机正常运转，但不能快速进给，一般原因是摩擦离合器的摩擦片松了、快速进给吸铁线包烧坏或电磁吸铁行程距离太小等。

8. 无慢速进给

进给电动机正常运转，但不能慢速进给，一般是慢速离合器的一只螺母松了，造成若

干弹簧损坏，慢速离合器空转或慢速离合器齿形磨成 R 形而使接合子打滑。

8.5 铣工安全

铣工安全注意事项如下。

（1）防护用品的穿戴。

① 上班前穿好工作服、工作鞋，女工戴好工作帽。

② 不准穿背心、拖鞋、凉鞋和裙子进入车间。

③ 严禁戴手套进行操作。

④ 高速铣削或刃磨刀具时，应戴防护眼镜。

（2）操作前的检查。

① 向机床各润滑部分加注润滑油。

② 检查机床各手柄是否放在规定位置。

③ 检查各进给方向自动停止挡铁是否紧固在最大行程内。

④ 启动机床，检查主轴和进给系统是否正常工作、油路是否畅通。

⑤ 检查夹具、工件是否装夹牢固。

（3）装卸工件、更换铣刀、擦拭机床时必须停机，并防止被铣刀刀刃割伤。

（4）不得在机床运转时变换主轴转速和进给量。

（5）在进给过程中，不准抚摸工件加工表面，机动进给完毕，应先停止进给。

（6）铣刀的旋转方向要正确，主轴未停稳不准测量工件。

（7）铣削时，铣削层深度不能过大，应从最高部分逐步切削毛坯工件。

（8）使用"快进"时要注意观察，防止铣刀与工件碰撞。

（9）要用专用工具清除切屑，不准用嘴吹或用手抓。

（10）工作时要集中注意力，专心操作，不准擅自离开机床，离开时要关闭电源。

（11）不能在工作台面和各导轨面直接放置工具和量具。

（12）工作结束后，应及时擦净机床并加注润滑油。

8.6 小　　结

铣削加工是以铣刀的旋转运动为主运动，以工件或铣刀移动为进给运动的切削加工方法，它是金属切削加工的常用方法。铣刀是刀齿分布在圆周表面或端面上的多刃回转刀具，铣削时多个刀刃参与切削，生产率较高。因为多刃刀具断续切削容易造成振动而影响加工表面的质量，所以对机床的刚度和抗振性有较高的要求。铣削常用来加工平面、沟槽、齿槽、螺旋形表面、成型表面，也可用来钻孔、扩孔和铰孔等。在切削加工中，铣床的工作量仅次于车床。在成批大量生产中，除加工狭长的平面外，铣削几乎可代替刨削和磨削，是机械零件精密加工的主要方法。

8.7　思考与练习

1. 思考题

（1）铣床的主运动是什么？进给运动是什么？

（2）试叙述铣床的主要附件的名称和用途。

（3）拟铣削与水平面呈 $20°$ 的斜面，试叙述可以采用的方法。

（4）铣削加工有什么特点？

2. 实训题

拟铣削齿数 $z=30$ 的直齿圆柱齿轮，试用简单分度法计算出每铣一齿，分度头手柄应在孔数为多少的孔圈上转过多少圈又多少个孔距？（已知分度盘的各圈孔数分别为 38、39、41、42、43）

第9章
磨削加工

学习提示：随着中国式现代化的快速发展，对仪器设备的精度要求越来越高，磨削加工是精加工的重要形式。本章主要介绍平面磨削、外圆磨削、内圆磨削的设备与操作方法，并详细阐述砂轮的特征要素、选择原则，总结归纳了磨削加工的常见缺陷及其产生原因，以方便在实训过程中分析总结。

教学要求：通过本章学习，学生可熟悉磨削加工的操作方法，能够独立进行磨削加工。

在磨床上用砂轮对工件进行切削加工的工艺称为磨削。采用磨削加工从工件上切除的金属层极薄，能经济地获得高的加工精度（IT5 ~ IT6）和小的表面粗糙度（$Ra0.2 ~ 0.8\mu m$）。高精度磨削可使表面粗糙度 $Ra<0.025\mu m$，尺寸公差达到微米级水平，因此磨削加工属于精加工。

9.1　平面磨削

9.1.1　平面磨床

平面磨削是基于铣削、刨削的精加工。磨削后平面的尺寸精度可达 IT5 ~ IT6，表面粗糙度 $Ra=0.2 ~ 0.8\mu m$。

平面磨床主轴分为立式和卧式，工作台分为矩形和圆形，如图 9.1 所示。砂轮由电动机驱动。砂轮架可沿滑座的燕尾导轨做横向间歇进给运动（手动或液压传动）。滑座和砂轮架一起，可沿立柱上的导轨垂直移动，以调整砂轮架高度及完成径向进给（手动）。工作台沿床身导轨做纵向往复直线运动（液压传动），实现纵向进给。工作台上有电磁吸盘，用以磨削磁性材料工件时的装夹。磨削非磁性材料工件或形状复杂的工件时，在电磁吸盘上安装平口钳等夹具装夹工件。对于不允许带有磁性的零件，磨削后需进行退磁处理。

平面磨削

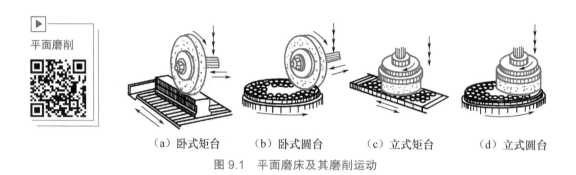

（a）卧式矩台　　（b）卧式圆台　　（c）立式矩台　　（d）立式圆台

图 9.1　平面磨床及其磨削运动

M7120A 型平面磨床是较常见的平面磨削设备，其机床结构与特性如下。

（1）概述。M7120A 型平面磨床是卧式矩台平面磨床，砂轮主轴轴线与工作台面平行，适用于中、小批量生产车间及其他机修或工具车间对零件平面、侧面等的磨削，最大磨削宽度为 200mm，最大磨削长度为 630mm，最大磨削高度为 320mm，最大工件质量为 158kg，工作精度可达 5μm/300mm，表面粗糙度 Ra=0.63μm。

（2）主要运动。M7120A 型平面磨床由床身、工作台、磨头和砂轮修整器等组成，如图 9.2 所示。装在床身水平纵向导轨上的长方形工作台通过液压传动做直线往复运动，既可做液压无级驱动，又可通过手轮移动。磨头横向移动为液压控制连续进给或断续进给，也可手动进给。磨头由手动做垂直进给。工件可吸附于电磁工作台或直接固定在工作台上。

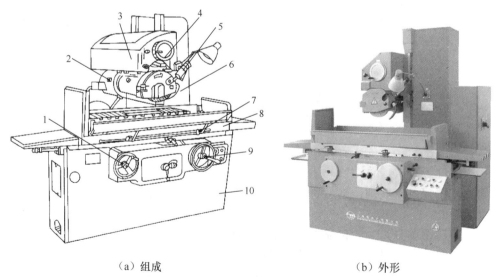

（a）组成　　　　　　　　　　　　　　　（b）外形

1，4，9—手轮；2—磨头；3—滑板；5—砂轮修整器；6—立柱；7—撞块；8—工作台；10—床身。

图 9.2　M7120A 型平面磨床

（3）工件装夹。

① 直接在电磁吸盘上定位装夹工件（图9.3）。磨削中、小型导磁工件时，常采用电磁吸盘装夹。装夹前，必须擦干净电磁吸盘和工件，若有毛刺则应用油石去除；工件应装在电磁吸盘磁力能吸牢的位置，以利于磨削加工。

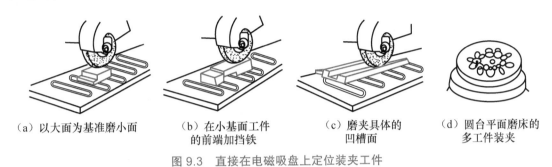

（a）以大面为基准磨小面　（b）在小基面工件　（c）磨夹具体的　（d）圆台平面磨床的
　　　　　　　　　　　　　　的前端加挡铁　　　凹槽面　　　　多工件装夹

图9.3　直接在电磁吸盘上定位装夹工件

② 用夹具装夹工件（图9.4）。当工件定位面不是平面或材料为非铁金属、非金属等不导磁工件时，用夹具装夹工件。

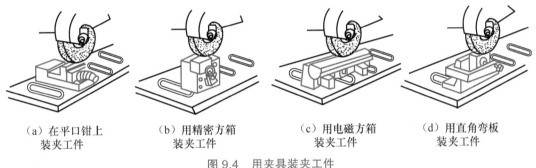

（a）在平口钳上　（b）用精密方箱　（c）用电磁方箱　（d）用直角弯板
　　装夹工件　　　　装夹工件　　　　装夹工件　　　　装夹工件

图9.4　用夹具装夹工件

9.1.2　砂轮的特征要素

砂轮是由一定比例硬度很高的粒状磨料和结合剂压制烧结而成的多孔物体。砂轮的性能主要取决于磨料、粒度、结合剂、硬度、组织、形状及尺寸等。

1. 磨料

砂轮的磨料应具有很高的硬度、耐热性，适当的韧度和强度及边刃。常用磨粒有以下三种。

（1）刚玉类（Al_2O_3）磨粒。如棕刚玉（GZ）、白刚玉（GB），适用于磨削钢材，如不锈钢、高强度合金钢、退火后的可锻铸铁和硬青铜等。

（2）碳化硅类（SiC）磨粒。如黑碳化硅（HT）、绿碳化硅（TL），适用于磨削铸铁、黄铜、软青铜、铝、硬表层合金和硬质合金等。

（3）高硬磨料类磨粒。如人造金刚石（JR）、氮化硼（BLD）。高硬磨料类磨粒具有高强度、高硬度，适用于磨削高速钢、硬质合金、宝石等。

2. 粒度

粒度表示磨粒的大小程度。粒度号越大，颗粒越小。粗加工和磨削软材料时选用粗磨粒，精加工和磨削脆性材料时选用细磨粒。

3. 结合剂

结合剂的作用是将磨料黏结成各种形状及尺寸的砂轮，并使砂轮具有一定的强度、硬度、气孔和耐蚀性、耐潮湿性等性能。常用结合剂的性能及适用范围见表 9-1。

表 9-1　常用结合剂的性能及适应范围

结合剂	代号	性能	使用范围
陶瓷	V	耐热、耐蚀，气孔率大，易保持轮廓形状，弹性差	最常用，适用于各类磨削加工
树脂	B	强度比陶瓷高，弹性好，耐热性差	用于高速磨削、切削、开槽等
橡胶	R	强度比树脂高，弹性更好，气孔率小，耐热性差	用于切断和开槽

4. 硬度

砂轮的硬度是指结合剂对磨料的黏结能力。一般来说，零件材料越硬，选用越软的砂轮。在机械加工中，常用砂轮硬度为 H～N（软 2～中 2）。砂轮的硬度等级及其代号见表 9-2。

表 9-2　砂轮的硬度等级及其代号

大级名称	超软			软			中软				中硬			硬		超硬
小级名称	超软			软1	软2	软3	中软1	中软2	中1	中2	中硬1	中硬2	中硬3	硬1	硬2	超硬
代号	D	E	F	C	H	J	K	L	M	N	P	Q	R	S	T	Y

5. 组织

砂轮的组织表示磨粒在砂轮内部的密实程度。它与磨粒、结合剂和气孔的体积比有关。磨粒占砂轮总体积的比重越大，砂轮的组织越紧密；反之，砂轮的组织越疏松。砂轮的组织分为紧密、中等、疏松三类，细分为 0～14 共 15 个组织号，0 号组织最紧密。一般情况下，采用中等组织的砂轮。精磨和成形磨用组织紧密的砂轮，磨削接触面积大和薄壁零件时用组织疏松的砂轮。

6. 形状及尺寸

为了适应不同的加工要求，将砂轮制成不同的形状。相同形状的砂轮，还可制成不同的尺寸。常用砂轮的代号、断面形状及主要用途见表 9-3。

表 9-3 常用砂轮的代号、断面形状及主要用途

砂轮名称	代号	断面形状	主要用途
平行砂轮	1		外圆磨、内圆磨、平面磨、无心磨、工具磨
薄片砂轮	41		切断、切槽
筒形砂轮	2		端磨平面
碗形砂轮	11		刃磨刀具、磨导轨
碟形 1 号砂轮	12a		磨齿轮、磨铣刀、磨铰刀、磨拉刀
双斜边砂轮	4		磨齿轮、磨螺纹
杯形砂轮	6		磨平面、磨内圆、刃磨刀具

7. 砂轮的特征要素及规格尺寸标志

一般在砂轮的端面上印有砂轮的标志。标志的顺序是"形状代号，尺寸，磨料，粒度号，硬度，组织号，结合剂，线速度"。例如，"砂轮 1–400×60×75–WA60–L5V–35m/s"表示外径为 400mm、厚度为 60mm、孔径为 75mm、磨料为白刚玉（WA）、粒度号为 60、硬度为 L（中软 2）、组织号为 5、结合剂为陶瓷（V）、最高工作线速度为 35m/s 的平行砂轮。

8. 磨削过程

从本质上讲，磨削也是一种切削，砂轮表面的每个磨粒都可以近似地看成一个微小刀齿，凸出的磨粒尖棱可以看成微小的切削刃。由于砂轮上的磨粒形状各异且分布随机，因此在加工过程中磨粒均以负前角切削，且它们的几何形状和切削角度差异很大，工作情况相差甚远。砂轮表面的磨粒切入零件时，其作用大致可分为滑擦、刻划、切削三个阶段，如图 9.5 所示。

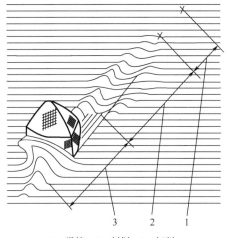

1—滑擦；2—刻划；3—切削。

图 9.5 磨粒切削过程

9. 砂轮的检验、平衡、安装和修整

安装砂轮前，一般通过外观检查和敲击响声来判断是否有裂纹，以防止高速旋转时破裂。一般要对直径大于 125mm 的砂轮进行平衡检查，使砂轮的重心与旋转轴线重合。安装砂轮时，一定要保证牢固可靠，确保砂轮工作平稳。砂轮工作一定时间以后，磨粒会逐渐变钝，砂轮工作表面的空隙会被堵塞，此时必须进行修整，使磨钝的磨粒脱落，以恢复砂轮的切削性能和外形精度。常用金刚石修整砂轮。

9.1.3　平面磨削操作

平面磨削是用平行砂轮的端面、外圆周面或用杯形砂轮、碗形砂轮进行平面磨削加工的方法。常用的平面磨削方法有端面磨削、周边磨削和导轨磨削。

端面磨削（砂轮主轴立式布置）分为端面纵向磨削（可加工长平面及垂直平面）、端面切入磨削（可加工环形平面、短圆柱形零件的双端面平行平面、大尺寸平行平面和复杂形状工件的平行平面）。双端面磨削是一种高效的磨削方法。周边磨削（砂轮轴水平放置）分为周边纵向磨削和周边切入磨削。采用周边纵向磨削可以加工大平面、环形平面、薄片平面、斜面、直角面、圆弧端面、多边形平面和大余量平面。采用周边切入磨削可加工窄槽和窄平面。端面磨削和周边磨削按使用的工作台分为圆工作台及矩形工作台两种。采用导轨磨削可加工平导轨和 V 形导轨。采用组合磨削可提高导轨磨削的效率。

对于平面磨削的砂轮速度，周边磨削铸铁：粗磨为 20 ～ 24m/s，精磨为 22 ～ 26m/s；周边磨削钢件：粗磨为 22 ～ 25m/s，精磨为 25 ～ 30m/s。端面磨削铸铁：粗磨为 15 ～ 18m/s、精磨为 18 ～ 20m/s；端面磨削钢件：粗磨为 18 ～ 20m/s，精磨为 20 ～ 25m/s。缓进给磨削采用减小进给量、增大磨削深度的方法提高金属切除率的高效率磨削，在平面磨削中得到了推广，它是提高磨削效率的有效工艺方法。

薄片平面磨削的关键是工件装夹，要防止工件在装夹中、加工中及加工后变形。选择合理的磨削条件，尽量减少发热量及变形量，以保证薄片平面的加工质量。

9.1.4　平面磨削实训课题

磨削图 9.6 所示 V 形支架，材料为 20Cr，热处理为渗碳淬火，硬度为 59HRC。

V 形支架磨削工艺如下。

（1）以 B 面为基准磨顶面，翻转磨 B 面至尺寸，控制平行度 <0.01mm。

（2）以 B 面为基准校 C 面，磨 C 面，磨出即可，控制垂直度 <0.02mm，用精密角铁定位。

（3）以 B 面为基准校 A 面，磨 A 面，磨出即可，用精密角铁定位。

（4）以 A 面为基准磨对面，控制尺寸（80 ± 0.02）mm。

（5）以 C 面为基准磨对面，控制尺寸（100 ± 0.02）mm 及平行度 <0.02mm。

（6）以顶面为基准，校 A 面与工作台纵向平行（<0.01mm），切入磨削，控制尺寸 $20^{+0.10}_{+0.005}$ mm，再分别磨两内侧面，控制尺寸（40 ± 0.04）mm。

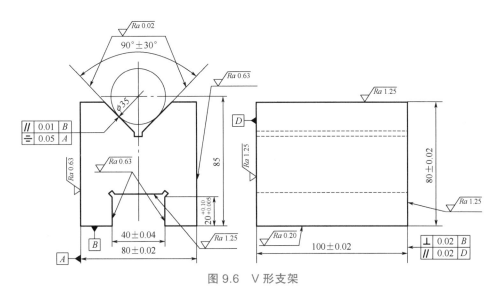

图 9.6　V 形支架

（7）以 B 面和 A 面为基准，磨 90° 的两个斜面，控制对称度 <0.05mm，用导磁 V 形块定位。

（8）终检测量。

9.2　外 圆 磨 削

9.2.1　外圆磨床

外圆磨床分为普通外圆磨床和万能外圆磨床。两者的区别在于万能外圆磨床的头架、砂轮架能在水平面内回转一定角度，并配有内圆磨头，可以磨削内圆柱面和内圆锥面；而普通外圆磨床只能磨削外圆柱面和锥度不大的外圆锥面。

M1432 型万能外圆磨床是较常见的外圆磨床，如图 9.7（a）所示。它主要由床身、上工作台、下工作台、尾座、砂轮架、磨架、头架、纵向进给手轮、横向进给手轮等组成，如图 9.7（b）所示。

（a）外形

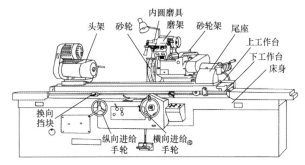

（b）组成

图 9.7　M1432 型万能外圆磨床

9.2.2 外圆磨削操作

1.工件装夹

磨外圆时,常用的工件装夹方法有如下四种。

(1)用前、后顶尖装夹工件,用夹头带动工件旋转。

(2)用心轴装夹。磨削套筒类零件时,常以内孔为定位基准,把零件套在心轴上,再将心轴装在磨床的前后顶尖上。

(3)用自定心卡盘或四爪卡盘装夹。磨削不能在端面打中心孔的短工件时,可用卡盘装夹。自定心卡盘用于装夹具有圆形表面或规则表面的零件,四爪卡盘特别适合装夹表面不规则的零件。

(4)用卡盘和顶尖装夹。当工件较长,一端能打中心孔,另一端不能打中心孔时,可一端用卡盘装夹,另一端用顶尖装夹。

2.外圆柱面的磨削方法

外圆柱面的磨削方法主要有以下三种。

(1)纵磨法[图9.8(a)]。磨削时,砂轮高速旋转为主运动,零件旋转为圆周进给运动,零件随磨床工作台的往复直线运动为纵向进给运动。每次往复行程终了时,砂轮都做周期性横向进给(磨削深度)运动,每次磨削深度都很小,经多次横向进给磨去全部磨削余量。

采用纵磨法时,加工精度和表面质量较高,具有较高的适应性,可以用一个砂轮加工不同长度的零件;但是生产率较低,广泛用于单件、小批量生产及精磨,特别适用于细长轴的磨削。

(2)横磨法[图9.8(b)]。横磨法又称切入磨法,零件不做纵向进给运动,而是砂轮做低速连续的横向进给运动,直至磨去全部磨削余量。

采用横磨法生产率高,适用于成批及大量生产,适合加工精度较低、刚性较好的零件,尤其是零件上的成形表面,只要将砂轮修整成形就可直接磨出,较简便。

(3)深磨法[图9.8(c)]。磨削时,用较小的纵向进给量(1~2mm/r)、较大的背吃刀量(0.10~0.35mm),在一次行程中磨去全部磨削余量,生产率较高。需要把砂轮前端修整成锥面进行粗磨,直径大的圆柱部分起精磨和修光作用,应修整得精细一些。深磨法只适用于在大批大量生产中加工刚度较大的短轴。

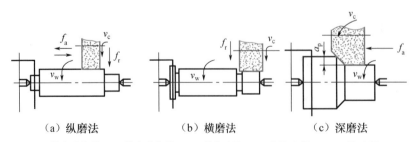

(a)纵磨法　　　　　(b)横磨法　　　　　(c)深磨法

f_r—纵向进给量;f_a—横向进给量;a_p—背吃刀量;v_c—砂轮速度;v_w—工件速度。

图9.8　磨外圆柱面

3. 外圆锥面的磨削方法

磨削外圆锥面与磨削外圆柱面的主要区别是工件和砂轮的相对位置不同。磨削外圆锥面时，工件轴线必须相对于砂轮轴线偏转一个圆锥半角。可在外圆磨床或万能外圆磨床上磨削外圆锥面。外圆锥面的磨削方法有以下四种。

（1）转动上工作台磨削外圆锥面。它适合磨削锥度小且长度大的工件，如图9.9（a）所示。

（2）转动头架（工件）磨削外圆锥面。它适合磨削锥度大且长度小的工件，如图9.9（b）所示。

（3）转动砂轮架磨削外圆锥面。它适合磨削长工件上锥度较大的圆锥面，如图9.9（c）所示。

（4）用角度修整器修整砂轮磨削外圆锥面。该法实为成形磨削，大多用于圆锥角较大且有一定批量的工件。砂轮修整方法如图9.9（d）所示。

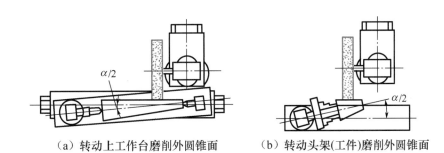

（a）转动上工作台磨削外圆锥面　　（b）转动头架(工件)磨削外圆锥面

（c）转动砂轮架磨削外圆锥面　　（d）用角度修整器修整砂轮

图9.9　外圆锥面的磨削方法

9.2.3 外圆磨削实训课题

磨削加工图9.10所示机床主轴，材料为38CrMoAlA，热处理为氮化，硬度为900HV。机床主轴的磨削工艺见表9-4，磨削用量见表9-5。

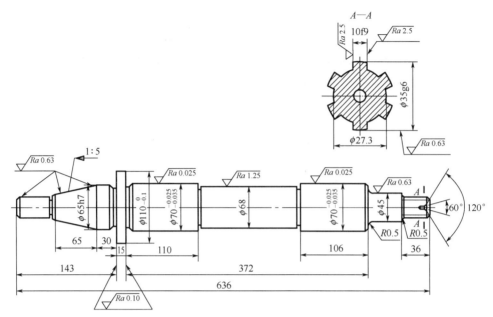

图 9.10　机床主轴

表 9-4　机床主轴的磨削工艺

工序	工步	工艺内容	砂轮	机床	基准
1		消除应力，修研中心孔：$Ra0.63\mu m$，接触面 >70%			
2		粗磨外圆，留加工余量 0.07 ~ 0.09mm	PA40K	M131W	中心孔
	1	磨 $\phi65h7$mm			
	2	磨 $\phi70^{-0.025}_{-0.035}$ mm 尺寸到 $\phi70^{+0.145}_{+0.08}$ mm			
	3	磨 $\phi68$mm			
	4	磨 $\phi45$mm			
	5	磨 $\phi110^{0}_{-0.1}$ mm，且磨出肩面			
	6	磨 $\phi35g6$mm			
3		粗磨 1：5 锥度，留余量 0.07 ~ 0.09mm		M1432A	中心孔
4		半精磨各外圆，留余量 0.05mm	PA60K	M1432A	中心孔
5		氮化，探伤，修研中心孔：$Ra0.2\mu m$，接触面 >75%			
6		精磨外圆 $\phi68$mm、$\phi45$mm、$\phi35g6$mm、$\phi110^{0}_{-0.1}$ mm 至尺寸，$\phi65h7$mm、$\phi70^{-0.025}_{-0.035}$ mm，留加工余量 0.025 ~ 0.04mm	PA100L	M1432A	中心孔
7		磨光键至尺寸	WA80L	M8612A	中心孔
8		修研中心孔：$Ra0.10\mu m$，接触面 >90%			
9		精密磨 1：5 锥度尺寸	WA100K	MMB1420	中心孔

续表

工序	工步	工艺内容	砂轮	机床	基准
10	1	精密磨$\phi70_{-0.035}^{-0.025}$尺寸到$\phi70_{-0.030}^{-0.015}$ mm	WA100K	MMB1420	中心孔
	2	磨出$\phi100$mm 肩面			
11		超精密磨$\phi70_{-0.035}^{-0.025}$mm 至尺寸，表面粗糙度 Ra=0.025μm	WA240L	MG1432A	中心孔

表 9-5　机床主轴的磨削用量

磨削用量	粗磨、精磨	超精磨
砂轮速度 /（m/s）	17 ～ 35	15 ～ 20
工件速度 /（m/min）	10 ～ 15	10 ～ 15
纵向进给速度 /（m/min）	0.2 ～ 0.6	0.05 ～ 0.15
背吃刀量 /mm	0.01 ～ 0.03	0.0025
光磨次数	1 ～ 2	4 ～ 6

9.3　内圆磨削

9.3.1　内圆磨床

可在内圆磨床、万能外圆磨床等设备上磨削内圆表面。内圆磨床主要用于磨削圆柱孔和圆锥孔。有些内圆磨床还附有专门磨头，用来磨削端面。M2120 型内圆磨床外形如图 9.11（a）所示，其主要由床身、工作台、头架、托板、砂轮架、砂轮修整器、工作台手轮及砂轮架手轮等组成，如图 9.11（b）所示。

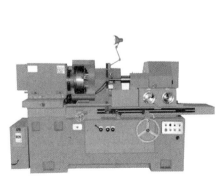

（a）外形

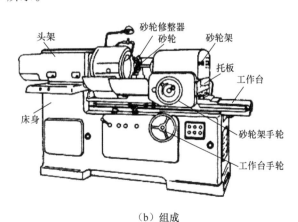

（b）组成

图 9.11　M2120 型内圆磨床

头架固定在工作台上，其主轴前端的卡盘或夹具用来装夹工件，实现圆周进给运动。头架可在水平面内偏转一定角度以磨锥孔。工作台带动头架沿床身的导轨做直线往复运动，实现纵向进给。砂轮架主轴由电动机经皮带直接带动旋转做主运动。工作台往复一次，砂轮架沿滑鞍横向进给（液压传动或手动）一次。

9.3.2 内圆磨削操作

可以在内圆磨床上磨削圆柱孔及圆锥孔，也可以在万能外圆磨床上用内圆磨头磨削圆柱孔及圆锥孔。

1. 工件装夹

磨削圆柱孔和圆锥孔时，一般用卡盘夹持工件外圆，其运动与磨削外圆柱面和外圆锥面基本相同，但砂轮的旋转方向与其相反。

2. 内圆柱面（圆柱孔）的磨削方法

内圆柱面的磨削方法与外圆柱面的磨削方法类似。磨削内圆柱面可以采用横磨法和纵磨法。横磨法仅适用于磨削短孔及内成形面。因为磨削内孔时受孔径限制，砂轮轴比较细、刚性较差，所以在多数情况下采用纵磨法。

在内圆磨床上可磨削通孔［图 9.12（a）］、盲孔［图 9.12（b）］，还可在一次装夹中同时磨削内孔端面［图 9.12（c）］，以保证孔与端面的垂直度和端面圆跳动公差的要求。在外圆磨床上，除可磨削孔、端面外，还可在一次装夹中磨削外圆，以保证孔与外圆的同轴度公差的要求。

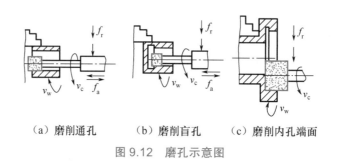

（a）磨削通孔　　　（b）磨削盲孔　　　（c）磨削内孔端面

图 9.12　磨孔示意图

3. 圆锥孔的磨削方法

磨削圆锥孔有转动工作台磨削圆锥孔和转动头架磨削圆锥孔两种方法。

（1）转动工作台磨削圆锥孔［图 9.13（a）］。在万能外圆磨床上转动工作台磨削圆锥孔适合磨削锥度不大的圆锥孔。

（2）转动头架磨削圆锥孔［图 9.13（b）］。在万能外圆磨床上，可以用转动头架的方法磨削圆锥孔。在内圆磨床上，也可以用转动头架的方法磨削圆锥孔。前者适合磨削锥度较大的圆锥孔，后者适合磨削各种锥度的圆锥孔。

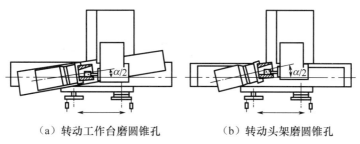

（a）转动工作台磨圆锥孔　　　　（b）转动头架磨圆锥孔

图 9.13　圆锥孔的磨削方法

9.3.3　内圆磨削实训课题

磨削图 9.14 所示套筒零件内孔，材料为 20Cr，热处理为渗碳淬火，硬度为 56 ～ 62HRC。套筒内孔的磨削工艺见表 9-6，磨削用量见表 9-7。

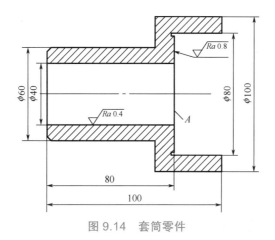

图 9.14　套筒零件

表 9-6　套筒内孔的磨削工艺

工序号	工序名称	工艺要求
1	粗磨	磨 ϕ40mm 孔
2	粗磨、精磨	磨端面 A 至尺寸，控制 Ra0.8μm
3	精磨	磨 ϕ40mm 孔至尺寸，控制 Ra0.4μm

表 9-7　套筒内孔的磨削用量

磨削用量	值
砂轮速度 /（m/min）	15 ～ 18
工件速度 /（m/min）	≈ 17
纵向进给速度 /（m/min）	0.4
背吃刀量 /（毫米 / 单行程）	0.003 ～ 0.005

9.4 实训中的常见问题解析

9.4.1 平面磨削常见缺陷的产生原因

1. 表面烧伤

（1）磨削深度过大。

（2）砂轮粒度小、硬度高。

（3）切削液不足。

（4）磨削时产生振动，引起磨削深度的改变。

2. 表面产生波纹

（1）液压系统进入空气，产生爬行现象。

（2）砂轮或磨头电动机不平衡。

（3）砂轮选择不当。

（4）砂轮轴承间隙过大。

3. 几何形状不正确、平行度超差、垂直度超差

（1）磨床几何精度超差。

（2）工件有毛刺，磁性吸盘不清洁、有伤痕等。

（3）工件装夹时校正不准确。

9.4.2 外圆磨削常见缺陷的产生原因

1. 工件表面有垂直波形振痕

（1）砂轮不平衡。需要对新砂轮进行两次静平衡；砂轮使用一段时间后，需再次进行静平衡；砂轮停车前，关掉切削液，使砂轮空转脱水，以免切削液聚集在下部而引起不平衡。

（2）砂轮硬度太高。

（3）砂轮钝化后没有及时修整。

（4）砂轮修整过细，或金刚钻顶角磨平，修整后的砂轮不锋利。

（5）工件圆周速度过高，工件有多角形中心孔。

（6）工件直径、质量过大，不符合机床规格。

（7）砂轮圆周轴承磨损，产生径向跳动。

（8）头架主轴轴承松动，应调整头架主轴轴承间隙。

2. 工件表面有螺旋形痕迹

（1）砂轮硬度高，修整过细，横向进给量过大。

（2）纵向进给量过大。

（3）砂轮磨损。

（4）金刚钻未在砂轮修整器中夹紧或金刚石在刀杆上焊接不牢而出现松动现象，使修整后的砂轮凹凸不平。

（5）切削液不足。

（6）工作台导轨润滑油浮力过大而使工作台漂起，在运行过程中产生摆动。

（7）工作台运行时出现"爬行"现象。

（8）砂轮主轴有轴向窜动。

3.工件表面有烧伤现象

（1）砂轮硬度太高或粒度太小。

（2）砂轮修整过细，不锋利。

（3）砂轮太钝。

（4）纵向进给量、横向进给量过大或工件的圆周速度过低。

（5）切削液不足。

4.工件有圆度误差

（1）中心孔形状不正确或中心孔内有污垢、铁屑、尘埃等。

（2）中心孔或顶尖因润滑不良而磨损。

（3）工件被顶得过松或过紧。

（4）顶尖在主轴和尾架套筒锥孔内配合不紧密。

（5）砂轮过钝。

（6）切削液不足或补充不及时。

（7）工件刚性较差且毛坯形状误差大，磨削时加工余量不均匀而引起横向进给量变化，使工件发生弹性变形，磨削后的工件表面部分保留毛坯形状误差。

（8）工件有不平衡质量。

（9）砂轮主轴轴承间隙过大。

（10）用卡盘装夹磨削外圆时，头架主轴的径向跳动过大，需调整头架主轴轴承间隙。

5.工件有锥形

（1）工作台未调整好。

（2）工件和机床的弹性变形发生变化。

（3）工作台导轨润滑油浮力过大，在运行过程中产生摆动。

（4）头架与尾架顶尖的中心线不重合。擦净工作台与尾架的接触面，或在尾架底下垫一层纸垫或薄铜皮，使中心线重合。

6.工件有腰鼓形

（1）工件刚性差，磨削时产生弹性弯曲变形。应减小横向进给量，多进行光磨；及时修整砂轮；使用适当数量的中心架。

（2）中心架调整不当。

7. 工件呈细腰形

（1）磨削细长轴时，顶尖顶得过紧，工件产生弯曲变形，使中间部分磨去较多金属。

（2）中心架水平撑块的压力过大。

8. 工件有弯曲形

（1）磨削用量太大。

（2）切削液不足或补充不及时。

9. 轴肩端面有跳动

（1）进给量过大，退刀过快。

（2）切削液不足。

（3）工件被顶得过紧或过松。

（4）砂轮主轴有轴向窜动。

（5）头架主轴推力轴承间隙过大。

（6）用卡盘装夹磨削端面时，头架主轴的轴向窜动过大。

10. 台肩端面内部凸起

（1）进刀太快，光磨时间不够。

（2）砂轮与工件接触面积大、磨削压力大。

（3）砂轮主轴中心线与工作台运动方向不平行。

11. 阶梯轴各外圆表面有同轴度误差

（1）与工件有圆度误差的原因（1）～（5）相同。

（2）磨削用量过大及光磨时间不够。

（3）磨削步骤安排不当。

（4）用卡盘装夹磨削时，工件校正不准确，或头架主轴的径向跳动太大。

9.4.3 内圆磨削常见缺陷的产生原因

1. 表面有振痕、表面粗糙度过大

（1）砂轮直径小。

（2）头架主轴松动、砂轮心轴弯曲、砂轮修整得不圆等引起强烈振动，使工件表面产生波纹。应调整轴承间隙，主要是正确修整砂轮，以减少跳动和振动现象。

（3）砂轮被堵塞，应选择粒度较大、组织较疏松、硬度较低的砂轮。

2. 表面烧伤

（1）散热不良，应补充切削液。

（2）砂轮粒度过小、硬度高或维修不及时。

（3）进给量大，磨削热增加。

3. 喇叭口

（1）纵向进给不均匀。

（2）砂轮有锥度，应注意修整。

（3）砂轮接长轴细长，应根据工件内孔尺寸合理选择接长轴的尺寸。

4. 锥形孔

（1）头架调整角度不正确。

（2）纵向进给量不均匀，横向进给量过大。

（3）砂轮接长轴的两端伸长量不相等。

（4）砂轮磨损。

5. 圆度误差及内外圆同轴度误差

（1）工件装夹不牢而发生窜动现象。

（2）薄壁工件夹得过紧而产生弹性变形。

（3）调整不准确，内、外表面不同轴。

（4）卡盘在主轴上松动，主轴和轴承间有较大间隙。

6. 端面与孔中心不垂直

（1）工件装夹不牢。

（2）校正不准确。

（3）磨削端面时进给量大，使工件松动。

（4）使用塞规测量时用力摇晃，工件位置改变。

7. 螺旋形刀痕迹

（1）纵向进给太快。

（2）磨粒钝化。

（3）砂轮接长轴弯曲。

9.5　磨　削　安　全

磨削加工应注意如下事项。

（1）工作时要穿工作服，女生要戴安全帽，不能戴手套，夏天不得穿凉鞋进入车间。

（2）应根据工件材料、硬度及磨削要求合理选择砂轮。用木槌轻敲检查新砂轮是否有裂纹，严禁使用有裂纹的砂轮。

（3）安装砂轮时，在砂轮与法兰盘之间垫衬纸。安装砂轮后，要做砂轮静平衡。

（4）高速工作砂轮应符合机床的使用要求。要特别注意高速磨床的校核，以防发生砂轮破裂事故。

（5）开机前应检查磨床的机械、砂轮罩壳等是否坚固、防护装置是否齐全。启动砂轮时，人不应正对砂轮站立。

（6）砂轮应经过 2min 空转试验，只有确定砂轮运转正常才能开始磨削。

（7）无切削液磨削的磨床在修整砂轮时要戴口罩，并开启吸尘器。

（8）不得在加工过程中测量。测量工件时，要将砂轮退离工件。

（9）外圆磨床纵向挡铁的位置要调整得当，防止砂轮与顶尖、卡盘、轴肩等部位撞击。

（10）使用卡盘装夹工件时，要将工件夹紧，以防脱落。使用完卡盘钥匙，应立即取下。

（11）不得在头架和工作台上放置工具、量具及其他杂物。

（12）在平面磨床上磨削高且窄的工件时，应在工件的两侧放置挡块。

（13）磨削时使用切削液的磨床，磨削结束后应让砂轮空转 1 ～ 2min 以脱水。

9.6　小　　结

通过本章的学习，读者可以掌握平面磨削、外圆磨削、内圆磨削的基础理论知识及操作方法等。本章详细阐述了砂轮的特征要素、选择原则，并给出了实训课题加深理解；总结归纳了磨削操作常见缺陷的产生原因，对实训教学及实际生产有重要指导意义。

9.7　思考与练习

1. 思考题

（1）磨削加工的特点是什么？

（2）磨削加工适用于哪类零件？基本磨削加工方法有哪些？

（3）磨削硬材料时应选用什么砂轮？磨削较软材料时应选用什么砂轮？

（4）万能外圆磨床由哪几部分组成？

（5）外圆磨削有哪几种方法？各有什么特点？

（6）外圆磨削时，砂轮和工件各做什么运动？

（7）磨削内圆与磨削外圆有什么不同之处？

2. 实训题

试编写图 9.15 所示叶片零件的磨削工艺路线（材料为 W18Cr4V，生产类型为大批量）。

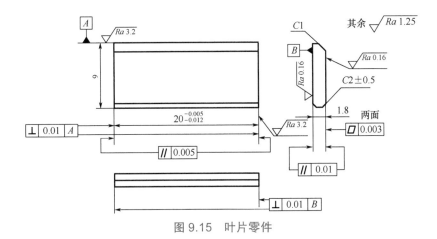

图 9.15　叶片零件

第10章
刨削、拉削、镗削加工

教学提示：刨削、拉削、镗削加工在机械加工中发挥了重要作用，随着新兴加工技术的发展，刨削等加工方法逐步被其他加工方式代替，但在某些特定领域仍有应用。本章主要介绍刨削、拉削、镗削加工机床、加工工艺方法和应用场景。

教学要求：通过本章学习，学生可掌握刨削、拉削、镗削加工的特点和应用场景。

10.1 刨削加工

刨削加工

刨削加工就是在刨床上利用刨刀的往复直线运动和工件的横向进给运动改变工件的形状及尺寸，把其加工成符合尺寸要求的零件的加工方法。刨削常用来加工平面、垂直面、斜面、切断、直槽、V形槽、T形槽、燕尾槽、成型表面等，如图 10.1 所示。刨削加工精度为 IT7 ～ IT9，最高精度可达 IT6；表面粗糙度 Ra=3.2 ～ 6.3μm，甚至可达 Ra1.6μm。

（a）平面刨刀刨削平面

（b）偏刀刨削垂直面

（c）偏刀刨削斜面

（d）切刀切断

图 10.1 刨削加工的主要应用

（e）偏刀刨削V形槽　　（f）弯切刀刨削T形槽　　（g）角度偏刀刨削燕尾槽　　（h）圆头刨刀刨削成形面

v_c—刨削速度；f—进给量。

图 10.1　刨削加工的主要应用（续）

刨削类机床

常用刨削类机床有牛头刨床、龙门刨床、插床等。

1. 牛头刨床和龙门刨床

牛头刨床（图 10.2）多用于刨削长度不超过 1m 的中小型工件。它完成刨削工作有三个基本运动，即主运动、进给运动和辅助运动。刨削时，滑枕带着刀架上的刨刀做直线往复运动，这是主运动。滑枕前进时，刨刀切削工件，而滑枕返回时刨刀不切削工件；被切削工件装夹在工作台上，通过进给机构使工作台在横梁上做间歇式直线移动，这是进给运动。牛头刨床的辅助运动是横梁连同工作台沿床身垂直导轨上下升降和刀架带动刨刀做垂直移动。刀架可偏转一定的角度，以完成角度类工件的刨削。

图 10.2　牛头刨床

龙门刨床（图 10.3）的工作情况与牛头刨床不同，它以工作台的直线往复移动为主运动，以刨刀的间歇式进刀移动为进给运动。由于龙门刨床工作台的刚性好，因此被加工工件的质量不受限制，它可以承受大质量和大尺寸工件，也可以在工作台上依次装夹多个工件同时加工。

2. 插床

插床（图 10.4）和牛头刨床同属一个类别，又称立式牛头刨床。插床的滑枕沿垂直于水平方向做上下直线往复运动。插床的工作台除了做纵向进给运动和横向进给运动外，还可做回转运动，以完成圆弧形表面的加工。插床主要用于加工在刨床上难以加工的内外表面或槽类工件，如插键槽、花键槽等，特别适合加工盲孔或有障碍台阶的内表面。

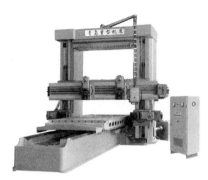

图 10.3　龙门刨床

图 10.4　插床

10.1.2　刨削的特点及加工

1. 刨削的加工特点

（1）生产率一般较低。刨削是不连续的切削过程，刀具切入、切出时切削力突变，引起冲击和振动，限制了刨削速度的提高。此外，单刃刨刀实际参加切削的长度有限，一个表面往往要经过多个行程才能加工出来，刨刀在返回行程中不工作。鉴于以上原因，刨削生产率一般低于铣削，尤其是用牛头刨床刨削，但对于导轨面等狭长表面的加工，以及在龙门刨床上进行多刀、多件加工的生产率较高。

（2）通用性好、适应性强。刨床结构比车床、铣床等简单，调整和操作简便；刨刀形状简单，与车刀相似，制造、刃磨和安装都比较方便，刨削时一般不需要加注切削液。

2. 刨削水平面

刨削水平面

刨削水平面是指利用工作台横向走刀来刨削平面的加工方法。以牛头刨床刨削为例，刨削水平面的操作步骤如下。

（1）安装好工件与刨刀，将转盘上的刻度对准零线，否则转动刀架手柄进刀时，刨刀将沿斜向移动，使相对于水平面的实际进刀深度与手柄的刻度读数不符，造成进刀深度不准确。

（2）升降工作台，使工件在高度上接近刨刀。

（3）根据所需的往复速度，调整好变速手柄的位置。

（4）根据工件的长度及安装位置，调整好刨床的行程长度和行程位置。

（5）调整棘轮棘爪机构，调出合适的进给量和进给方向。

（6）将拨爪拉起旋转 90°，使之不会拨动棘轮；转动横向进给丝杠上的手轮，使工件移到刨刀的下方。开机对刀，慢慢转动刀架上的手柄，使刨刀与工件表面接触，在工件表面划出一条细线。用手掀起抬刀板，转动横向手轮，向进给的反方向退出工作台，使工件的侧面退离刀尖 3 ~ 5mm，停机。

（7）转动小刀架上的手柄，利用刻度进到所需的背吃刀量。开机，横向手动进给 0.5 ~ 1mm 试切，停机并测量尺寸，根据测量结果进一步调整背吃刀量，再按进给方向落下拨爪，自动进给进行刨削。若工件加工余量较大，则可分多次刨削。

（8）整个加工面刨削完毕后，先拉起拨爪旋转 90°，停机，再用手掀起抬刀板，转动横向手轮，使工件退到一边；检验尺寸，尺寸合格后卸下工件。

3. 刨削垂直面

刨削垂直面的关键是保证相邻两个表面呈90°，从而保证相对两表面间相互平行。大型工件一般直接装夹在工作台上刨削，具体方法如下。

使用压板和螺栓将工件夹紧，刨刀的进给方向需与工作台面垂直（图10.5），此时需校正刀架的切削位置，使刀架的移动方向与工作台面垂直。校正时，可使用百分表测量或采用试切的方法。

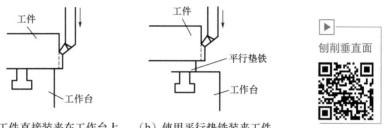

刨削垂直面

（a）工件直接装夹在工作台上　　（b）使用平行垫铁装夹工件

图 10.5　刨刀的进给方向需与工作台面垂直

采用图10.5（a）所示方法装夹工件，被加工表面露在工作台外，为了切削稳定和减少振动，工件外伸不可太多（但也不能太少，防止切伤工作台）。装夹工件时可按照图10.6所示方法，先将工件轻轻夹住，再用钢直尺进行找正，直角尺的直角边靠紧刨床垂直导轨面〔图10.6（a）〕，使表面 D 与另一个直角边靠紧。找正后，把工件紧固好，开动刨床进行刨削，加工出表面 A；以表面 A 为找正基准面，仍然用上述方法找正和安装，接着加工出表面 B〔图10.6（a）〕；以表面 A 为找正基准面，对工件找正，加工出表面 D〔图10.6（c）〕；以表面 B 为找正基准面对工件找正，加工出表面 C〔图10.6（d）〕。

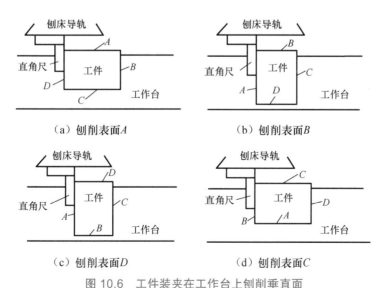

（a）刨削表面A　　　　　　　　　（b）刨削表面B

（c）刨削表面D　　　　　　　　　（d）刨削表面C

图 10.6　工件装夹在工作台上刨削垂直面

用以上方法刨出的各表面是相互垂直的。安装工件时，注意把各表面擦干净，防止下

面有垫物，而出现相互位置偏差和影响工件安装的平稳性。

4.刨削斜面

刨削斜面

刨削斜面的方法有很多，最常用的方法是倾斜刀架法，如图10.7所示。倾斜刀架法是把刀架倾斜一个角度，同时偏转刀座，用手转动刀架手柄，使刨刀沿斜向进给。刀架转盘刻度值反映的是刀架与垂面方向的夹角，要注意与工件角度的转换。

5.刨削沟槽

刨削直槽时采用切断刀，其形状与车削的切断刀相似，如图10.8所示。切断刀的前角较小，刨削铸铁时取 $5° \sim 10°$，刨削软钢时取 $10° \sim 15°$。加工窄槽时，可在前刀面磨出大圆弧，以便导出切屑。后角取 $4° \sim 8°$，较小的后角可托起刨刀，有利于防止刨削时扎刀。主切削刃与刀杆的中心线垂直，宽度 b 取 $2 \sim 5mm$。两副切削刃关于刀杆的中心线对称，副偏角取 $1° \sim 2°$，副后角取 $1° \sim 2°$。刀头长度 L 应比槽深长 $5 \sim 10mm$。安装时，刀杆中心线应垂直于水平面。

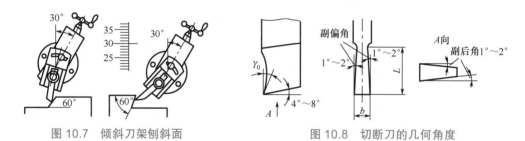

图 10.7　倾斜刀架刨斜面　　　　　　　图 10.8　切断刀的几何角度

刨削宽度较大的直角沟槽时，可采用图10.9所示方法，先刨削槽两边（先刨削图中的1和2），再刨削中间（图中的3），并留出最后的精刨余量。精刨时，首先按照深度尺寸刨削出一个垂直槽壁面［图10.10（a）］；然后水平进给，刨削出槽底面［图10.10（b）］；最后精刨另一个垂直槽壁面［图10.10（c）］。

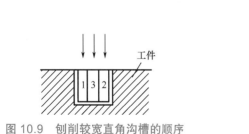

图 10.9　刨削较宽直角沟槽的顺序　　　　　图 10.10　直角宽槽的刨削方法

常见的沟槽还有 T 形槽、燕尾槽、V 形槽等。

图10.11所示为刨削 T 形槽，首先刨削出直角槽，然后用弯切刀刨削出一侧凹槽，最后换上反方向的弯切刀刨削出另一侧凹槽。

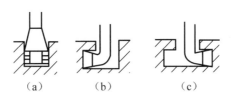

图 10.11　刨削 T 形槽

　　图 10.12 所示为刨削燕尾槽，首先刨出直角槽，然后用偏刀刨斜面的方法刨出一侧斜面，最后换上反方向的偏刀刨出另一侧斜面。

　　图 10.13 所示为刨削 V 形槽，首先用刨平面的方法刨去 V 形槽的大部分余量，然后用切槽刀切出退刀槽，最后用刨削斜面的方法刨出两侧斜面。

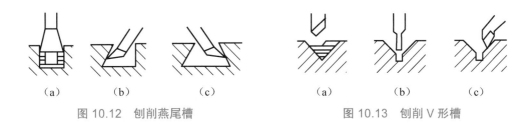

图 10.12　刨削燕尾槽　　　　　　　图 10.13　刨削 V 形槽

10.2　拉削加工

　　在拉床上用拉刀加工工件称为拉削。图 10.14 所示为卧式拉床的组成和外形。

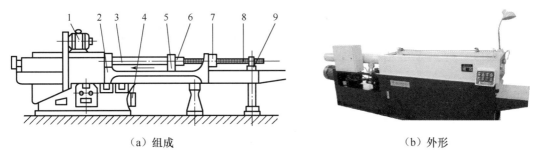

（a）组成　　　　　　　　　　　　（b）外形

1—电动机；2—床身；3—活塞拉杆；4—液压部件；5，9—随动刀架；6—刀架；7—工件；8—拉刀。

图 10.14　卧式拉床示意图及外形

　　拉削加工从切削性质上看近似于刨削。拉削时，拉刀的直线移动为主运动，进给运动是靠拉刀结构完成的。拉削平面如图 10.15 所示。拉刀的切削部分由一系列刀齿组成，这些刀齿从前到后逐一增高排列。当拉刀相对工件做直线移动时，拉刀上的刀齿依次从工件上切去一层层金属。全部刀齿通过工件后，即完成了工件的加工。

▶
拉削键槽

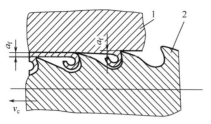

1—零件；2—拉刀。

图 10.15　拉削平面

在拉床上可以加工各种形状的孔（图 10.16）、平面、半圆弧面及一些不规则表面等。需拉削加工的孔必须预先加工过（钻、镗等）。被拉孔的长度一般不超过孔径的 3 倍。拉刀的结构如图 10.17 所示。拉孔前，孔的端面一般要经过加工，若未加工过，则应垫上球面垫圈（图 10.18），以调整工件的轴线与拉刀轴线一致，避免拉刀变形或折断。

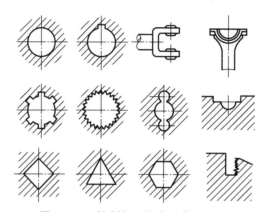

图 10.16　拉削加工的内孔截面形状

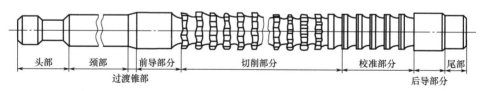

图 10.17　拉刀的结构

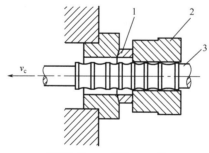

1—球面垫板；2—零件；3—拉刀。

图 10.18　拉孔方法

由于拉削在一次行程中可完成工件的粗加工和精加工，因此不仅加工质量较好（其尺寸公差等级一般为 IT7 ～ IT9，表面粗糙度 Ra=0.8 ～ 1.6μm），而且生产效率很高。但由于一把拉刀只能加工一种尺寸的表面，且拉刀成本较高，因此拉削主要用于在大批大量生产中加工适合拉削的零件。

10.3　镗削加工

镗削加工是以镗刀旋转为主运动、以工件或镗刀的移动为进给运动的切削加工方法。镗削加工主要在镗床上进行，镗孔是基本的孔加工方法。

10.3.1　镗床

卧式镗床是镗床类机床中应用最广泛的一种机床。图 10.19 所示为卧式镗床的外形和组成。它主要由床身、前立柱、主轴箱、工作台及带支承架的后立柱等组成。前立柱固定在床身的一端，在它的垂直导轨上装有可以上下移动的主轴箱，主轴可以左右移动，以完成纵向进给运动。主轴前端带有锥孔，以便插入镗杆。平旋盘上有径向导轨，其上装有径向刀具溜板，当平旋盘旋转时，径向刀具溜板可沿导轨移动，以做径向进给运动。装在后立柱上的支承架用于支承悬臂较长的镗杆。支承架可沿后立柱的垂直导轨与主轴箱同步升降，以保持支承孔与主轴在同一轴线上。工作台部件装在床身的导轨上，它由下滑座、上滑座和工作台组成。下滑座可沿床身导轨做纵向移动，上滑座可沿下滑座顶部的导轨做横向移动。工作台可在上滑座的环形导轨上绕垂直轴线回转任意角度，以便在工件一次装夹中加工相互平行或呈一定角度的孔与平面。

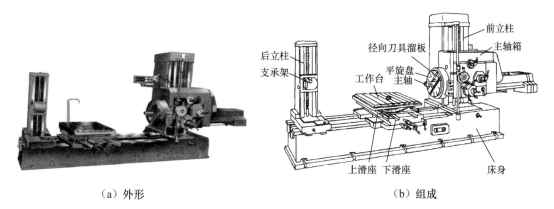

（a）外形　　　　　　　　　　　　　　　　（b）组成

图 10.19　卧式镗床的外形和组成

卧式镗床的工作范围非常广，它主要用于在复杂形状的零件上镗削尺寸较大、精度要求较高的孔，特别是分布在不同位置上，轴线间距离和相互位置精度（平行度、垂直度和同轴度等）要求很高的孔系加工，如变速箱体等零件上的轴承孔。

图 10.20 所示为镗削机架上的同轴孔，利用后立柱上的支承架支承镗杆镗削，由工作台移动完成纵向进给。图 10.21 所示为刀杆装在平旋盘上镗削大孔，由工作台移动完成纵

向进给。图 10.22 所示为镗刀装在径向刀具溜板上的刀架上加工端面。

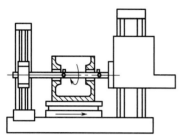

图 10.20　镗削机架上的同轴孔

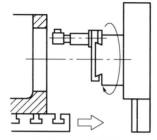

图 10.21　镗削大孔

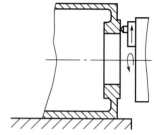

图 10.22　在镗床上加工端面

　　镗削平行孔时，加工完成第一个孔后，工件上第二个孔加工位置的调整是由镗床主轴上下移动或工作台的横向移动来完成的。若要求第二个孔与第一个孔垂直，则工作台旋转 90° 即可，两个孔的垂直度是由镗床回转工作台的高定位精度保证的。卧式镗床除可镗削孔、加工端面外，还可铣削平面、钻孔、扩孔、铰孔和镗削内外环形槽等。

10.3.2　镗削加工

1. 镗削单孔的方法

　　单孔（台阶孔、通孔及不通孔）的构成有下列两种基本形式：几个孔径不同且连在一起的孔，如图 10.23（a）所示；几个有一定间隔的孔，如图 10.23（b）所示。

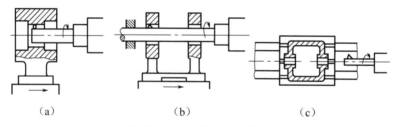

　　　　（a）　　　　　　　　　　（b）　　　　　　　　　　（c）

图 10.23　同轴孔系的镗削

　　镗削单孔时，除要保证各孔自身的尺寸精度和形状精度外，还要达到各孔的同轴度要求。采用的镗削方式主要取决于同轴度允差。一般对连在一起的几个不同尺寸的孔可采用短镗杆，悬伸加工，如图 10.23（a）所示。对间隔较大的孔，可采用利用尾架支承的双支承镗削，如图 10.23（b）所示。如果机床台面的回转定位精度满足工件尺寸精度要求，则可采用图 10.23（a）所示"镗好一个孔后，将台面回转 180° 镗削另一个孔"的方法。

2. 镗削平行孔的方法

　　镗削平行孔系，除要保证各孔的自身精度外，还要达到各孔轴线的平行度、各孔轴线的相互距离和孔轴线对基面的平行度及到基面的距离要求。平行孔系的常用加工方法如下。

　　（1）划线法。首先在工件上划出各孔的校正线，然后利用夹持在主轴上的划针校正所镗孔的校正线，使孔的中心线和主轴中心线一致，最后镗孔。

（2）坐标法。利用量块、百分表等工具，控制机床工作台的横向移动量及主轴箱的垂直方向移动量，以保证孔的相互位置精度和孔对基面的位置精度。

（3）镗模法。在成批生产或大批量生产中，普遍应用镗模加工中小型工件的孔系。镗模能较好地保证孔系的精度，生产率较高。用镗模加工孔系时，镗模和镗杆都要有足够的刚度，镗杆与机床主轴为浮动连接，镗杆两端由镗模套支承，被加工孔的位置精度完全由镗模的精度保证。

3. 镗削垂直孔的方法

几个轴线相互垂直的孔构成垂直孔系。镗削垂直孔系，除要保证各孔自身的精度外，还要保证相关孔的垂直度。镗削垂直孔系基本采用如下两种方法。

（1）回转法。利用回转工作台的定位精度，加工好一个孔后，将工作台回转 90°，再加工另一个孔，如图 10.24（a）所示。

（2）校正法。利用已经加工的孔或已经加工的面为校正基面，来保证相关孔的垂直度要求。在图 10.24（b）中，如果结构上允许，则镗削第一孔时，同时铣 A 面，使 A 面和第一个孔的轴线垂直。镗削第二个孔时只需校正 A 面，使之与机床导轨或主轴轴线平行，即可保证镗削出的第二个孔与第一个孔垂直。如结构上没有 A 面等转换基准，则镗好第一个孔后，可在第一个孔滑配一根长心轴，利用固定在镗轴上的百分表校正，使心轴轴线和主轴线垂直，这样镗出的第二个孔与第一个孔也是垂直的。

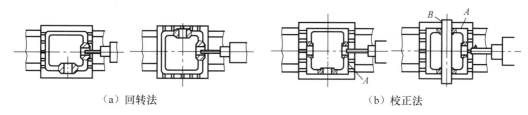

（a）回转法　　　　　　　　　　　　（b）校正法

图 10.24　垂直孔系的镗削

10.4　实训中常见问题解析

10.4.1　刨削平面中常出现的问题及解决方法

刨削时，由于刨床、刨刀、夹具及加工情况复杂多变，因此出现的问题和不正常现象多种多样，下面列举几种情况。

1. 刨削中产生振动或颤动

如果刨削时产生振动，就会在加工表面出现条纹状痕迹，它恶化了表面质量、影响了表面粗糙度，给加工带来一定的影响。形成这种情况的原因和防止方法如下。

（1）运动部件间隙大，引起刨床运动不平衡。可通过消除和调整好刨床部分的配合间隙，提高刨床、夹具、刨刀工艺系统的刚性，增强刨床运转的稳定性等措施解决。

（2）工件的加工余量不均匀，造成断续性带冲击性的切削。可采用锐利的大前角刨刀，并尽量使工件表面加工余量均匀。

（3）刨床地脚螺栓松动、地脚螺栓损坏或地基损坏，使刨床安装刚性差。应拧紧或维修地脚螺栓，若地基损坏，则应修复地基。只有刨床安装牢固，才能使切削工作顺利进行。

（4）切削用量太大。应调整和正确选择切削用量。

（5）工件材料硬度不均匀。若工件材料硬度不均匀，则应对工件进行退火处理，并改变刨刀的角度，如增大刨刀的前角、后角、主偏角或减小刀尖圆弧半径等。

（6）工件安装刚性差或装夹不稳固。应采用合理、正确的装夹方法，保证工件装夹牢固、可靠。

（7）刀杆伸出太多。刀杆不宜伸出太多或采用增大刀杆横截面面积的方法；在刨床上工作时，应尽可能使用弯柄刨刀。

（8）刨床本身精度低，部件磨损严重。应维修刨床，使之达到精度要求。

2. 刨削精加工表面出现波纹

如果精刨表面出现有规律的直波纹，则是由切削速度偏高、刨刀前角过小、刃口不锋利或外界振动等引起的。若是选择刀具方面的原因，则应该选择弹性弯头刨刀杆。如果出现鱼鳞状纹，则是由刨刀与刀架板处接触不良、刨刀后角过小、工作台处的运动部件（如蜗杆、齿条等处）的配合间隙太大或装夹工件时工件定位基准面不平等引起的。如果出现交叉纹，则是由刨床精度方面原因引起的，如导轨在水平面内直线度超差、工作台处两导轨平行度误差而使工作台移动倾斜超差等。

3. 刨削薄板工件时，工件在各个方向上弯曲不平

出现这种现象是由于装夹工件中夹紧力太大，或工件装夹不牢固，使工件在切削过程中产生弹性变形；切削力过大，产生的切削热太高，致使工件出现变形或工件材料的内应力变形等。

4. 刨削平面时出现"扎刀"现象

出现"扎刀"现象主要是由刀架丝杠与螺母的间隙过大、安装刨刀刀架连接板处的间隙过大或滑枕等部分的配合间隙太大引起的。应定期检查配合间隙并合理调整。

5. 刨出的平面上局部出现"深啃"现象

出现"深啃"现象的原因是大斜齿圆柱齿轮上曲柄销螺杆一端的螺母松动。刨床在运转中，当曲柄销上滑块带动摇杆和滑枕往复运动时，因受力方向变化，丝杠发生窜动，使滑枕在往复运动的切削过程中瞬间停止运动的现象。在停顿的一瞬间，刨刀下沉而刨得深一点，再继续前进时，刨刀又会因受力而向上抬起，就像在切削中途停车后继续刨削一样，因而在平面上形成"深啃"现象，如图 10.25 所示。

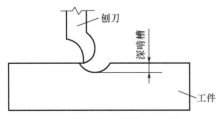

图 10.25　刨削中出现的"深啃"现象

10.4.2 镗削加工时应避免出现的问题

（1）在平旋盘上装夹刀架要紧固，以防镗削时发生事故。

（2）使用平旋盘镗削时，不要同时进行工作台进给和径向刀架进给。

（3）粗铣平面后，应检查工件是否移动，然后精铣。

（4）用内卡钳测量孔时，两脚连线应与孔径轴心线垂直，并在自然状态下摆动，否则其摆动量不正确，会出现测量误差。

（5）用塞规测量孔径时，应保持孔壁清洁，否则会影响测量精度。

（6）用塞规检查孔时，塞规不能倾斜，以防造成孔小的错觉，把孔镗大；相反，当孔径小时，不能用塞规硬塞，更不能用力敲击。

（7）在孔内取出塞规时，应注意安全，防止手碰到镗刀头的刀刃上。

（8）精镗孔时，应保持刀刃锋利，否则容易产生"让刀"现象，把孔镗成锥形。

10.5 刨削、镗削安全

10.5.1 刨削安全

（1）刨削时必须穿好工作服，操作机床时不准戴手套。

（2）开动机床前，必须检查各手柄位置是否正确。对机床进行各种调整后，必须拧紧锁紧手柄，防止调整的部件在工作中自动移位而造成人身事故。

（3）工件、刀具和夹具必须夹持牢固、可靠。

（4）空车调整时，刨削速度不要过高，以免把刀架上的垫圈冲出来。如果要调整，最好停机。

（5）加工零件时，操作者应站在机床的两侧，以防工件未夹紧而受刨削力作用冲出误伤人体。一般应使平口钳与滑枕运动方向垂直，这样较安全。

（6）在刨削过程中，切勿拿量具测量工件或用手及量具扫除铁屑。

10.5.2 镗削安全

操作镗床时，必须提高遵守纪律的自觉性，遵守操作规程，还应熟悉以下安全知识。

（1）工作前，必须检查设备和工作场地，排除故障和隐患。操作人员必须穿合身的工作服，要扎好袖口。

（2）操作时严禁戴手套。

（3）工作中必须集中注意力，坚守岗位，镗削时不准擅自离开岗位或做与镗削工作无关的事。

（4）机床运转时，不准量尺寸、对样板或用手摸加工面。镗孔、扩孔时不准将头贴近加工孔观察吃刀情况，更不准隔着转动的镗杆取物品。

（5）使用平旋盘切削时，螺钉要上紧，以防螺钉和斜铁甩出伤人。

（6）启动工作台自动回转时，必须将镗杆缩回，工作台上禁止站人。

（7）清除工作台面上的镗屑时，不能用手直接抓，要用刷子清除。

（8）不准用手制动转动的镗杆和平旋盘。

（9）防止触电。

10.6　小　　结

本章介绍了刨床和镗床及其加工方法，比较全面地讲解了刨削水平面、刨削垂直面、刨削斜面、刨削沟槽、拉削、镗削单孔、镗削平行孔、镗削垂直孔等加工方法，使学生了解刨削、拉削、镗削的基本特点和应用。

10.7　思考与练习

1. 思考题

（1）镗床镗孔与车床车孔有何不同？各适合什么场合？

（2）刨垂直面时如何调整刀架？如何调整切削深度和进给量？

（3）刨削面与水平面呈 60° 时，如何调整刀架？

（4）沟槽的刨削有什么特点？

2. 实训题

查阅相关资料，说明牛头刨床和龙门刨床的特点及加工对象。

第11章
典型表面成型工艺

教学提示： 本章在前面章节介绍的切削加工、磨削加工等的基础上，归纳、总结了组成零件的外圆表面、内圆表面、平面、成型表面在不同技术要求及生产条件下的成型加工工艺；并通过综合实训课题引申到分析及制订轴套类零件、箱体类零件、轮盘类零件、叉架类零件的加工工艺过程。

教学要求： 通过本章学习，学生可利用所学知识，根据图样的技术要求，结合生产条件制订零件的加工工艺方案。

前面章节介绍了切削加工、磨削加工的基本方法及设备，本章具体分析典型表面加工方法的选择及成型工艺的制订。根据工程图学可以知道，无论机械零件多复杂，它都是由外圆表面、内圆表面、平面及成型表面组成的。根据表面在零件上的作用、技术要求选择加工方案。合理的加工方案必须满足优质、高产、低耗、安全的要求，即合理的经济性要求。

11.1 典型表面成型

11.1.1 外圆表面成型

外圆表面是组成零件的基本表面，是轴套类零件、轮盘类零件的主要表面或辅助表面。外圆加工在零件加工中占有相当大的比重。

1. 外圆表面的种类

根据在零件上的组合方式，外圆表面可分为如下两大类。

（1）单一轴线的外圆表面组合。轴套类零件、轮盘环类零件大多具有外圆表面组合。

这类零件按长径比（长度与直径的比）分为刚性轴（$0<L/D\leq12$）和柔性轴（$L/D>12$）。加工柔性轴时轴刚度差，易产生变形，车削时应采用中心架或跟刀架。大批量的光轴还可采用冷拔成型。

（2）**多轴线的外圆表面组合**。根据轴线之间的相互位置关系，多轴线的外圆表面组合可分为轴线相互平行的外圆表面组合（如曲轴、偏心轮等）和轴线相互垂直的外圆表面组合（如十字轴等），这类零件的刚度一般较差。

2. 外圆表面的技术要求

外圆表面的技术要求包括尺寸精度（直径和长度的尺寸精度）、形状精度（外圆面的圆度、圆柱度）、位置精度（与其他外圆表面或孔的同轴度、与端面的垂直度）和表面质量（表面粗糙度、表层硬度、残余应力和显微组织）。

3. 外圆表面加工方案分析

车削、磨削及研磨、超精加工、抛光等光整加工是外圆表面的主要加工方法。不同零件上的外圆表面或同一零件上不同的外圆表面往往有不同的技术要求，需要结合生产条件拟订加工方案。外圆表面的加工方案见表 11-1。

表 11-1　外圆表面的加工方案

序号	加工方案	精度等级	表面粗糙度 Ra/μm	适用范围
1	粗车	IT11～IT13	25.00～50.00	除淬火钢外的所有金属
2	粗车→半精车	IT9	6.30～12.50	
3	粗车→半精车→精车	IT6～IT7	1.60～3.20	
4	粗车→半精车→精车→滚压（或抛光）	IT6～IT8	0.05～0.40	
5	粗车→半精车→磨削	IT6～IT7	0.80～1.60	淬火钢，也可用于不淬火钢，但不宜用于有色金属
6	粗车→半精车→粗磨→精磨	IT5～IT6	0.20～0.80	
7	粗车→半精车→粗磨→精磨→超精加工（或轮式超精磨）	IT5	0.025～0.200	
8	粗车→半精车→精车→金刚石车削	IT5～IT6	0.050～0.800	有色金属
9	粗车→半精车→粗磨→精磨→超精磨或镜面磨	IT3～IT5	0.012～0.050	精度极高的外圆加工
10	粗车→半精车→粗磨→精磨→研磨	IT3～IT5	0.012～0.200	

为了使加工工艺合理而提高生产率，加工外圆表面时，应合理选择机床。对精度要求较高的试制零件，可选用数控车床；对一般精度要求的小尺寸零件，可选用仪表车床；对直径大、长度小的大型零件，可选用立式车床；对单件、小批量生产的轴套类零件及轮盘类零件，可选用卧式车床；对成批生产的轴套类零件及轮盘类零件，可选用回轮车床、转塔车床；对成批生产的轴类零件，可选用仿形车床及多刀车床；对大量生产轴套类零件及轮盘类零件，可选用自动车床或半自动车床。随着数控机床的普及，很多加工工艺均可以直接在数控机床上完成，其加工精度高、生产率高。

11.1.2 内圆表面成型

1. 内圆表面的种类

内圆表面（孔）是零件的基本表面，零件上有多种孔，常见的有以下几种。

（1）紧固孔（如螺钉孔等）和其他非配合的油孔等。

（2）回转体零件上的孔，如套筒、法兰盘及齿轮上的孔等。

（3）箱体类零件上的孔，如床头箱箱体上主轴和传动轴的轴承孔等，这类孔往往构成孔系。

（4）深孔，如车床主轴上的轴向通孔等。

（5）圆锥孔，如车床主轴前端的锥孔以及装配用的定位销孔等。

2. 内圆表面的技术要求

与外圆表面相似，孔的技术要求大致也分为如下三个方面。

（1）**本身精度**。孔径和长度的尺寸精度；孔的形状精度，如圆度、圆柱度及轴线直线度等。

（2）**位置精度**。孔与孔或孔与外圆面的同轴度；孔与其他表面的尺寸精度、平行度、垂直度、角度等。

（3）**表面质量**。表面粗糙度、表层硬度、残余应力和显微组织等。

3. 内圆表面加工方案分析

内圆表面的加工方法很多，切削加工方法有钻孔、扩孔、锪孔、铰孔、车孔、镗孔、拉孔、磨孔、研磨、珩磨、滚压等。除此之外，还有许多孔的特种加工方法，如电火花穿孔、超声波穿孔和激光打孔等。一般情况下，在实体材料上加工孔时必须先采用钻孔；若是已铸出或锻出的孔，则可采用扩孔或镗孔；在镗床上加工大孔和孔系。通常钻孔、锪孔用于孔的粗加工，车孔、扩孔、镗孔用于孔的半精加工或精加工；铰孔、磨孔、拉孔用于孔的精加工；珩磨、研磨、滚压用于孔的高精加工；特种加工方法用于加工特殊的难加工材料。内圆表面的加工方案见表 11-2。

表 11-2 内圆表面的加工方案

序号	加工方案	精度等级	表面粗糙度 Ra/μm	适用范围
1	钻	IT11～IT13	25.00	用于未淬火钢、铸铁、实心毛坯、有色金属（d<15mm）
2	钻→铰	IT9	3.200～6.300	
3	钻→粗铰→精铰	IT7～IT8	1.600～3.200	
4	钻→扩	IT11	12.500～25.000	
5	钻→扩→铰	IT7～IT9	3.200～6.300	
6	钻→扩→粗铰→精铰	IT7	1.600～3.200	
7	钻→扩→机铰→手铰	IT6～IT7	0.200～0.800	
8	钻→扩→拉	IT7～IT9	0.200～3.200	大批量生产
9	粗镗（或扩孔）	IT11～IT13	12.500～25.000	除淬火钢外的材料，以及具有铸造毛坯孔或锻造毛坯孔的工件
10	粗镗（粗扩）→半精镗（精扩）	IT8～IT9	3.200～6.300	
11	粗镗（粗扩）→半精镗（精扩）→精镗（铰）	IT8～IT9	1.600～3.200	
12	粗镗→半精镗→精镗→浮动镗刀精镗	IT6～IT7	0.800～1.600	
13	粗镗→半精镗→精镗→浮动镗刀精镗→挤压	IT6～IT7	0.400～1.600	
14	粗镗→半精镗→精镗→磨孔	IT7～IT8	0.400～1.600	淬火钢，不宜用于有色金属
15	粗镗→半精镗→粗磨→精磨	IT6～IT7	0.200～0.400	
16	粗镗→半精镗→精镗→金刚镗	IT6～IT7	0.100～0.800	有色金属
17	钻→扩→粗铰→精铰→珩磨	IT6～IT7	0.050～0.400	对精度要求很高的孔
18	钻→扩→拉→珩磨			
19	粗镗→半精镗→精镗→珩磨			
20	钻→扩→粗铰→精铰→研磨	IT6 以上	0.012～0.200	
21	钻→扩→拉→研磨			
22	粗镗→半精镗→精镗→研磨			

选择内圆表面的加工方案时，除应考虑孔径、孔深度、精度和表面粗糙度等的要求外，还要考虑工件的材料、形状、尺寸、质量和批量，以及车间的生产条件（如加工设备等）。

内圆表面的加工条件与外圆表面有很大不同，刀具刀杆长、刚度差，排屑、散热困难，切削液不易进入切削区，刀具易磨损。加工相同精度和表面粗糙度的孔比加工外圆表面困难，成本也高。

11.1.3　平面成型

平面是轮盘类零件和板类零件的主要表面，也是箱体类零件的主要表面。

1. 平面的种类

根据作用的不同，平面大致可分为以下几种。

（1）非接触面。只有在外观或防腐蚀需要时才加工非接触面。

（2）结合面和重要结合面，如零部件的固定连接平面。

（3）导向平面，如机床的导轨面。

（4）精密测量工具的工作面。

2. 平面的技术要求

与外圆表面和内圆表面不同，一般平面的尺寸精度要求不高，其技术要求主要有以下三个方面。

（1）形状精度，如平面度和直线度等。

（2）位置精度，如平面之间的平行度、垂直度等。

（3）表面质量，如表面粗糙度、表层硬度、残余应力、显微组织等。

3. 平面加工方案的分析

根据平面的技术要求及零件的结构形状、尺寸、材料和毛坯种类，结合加工条件（如现有加工设备等），平面可分别采用车削、铣削、刨削、磨削、拉削等方法加工。要求更高的精密平面，可以用刮研、研磨等进行精整加工；回转体零件的端面，多采用车削和磨削加工；其他类型的平面，以铣削加工或刨削加工为主；拉削加工仅适合在大批量生产中加工技术要求较高且面积不太大的平面；淬硬的平面必须采用磨削加工。平面的加工方案见表 11-3。表中精度等级是指平行平面间距离尺寸的精度等级。

表 11-3 平面的加工方案

序号	加工方案	精度等级	表面粗糙度 Ra/μm	适用范围
1	粗车	IT11～IT13	12.500～50.000	端面
2	粗车→半精车	IT8～IT10	3.200～6.300	
3	粗车→半精车→精车	IT7～IT8	0.800～1.300	
4	粗车→半精车→精车→磨削	IT6～IT8	0.600～0.800	
5	粗刨（或粗铣）	IT11～IT13	6.300～25.000	一般不淬硬平面（端铣），表面粗糙度较小
6	粗刨（或粗铣）→精刨（或精铣）	IT8～IT10	1.600～6.300	
7	粗刨（或粗铣）→精刨（或精铣）→刮研	IT6～IT7	0.100～0.800	精度要求较高的不淬硬平面，批量较大时宜采用宽刃精刨方案
8	粗刨（或粗铣）→精刨（或精铣）→宽刃精刨	IT7	0.200～0.800	
9	粗刨（或粗铣）→精刨（或精铣）→磨削	IT7	0.200～0.800	精度较高的淬硬平面或不淬硬平面
10	粗刨（或粗铣）→精刨（或精铣）→粗磨→精磨	IT6～IT7	0.025～0.400	

续表

序号	加工方案	精度等级	表面粗糙度 Ra/μm	适用范围
11	粗铣→拉削	IT7～IT9	0.200～0.800	大量生产、较小的平面（精度视拉刀的精度而定）
12	粗铣→精铣→磨削→研磨	IT5 以上	0.006～0.100	高精度平面

11.1.4 成型表面加工

成型表面分为一般成型表面和特殊成型表面。一般成型表面是指圆锥面（包括内圆锥面、外圆锥面）、圆弧回转面（如机床手柄等）、凸轮、汽轮机的叶片等；特殊成型表面有齿轮、螺纹等。成型面的形状、用途不同，技术要求、加工方法的选择不同。

1. 圆锥面的加工

圆锥面的技术要求一般有圆锥母线具有较高的直线度和同轴度，由于圆锥面配合主要用于工具上，因此表面粗糙度要求较低。对于圆锥面的加工，一般根据技术要求采用车削、车削→磨削的加工方案。车削、磨削圆锥面的具体方法在前面章节已经介绍过，这里不再赘述。表 11-4 所示为车削圆锥面的方法及适用范围。

表 11-4　车削圆锥面的方法及适用范围

车削方法	适用范围
宽刃刀法	适用于批量生产较短的圆锥面
转动小拖板法	适用于单件、小批量生产锥角很大的内、外圆锥面
偏移尾座法	适用于生产半锥角较小（$\alpha < 8°$）、锥面较长的外圆锥面
靠模法	适用于大批量生产小锥度（$\alpha < 12°$）的内、外长圆锥面

2. 圆弧成型面的加工

根据技术要求，圆弧成型面的加工一般采用车削、车削→磨削→抛光的加工方案，具体加工方法前面已经介绍过，这里不再赘述。表 11-5 所示为车削圆弧成型面的方法及适用范围。

表 11-5　车削圆弧成型面的方法及适用范围

加工方法	适用范围
双手控制法	适用于生产率低、精度低的单件小批量生产
成型刀法	适用于批量生产
靠模法	适用于成批量生产
数控加工	适用于大批量生产

3. 螺纹面的加工

螺纹也是零件上常见的表面。螺纹的种类很多，应用很广。螺纹按牙型分为三角螺纹、方形螺纹、梯形螺纹等；按用途分为紧固螺纹、连接螺纹、传动螺纹。三角螺纹一般用于连接和紧固，方形螺纹和梯形螺纹用于传动。

（1）螺纹的技术要求。螺纹与其他类型的表面一样，有一定的尺寸精度、形状精度、位置精度和表面质量的要求。由于它们的用途和使用要求不同，因此技术要求有所不同。

对于紧固螺纹和无传动精度要求的传动螺纹，一般只对中径、外螺纹的大径、内螺纹的小径有精度要求。对于有传动精度要求或用于读数的螺纹，除要求中径和顶径的精度外，还要求螺距和牙型角的精度。为了保证传动或读数精度及耐磨性，对螺纹的表面粗糙度和硬度等也有较高的要求。

（2）螺纹加工方法。螺纹加工方法很多，除前面介绍过的攻螺纹、套螺纹、车削螺纹外，一般在成批和大量生产中广泛采用铣削和滚压的方法，对于精度要求高的淬硬螺纹（如丝锥、螺纹量规、滚丝轮、精密螺杆上的螺纹）的精加工，为了修正热处理引起的变形、提高加工精度，必须进行磨削或研磨。铣削、滚压、磨削、研磨螺纹一般都是在专用的螺纹加工机床上进行的。选择螺纹的加工方法时要考虑很多因素，其中主要有工件形状、螺纹牙型、螺纹的尺寸和精度、工件材料和热处理及生产类型等。表 11-6 列出了常见螺纹的加工方法。

表 11-6 常见螺纹的加工方法

加工方法		螺纹中径的精度等级	表面粗糙度 Ra/μm	应用范围
车削螺纹		4～8	0.8～3.2	单件小批量生产
铣削螺纹	盘铣刀铣削	8～9	3.2～6.3	成批量生产大螺距、长螺纹的粗加工和半精加工
	旋风铣削			大批量生产螺杆和丝杠的粗加工和半精加工
磨削螺纹		3～4	0.2～0.8	各种批量螺纹精加工或直接加工淬火后的小直径螺纹
攻螺纹		6～8	1.6～6.3	零件上的小径螺纹孔
套螺纹		6～8	1.6～6.3	单件、小批量生产使用板牙，大批量生产使用螺纹切头
滚压螺纹		3～6	0.2～0.8	纤维组织不被切断、强度高、硬度高、表面光滑、生产率高，适用于大批量生产中加工塑料材料的螺纹

4. 齿轮齿形表面的加工

齿轮齿形表面根据用途的不同有多种，一般机械上使用的齿轮多为渐开线齿轮，仪表中的齿轮常为摆线齿轮，矿山机械、重型机械中的齿轮为圆弧齿轮等。

（1）齿轮的技术要求。鉴于齿轮在使用上的特殊性，除一般的尺寸精度、形状精度、位置精度和表面质量的要求外，还有一些特殊要求，归纳起来有如下四项：一是传递运动的准确性；二是传动的平稳性；三是载荷分布的均匀性；四是要有合理的传动侧隙。对于以上四项要求，不同齿轮会因用途和工作条件的不同而有所不同。

《圆柱齿轮 ISO齿面公差分级制 第1部分：齿面偏差的定义和允许值》（GB/T 10095.1—2022）对渐开线圆柱齿轮及齿轮副规定了13个精度等级，由高到低依次为0级，1级，2级，3级，…，12级。其中0级，1级，2级是为发展远景规定的，目前加工工艺尚未达到这么高的水平。7级精度为基本级，是在实际使用（或设计）中普遍应用的精度等级。在加工中，基本级就是在一般条件下，应用普遍的滚、插、剃三种切齿工艺所能达到的精度等级。齿轮副中两个齿轮的精度等级一般相同。

（2）齿轮齿形加工方案。在齿轮上成型表面是指齿形表面，齿形加工是齿轮加工的核心和关键，目前制造齿轮主要采用切削加工，也可以采用铸造或碾压等方法。铸造齿轮的精度低、表面粗糙；碾压齿轮的生产率高、力学性能好，但精度仍低于切齿，未广泛采用。

采用切削加工的方法加工齿轮齿形，按照加工时的工作原理可分为成形法和展成法两种。

① 成形法（也称仿形法）。成形法是指用与被切齿轮齿间形状相符的成形刀具直接切出齿形的加工方法。常见加工方式有铣齿、拉齿、成形法磨齿等。

② 展成法（也称范成法或包络法）。展成法是指利用齿轮刀具与被切齿轮的啮合运动切出齿形的加工方法。常见加工方式有滚齿、插齿、珩齿、研齿、剃齿和展成法磨齿等。

以上常见加工方式中，铣齿、插齿、滚齿只能获得一般精度的齿面，精度超过7级或加工淬硬齿面时需用剃齿、珩齿、磨齿、研齿进行精加工。

齿轮齿面的精度要求较高，加工工艺也较复杂，选择加工方法时应综合考虑齿轮的精度、表面粗糙度要求，以及齿轮的结构、形状、模数、尺寸、材料和热处理状态，还要考虑生产类型、企业的加工条件等。表11-7所示为圆柱齿轮的加工方案。

表11-7 圆柱齿轮的加工方案

特征	加工方案	齿轮精度等级
齿轮面	滚齿	7级及7级以下
	插齿	6级及6级以下
	滚齿→剃齿	6～7级
	插齿→剃齿	6～7级
中硬齿面齿部感应淬火	滚（插齿）→剃齿→感应淬火→滚光	8级及8级以下
	滚（插齿）→剃齿→感应淬火→珩齿	8级及8级以下
	滚（插齿）→剃齿→中硬齿面剃齿→软珩轮珩齿	6级及6级以下
	滚（插齿）→剃齿→感应淬火→蜗杆珩齿	7级及7级以下
	滚（插齿）→剃齿→中硬齿面剃齿→蜗杆珩齿	6级及6级以下
	滚（插齿）→剃齿→感应淬火→蜗杆珩齿	7级及7级以下

续表

特征	加工方案	齿轮精度等级
硬齿面渗碳淬火	滚（插齿）→剃齿→渗碳淬火→磨齿	6～7级
	滚（插齿）→渗碳淬火→粗磨齿→精磨齿	4～5级
	滚（插齿）→渗碳淬火→粗磨齿→时效处理→半精磨齿→精磨齿	3级以上
	滚（插齿）→剃齿→渗碳淬火→蜗杆珩齿	7级及7级以下

11.2 综合实训课题

前面介绍了零件上基本表面的一般技术要求、常用加工方法及加工设备，但是组成机器的零件是多种多样的，要求具体问题具体分析。在保证质量的前提下，尽可能做到经济，选择合理的机械加工工艺，实现制造目标。

（1）制订零件机械加工工艺的内容。零件的机械加工工艺就是零件加工的方法和步骤。它的内容包括排列加工工序（包括毛坯制造、热处理和检验工序），确定各工序采用的机床、装夹方法、加工方法、度量方法、加工余量、切削用量和工时定额，等等，并填写在一定形式的卡片（机械加工工艺卡片）上。随着现代智能化生产制造的发展，很多工厂实现了无纸化过程，使用制造执行系统（manufacturing execution system，MES）编制工艺，易实现制造数据管理、计划排程管理、生产调度管理、库存管理、质量管理、人力资源管理、工作中心/设备管理、工具工装管理、采购管理、成本管理、项目看板管理、生产过程控制、底层数据集成分析、上层数据集成分解等管理模块，为企业打造一个扎实、可靠、全面、可行的制造协同管理平台。但该系统需要依托每个零件机械加工工艺的内容。

（2）制订零件机械加工工艺的步骤。

① 认真研究图样及其技术要求，即进行图纸分析。

② 选择毛坯类型。

③ 进行工艺分析。

④ 拟订工艺路线，即合理安排零件各表面的加工顺序。

⑤ 确定各工序采用的机床、装夹方法、加工方法及度量方法。

⑥ 确定各工序的加工余量。

⑦ 编制工艺卡片或工艺程序。

尽管各种零件的功能不同，但它们基本可归纳为四类：轴套类零件、轮盘类零件、箱体类零件、叉架类零件，如图11.1所示。下面我们选择几种有代表性的零件，学习制订机械加工工艺的方法及步骤。

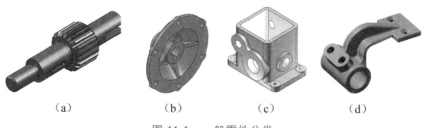

（a）　　　　　（b）　　　　　（c）　　　　　（d）

图 11.1　一般零件分类

11.2.1　轴类零件的加工工艺

阶梯轴是轴类零件中应用最多的一种。它一般由外圆、轴肩、螺纹、螺纹退刀槽、砂轮越程槽、键槽和中心孔等组成。阶梯轴的加工工艺比较典型，反映了轴类零件加工的基本规律。图 11.2 所示为减速箱的传动轴零件图。轴颈 A 段、B 段安装滚动轴承，外圆 C 段安装齿轮，外圆 D 段安装带轮；材料为 45 钢，加工数量为 8 件。

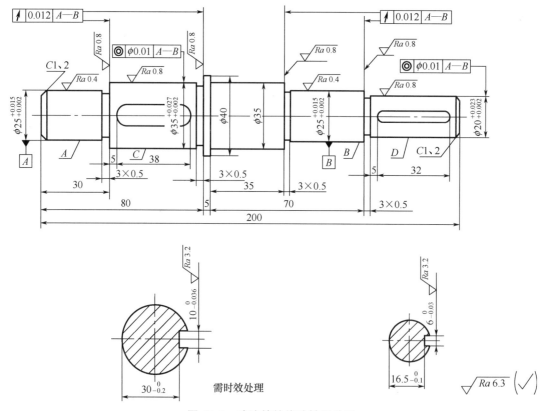

图 11.2　减速箱的传动轴零件图

1. 毛坯的选择

图 11.2 中传动轴的各段直径相差不大，可选热轧圆钢为坯料。轴的最大直径 ϕ40mm，查表取整确定直径上的加工总余量为 5mm，坯料直径取 ϕ45mm，两端面各取加工余量 2mm，从而确定毛坯直径 ϕ45mm，长度为 204mm。

2. 定位基准的选择

加工精度要求较高的实心轴类零件，一般选择两端中心孔为定位基准面。由于坯料的直径和长度都不大且单件生产，因此可以装夹在车床的自定心卡盘上。以坯料外圆为粗基准，依次在两端加工端面和钻中心孔，然后以两端中心孔为基准面，加工外圆和台阶面。

3. 加工方法的选定

轴颈 A 段、B 段直径的尺寸公差等级为 IT6，C、D 段的尺寸公差等级为 IT7，表面粗糙度分别为 0.4μm 和 0.8μm，且有位置公差要求，需经粗车→半精车→磨削。其他外圆表面可通过车削达到要求。有端面跳动公差要求的四个台阶面需在磨床上用砂轮靠磨。键槽可在立式铣床上用键槽铣刀铣出。

4. 加工顺序的安排

因两端中心孔是以后加工各外圆表面的定位基准面，故应先加工；车削外圆时，粗加工和精加工应分阶段进行；在粗车与半精车之间安排时效处理，以消除粗车时产生的应力；铣削键槽安排在半精车后、磨削加工前；机械加工完毕，要进行检验。

5. 传动轴的机械加工工艺卡片

传动轴的机械加工工艺卡片见表 11-8。

表 11-8　传动轴的机械加工工艺卡片

工序号	工序名称	工序内容	工序简图	设备
1	下料	圆钢下料 $\phi \times L = 45\text{mm} \times 204\text{mm}$		锯床
2	车削	装夹 I：车平一端端面，钻 ϕ2.5mm 的 B 型中心孔 装夹 II：调头，车平另一端端面，保证总长度为 200mm，钻 ϕ2.5mm 的 B 型中心孔		卧式车床

工程实训

右上角：续表

工序号	工序名称	工序内容	工序简图	设备
3	车削	装夹Ⅰ：粗车A段、C段外圆，留2mm加工余量，粗车φ40mm外圆至φ40.5mm 装夹Ⅱ：粗车B段、D段外圆，各留2mm加工余量，粗车φ35mm外圆至φ35.5mm	87 79.5 50 C A φ40.5$_{-0.25}^{0}$ φ37$_{-0.25}^{0}$ φ27$_{-0.21}^{0}$ 114.5 6 35 35 B D φ35.5$_{-0.25}^{0}$ φ27$_{-0.21}^{0}$ φ22$_{-0.21}^{0}$ $\sqrt{} = \sqrt{Ra\,25}$	卧式车床
4	热处理	时效处理	手握	卧式车床
5	钳工	修研两端中心孔		
6	车削	装夹Ⅰ：半精车A段、C段外圆，留磨削余量0.4mm；车φ40mm到尺寸；切各越程槽和倒角 装夹Ⅱ：调头，半精车B段、D段外圆，留磨削余量0.4mm；车φ35mm外圆到尺寸；切各越程槽和倒角	80 50 3×0.5 3×0.5 C1、2 φ40 φ35.4$_{-0.10}^{0}$ φ25.4$_{-0.084}^{0}$ 120 70 5 35 3×0.5 C1、2 φ35 φ25.4$_{-0.084}^{0}$ φ20.4$_{-0.084}^{0}$ $\sqrt{} = \sqrt{Ra\,6.3}$	卧式车床
7	钳工	键槽划线		

续表

工序号	工序名称	工序内容	工序简图	设备
8	铣削	用平口钳装夹，铣削宽度分别为6mm及10mm的两个键槽		立式铣床
9	磨削	装夹Ⅰ：粗磨、精磨 A 段、C 段两外圆到尺寸，并靠磨两个台阶面 装夹Ⅱ：调头，粗磨和精磨 B 段、D 段外圆到尺寸，并靠磨两个台阶面		外圆磨床
10	检验	检验		

11.2.2　箱体类零件的加工工艺

箱体类零件是机器中箱体部分的基础零件，各种箱体零件的结构形状有较大差别，但它们在结构上仍有一些共同的特点：结构形状一般都比较复杂；箱壁较薄且不均匀；内部呈空腔；在箱体壁上有不同形状的平面及较多轴承支撑孔和紧固孔，其精度与表面粗糙度要求较高。一般说来，箱体类零件需要加工的部位较多，且加工难度较大。

图 11.3 所示为减速箱底座的零件图，材料为 HT200，数量为 30 件。

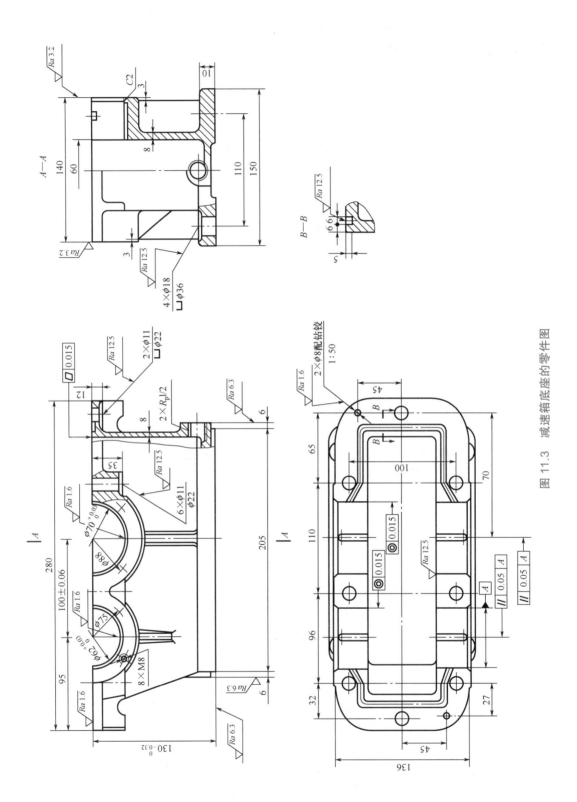

图 11.3　减速箱底座的零件图

1. 毛坯的选择

因为是小批量生产，所以选手工铸造件为毛坯，铸件需经退火处理。

2. 定位基准的选择

以与箱盖结合的顶面为定位粗基准，以底面为定位精基准。

3. 加工方法的选择

箱体类零件的主要任务是加工平面和孔，加工平面一般采用刨削、铣削、磨削等；加工重要的孔常采用镗削，加工小孔多采用钻孔→扩孔→铰孔。顶面是与箱盖的结合面，平面度要求很高，其最后工序可为刮削，前面的工序可为粗刨及精刨；支撑轴承的各半圆孔的尺寸精度、形状精度和位置精度要求都较高，还要与箱盖上对应的另一半准确配合。因此，在精加工结合面后，需将箱盖与底座用螺栓穿过螺栓孔而装配起来，再钻、铰两个 ϕ8mm 定位销孔，打入定位销，最后一起镗削这两排孔。镗孔时，需在卧式镗床上进行粗镗→半精镗→精镗，然后用镶齿面铣刀铣削轴承孔的两端面。各螺栓孔和油塞孔可用钻床钻出。底面经粗刨、精刨即可。

4. 减速箱底座的机械加工工艺卡片

减速箱底座的机械加工工艺卡片见表 11-9。

表 11-9　减速箱底座的机械加工工艺卡片

工序号	工序名称	工序内容	设备
1	铸造	铸造毛坯及退火处理	
2	钳工	划线（顶面、底面、端面）	
3	刨削	以顶面为定位粗基准，找正后，用压板及螺栓将工件压紧在刨床工作台上，粗刨、精刨底面	牛头刨床
4	刨削	以底面为定位精基准，找正后，用压板及螺栓将工件压紧在刨床工作台上，粗刨、精刨顶面；刨削两侧端面，留加工余量 0.75mm	牛头刨床
5	钳工	划线（螺栓孔、油塞孔）	
6	钻削	分别以底面和顶面为定位精基准，用压板及螺栓将工件压紧在钻床工作台上，钻螺栓孔	立式钻床
7	钻削	用压板及螺栓将工件装夹在钻床工作台的弯板上，钻油塞螺孔的底孔，并锪平其端平面	立式钻床
8	钳工	刮削顶面	
9	钳工	将已加工接合面的箱盖与底座组装起来。钻、铰定位锥销孔，打入定位销钉	
10	镗削	粗镗、半精镗和精镗各轴承孔到尺寸，并用镶齿面铣刀铣削轴承孔的两边端面（工作台靠定位挡块旋转 180°）	T68 型卧式镗床
11	钳工	划轴承孔端面上各螺孔的加工线	
12	钻削	钻轴承孔端面上各螺孔的底孔	
13	钳工	攻 8 个 M8 螺纹孔及油塞螺纹孔	
14	铣削	拆开箱盖后，在顶面铣削油槽	
15	钳工	去毛刺	
16	检验	检验，并与箱盖组装后进行总检	

11.2.3 轮盘类零件的加工工艺

轮盘类零件的结构特点是纵向尺寸与横向尺寸差别不大，形状各异，主要用于配合轴套类零件传递运动和扭矩。轮盘类零件的主要加工表面有内圆表面、外圆表面、端面和沟槽等。现以图 11.4 所示台阶齿轮为例，分析轮盘类零件的加工工艺，数量为 50 件。

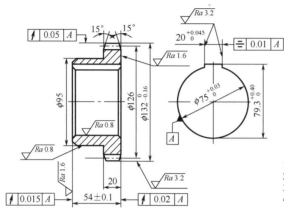

技术要求:
1. 齿轮精度等级7–6–6DC。
2. 齿轮坯调质200～240HBS。
3. 齿轮高频淬火50～55HRC。
4. 倒圆角。

图 11.4　台阶齿轮

1. 材料与毛坯的选择

齿轮承受交变载荷，在复杂应力状态下工作。其材料应具有良好的综合力学性能，常选用 45 钢或 40Cr 锻件毛坯，并进行调质处理，很少直接用圆钢做毛坯。对于受力不大、主要用来传递运动的齿轮，也可采用铸件、非铁金属和非金属毛坯。本例选用 40Cr 锻件毛坯。

2. 主要技术要求与工艺问题

对于齿轮的内孔，端面的尺寸精度、形状精度、位置精度、表面粗糙度及齿形精度是齿轮加工的主要技术要求和要解决的主要工艺问题。

3. 定位基准与装夹方法

加工齿轮时，通常以内孔、端面定位或外圆、端面定位，使用专用心轴或自定心卡盘装夹工件。本例齿坯加工主要选用外圆、端面定位，使用自定心卡盘装夹工件；齿形加工选用内孔、端面定位，使用专用心轴装夹工件。

4. 工艺过程特点

齿轮加工分为齿坯加工和齿形加工两个阶段。齿坯加工过程代表了一般轮盘类零件加工的基本工艺过程，采用通用设备和通用工装；齿形加工属于特型表面加工，多采用专用设备（如齿轮加工机床）和专用工装，通常以内孔、端面定位，使用心轴装夹工件。

5. 台阶齿轮的基本工艺过程

台阶齿轮的基本工艺过程如图 11.5 所示。

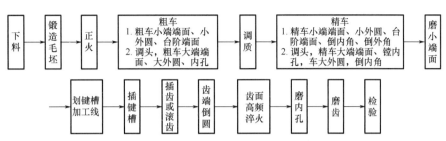

图 11.5 台阶齿轮的基本工艺过程

图 11.5 中的基本工艺过程实际上是一般加工顺序，在实际生产中要根据生产条件，以此为基础适当调整、增减、细化某些工序。

11.2.4 叉架类零件的加工工艺

叉架类零件的特点是形状多样、不规则，主要在机器上起支承与连接作用，主要加工表面有内孔、平面、用于连接的螺纹孔等。

1. 材料与毛坯的选择

由于叉架类零件一般承载不大，有些形状复杂，因此多选用灰铸铁件毛坯，对一些承载较大的零件，可选用球墨铸铁件或铸钢件毛坯；在单件、小批量生产中，也可以采用钢件焊接结构毛坯。

2. 主要技术要求与主要工艺问题

轴承孔和基准面的形状精度、位置精度，平行孔之间的平行度，同轴孔之间的同轴度及主要加工表面的表面粗糙度等是叉架类零件的主要技术要求，也是加工时要解决的主要工艺问题。

3. 定位基准与装夹方法

叉架类零件在单件、小批量生产中要安排划线工序，因为这类零件具有不规则性，所以可以通过划线合理分配各加工表面的加工余量，调整加工表面与非加工表面之间的位置关系，并且为加工提供定位依据。叉架类零件在加工过程中的主要定位方式有底平面和导向平面定位、底平面和一个孔定位。叉架类零件在单件小批量生产中常用螺栓、压板等直接装夹在机床工作台上；在大批量生产中采用专用夹具装夹。

4. 工艺过程特点

一般来说，加工叉架类零件时，通常采用先面后孔的加工原则；安排时效处理，以消除内应力；常采用通用的设备和工装。在大批量生产中，只能部分采用专用设备与工装。

5. 叉架类零件的基本工艺过程

以图 11.6 所示单孔支架为例，生产数量为 20 件。

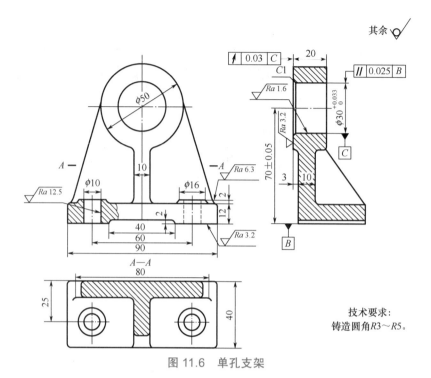

图 11.6　单孔支架

叉架类零件的基本工艺过程如图 11.7 所示。具体拟定叉架类零件的加工工艺时，可以根据图样及技术要求、生产条件，以此为基础适当增减某些工序。

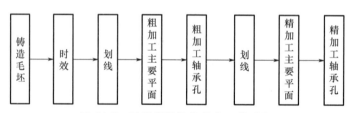

图 11.7　叉架类零件的基本工艺过程

通过以上分析可知，对于不同的零件，由于结构、尺寸、精度和表面粗糙度等技术要求不同，因此加工工艺不同；即使是同一个零件，由于生产批量和机床设备、工夹量具等条件不同，因此加工工艺也不同；在一定生产条件下，同一个零件的加工工艺方案可以有多种，但往往只有一两种相对更合理。因此，制订零件的加工工艺时，一定要综合考虑产品质量、生产率和经济性三个产品生产的根本指标，设计工艺时，应联系有关内容，对拟定的各个工艺方案进行分析、优选，以求在保证加工质量的同时获得较高的生产率和较好的经济性。

11.3　实训中常见问题解析

在工程综合实训中，制订工艺方案和实际加工实训时，经常会遇到生产类型与加工方法、机床工装、毛坯成型方法的选择，材料成型方法的选择及工序加工余量的确定等问题。

11.3.1　生产类型与工艺方案

某企业一年制造的合格产品的数量称为生产纲领（年产量）。生产纲领是划分生产类型的依据，对企业的生产过程及管理有决定性的影响。根据产品零件的尺寸和生产纲领，机械制造生产一般可以分为单件生产、成批生产和大量生产三种生产类型。按产品的生产纲领划分生产类型国内外尚无十分严格的标准，但表 11-10 所示划分方法通常被业内认可，可供参考。

表 11-10　生产类型的划分

生产类型		同一零件的生产纲领 / 件		
		重型零件 （质量 > 2000kg）	中型零件 （质量 100 ~ 2000kg）	轻型零件 （质量 < 100kg）
单件生产		< 5	< 10	< 100
成批 生产	小批生产	5 ~ 100	10 ~ 200	100 ~ 500
	中批生产	100 ~ 300	200 ~ 500	500 ~ 5000
	大批生产	300 ~ 1000	500 ~ 5000	5000 ~ 50000
大量生产		> 1000	> 5000	>50000

拟定零件的工艺过程时，由于生产类型不同，因此采用的加工方法、机床设备、工夹量具、毛坯形式及对工人的技术要求等都有很大的不同。表 11-11 所示为生产类型的要求和特征，可作为拟定零件工艺过程、组织生产的参考。

表 11-11　生产类型的要求和特征

项目	单件生产	成批生产	大量生产
机床设备	通用（万能）设备	通用设备和部分专用的设备	广泛使用高效率专用设备
夹具	很少用专用夹具	广泛使用专用夹具	广泛使用高效率专用夹具
刀具和量具	一般刀具和通用量具	部分采用专用刀具和量具	高效率专用刀具和量具
毛坯	木模铸造和自由锻	部分采用金属模铸造和模锻	机器造型、压力铸造、模锻、滚锻等
对工人的技术要求	需要技术熟练的工人	需要技术比较熟练的工人	要求调整工技术熟练，对操作工技术熟练程度要求较低

11.3.2　毛坯成型方法的选择

前面我们已经学过毛坯成型的方法有铸造、锻造、冷挤压、板料冷冲压、型材切割、粉末冶金、焊接和组合毛坯等。在实训中，我们主要根据零件的形状、使用要求、生产类型和现场条件，以及技术经济分析和论证选择毛坯形式。表 11-12 所示为常用毛坯的制造方法与工艺特点。

表 11-12　常用毛坯的制造方法与工艺特点

毛坯制造方法		最大质量/mg	最小壁厚/mm	形状复杂程度	适用材料	生产类型	精度等级(IT)	毛坯尺寸公差/mm	表面粗糙度(Ra/μm)	生产率	其他
铸造	木模手工砂型	无限制	3~5	最复杂	铁碳合金、有色金属及其合金	单件及小批生产	11~13	1.00~8.00	∨	低	表面有气孔、砂眼、砂、硬度高，废品率高
	金属模机械砂型	<250	3~5	最复杂	铁碳合金、有色金属及其合金	大批大量生产	8~10	1.00~3.00	∨	高	设备复杂，工人水平可降低
	金属型浇注	<100	1.5	一般	铁碳合金、有色金属及其合金	大批大量生产	7~9	0.10~0.50	12.5~6.3	高	结构细密，承受较大压力
	离心铸造	<200	3~5	回转体	铁碳合金、有色金属及其合金	大批大量生产		1.00~8.00	12.5	高	力学性能好，砂眼少，壁厚均匀
	压力铸造	10~16 小型零件	0.5(锌)~10(其他合金)	取决于模具	有色金属合金	大批大量生产	6~8	0.05~0.15	6.3~3.2	最高	直接出成品，设备昂贵
	熔模铸造	小型零件	0.8	较复杂	难加工材料	单件及成批生产	5~7	0.05~0.20	12.5~3.2	一般	铸件性能好，便于组织流水生产，直接出成品
	壳模铸造	<200	1.5	复杂	铁和有色金属	小批至大批生产	8~10		12.5~6.3	一般	
锻造	自由锻造	不限制	不限制	简单	碳素钢、合金钢	单件及小批生产	14~16	1.50~10.00		低	技术水平高
	模锻(锤锻)	<100	2.5	由锻模制造难易而定	碳素钢、合金钢	成批及大量生产	12~14	0.20~2.00	12.5	高	锻件力学性能好，强度高
	精密模锻	<100	1.5	由锻模制造难易而定	碳素钢、合金钢	成批及大量生产	11~12	0.05~0.10	6.3~3.2	高	要增加精压工序，锻模精度高，加热条件好，变形量小

续表

毛坯制造方法	最大质量/mg	最小壁厚/mm	形状复杂程度	适用材料	生产类型	精度等级（IT）	毛坯尺寸公差/mm	表面粗糙度（Ra/μm）	生产率	其他
冷挤压	小型件		简单	碳钢、合金钢、有色金属	大批量	6~7	0.02~0.05	0.8~1.6	高	用于精度较高的小零件，不需要机械加工
板料冷冲压		（板料厚度为0.2~0.6）	复杂	各种板料	大批量	9~12	0.05~0.50	0.8~1.6	高	有一定的尺寸精度和形状精度，可满足一般装配要求
型材 热轧		（圆钢直径范围φ10~φ250）	圆、方、角、扁等形状	碳素钢、合金钢	各种批量	4~15	1.00~2.50	6.3~12.5	高	普通精度采用热轧
型材 冷轧		（圆钢直径范围φ3~φ60）	圆、方、角、扁型钢	碳素钢、合金钢	大批量	9~12	0.05~1.50	1.6~3.2	高	精度高，价格高，适合自动车床及转塔车床
粉末冶金		（尺寸范围，宽度为5~120，高度为3~40）	简单	铁基、铜基	大批量	6~9	0.02~0.05	0.1~0.4	高	成形后，可不切削，设备简单，成本高
焊接 熔焊	不限制	气焊1，电弧焊0.8，电渣焊40	简单	碳素钢、合金钢	单件及成批生产	14~16	4.00~8.00	√	一般	制造简单，生产周期短，结构轻便，抗振性差，热变形量大，需要消除内应力
焊接 压焊		≤12								

11.3.3 工序加工余量的确定

需从毛坯上切除的金属称为加工余量。从毛坯到成品共需切除的余量称为总余量。某工序中需切除的余量称为该工序的工序余量。工序余量应按加工要求确定。余量过大，既浪费材料，又增加切削工时；余量过小，会使工件局部切削不到，不能修正前工序的误差，影响加工质量，甚至造成废品。加工余量与生产类型、毛坯形式、零件尺寸、机械加工方式等因素有关。现将单件小批生产时小型零件的加工余量介绍如下，供选用时参考。所列数据，对内外圆柱面是指直径方向的余量，对平面是指单边余量。

1. 总余量

手工造型铸件的总余量为 3.5～7mm；自由锻件和焊件（指手工焊、气焊和气割体件）的总余量为 2.5～7mm；模锻的总余量为 1.6～3mm；圆钢料的总余量为 1.5～2.5mm。

2. 各种机械加工方法的工序余量

机械加工的工序余量见表 11-13。

表 11-13 机械加工的工序余量　　　　　　　　　　　（单位：mm）

外圆加工	直径余量	内圆加工	直径余量	平面加工	单边余量
粗车	1.5～4	扩孔	扩后孔径的 1/8	粗刨、粗铣	1～2.5
半精车	0.5～2.5	粗铰	0.15～0.25	精刨、精铣	0.25～0.3
精车	0.2～1.0	精铰	0.05～0.15	拉削	精锻、精铸：2～4，预加工后：0.3～0.6
粗磨	0.25～0.6	粗镗	1.8～4.5		
精磨	0.1～0.2	半精镗	1.2～1.5	粗磨	0.15～0.3
研磨	0.01～0.02	精镗	0.2～0.8	精磨	0.05～0.1
超精加工	0.003～0.02	金刚镗削	0.2～0.5	研磨	0.005～0.01
		拉孔	0.5～1.2		
高精度、低粗糙度磨削	0.02～0.05	粗磨	0.2～0.5	宽刃细刨	0.05～0.15
		精磨	0.1～0.2		
		研孔	0.01～0.02	刮削	0.1～0.4
		珩孔	0.05～0.14		

11.4　小　　结

本章在前面各章介绍的金属切削加工基本方法的基础上，归纳、总结了组成零件的外圆表面、内圆表面、平面、成型表面在不同技术要求及生产条件下的成型加工方案；并进一步通过综合实训课题引申到轴套类、箱体类、轮盘类、叉架类零件的机械加工工艺过程的分析及制订，实现了零件由原材料（毛坯）到产品的制造过程。本章主要训练学生利用所学知识，根据零件工程图技术要求，结合生产条件，正确制订并选择零件的机械加工工艺方案，生产出一些简单的合格产品，初步培养其综合工程素养与能力。

11.5　思考与练习

1. 思考题

（1）制订零件机械加工工艺过程的一般步骤是什么？

（2）生产类型有哪几种？不同的生产类型对零件的工艺过程有哪些主要影响？

（3）7 级精度的斜齿圆柱齿轮、蜗轮、扇形齿轮、多联齿轮和内齿轮分别适合采用什么方法加工？

（4）加工相同材料、尺寸、精度和表面粗糙度的外圆与内孔，哪个更困难？为什么？

2. 实训题

（1）图 11.8 所示为高校工程实训的一个典型实训产品（燕尾锤锤头与锤柄）的零件图，试结合工程实训的实际制作过程，分析并分别编写锤头与锤柄的机械加工工艺卡片。

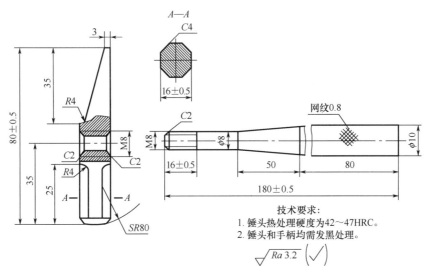

图 11.8　燕尾锤（锤头与锤柄）的零件图

（2）图 11.9 所示为轴承套的零件图，材料为 HT200，生产 35 件。结合本校的工程实训条件，试分析并编写该轴承套的机械加工工艺卡片，并试加工、检验。

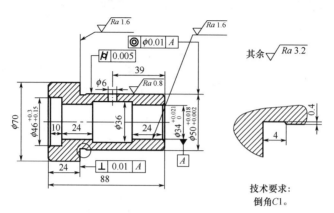

技术要求：
倒角C1。

图 11.9　轴承套的零件图

第12章 数控加工

教学提示： 数控机床加工与普通加工相比，具有加工精度高、产品质量稳定，尤其适合复杂曲面加工，在中小批量或单件（及试件）生产中生产周期短、劳动强度低等优点。数控机床和计算机辅助设计与制造结合是现代制造业的重要加工方式，也是智能制造的重要支撑。

教学要求： 通过本章学习，学生可了解数控机床的基本原理、特点和操作方法以及数控编程；掌握数控程序的代码、功能；能够编制一般零件的数控程序。

12.1 数控加工基础知识

12.1.1 概述

数控机床是计算机、自动控制、伺服驱动、精密检测与新型机械结构等技术综合应用的成果。它采用数字化信息对机床的运动及加工过程进行自动控制与操纵运行，是一种高效自动化机床。它较好地解决了形状结构复杂、精度要求高、单件小批量的零件的加工问题。采用数控机床加工具有加工精度稳定、劳动强度低、加工成本低、易实现智能化管理的特点。

1. 数控机床的组成

数控机床由机床主体、伺服系统、数控系统和辅助装置组成。

1）机床主体

机床主体（图 12.1）与普通机床主体相似，由主传动机构（图中未标）、进给传动机构（图中未标）、工作台、床身、立柱和导轨等组成，但在传动机构、刀具系统及操作机构等方面进行了较多电气化和智能化发展，以适应数字控制的需要。

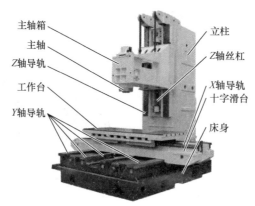

图 12.1　机床主体

（1）采用高性能主传动及主轴部件，具有驱动功率高、转速变化快、范围大、精细调速、刚度高及热变形量小等优点。

（2）进给传动采用高效传动件，具有传动链短、结构简单、过载能力强、定位精度高等特点，一般由滚珠丝杠副、直线滚动导轨副或直线电动机驱动。

（3）有较完善的刀具自动交换系统和刀具管理系统。工件在加工中心类机床上一次装夹后，通过自动换刀可以完成或者接近完成工件的各加工工序。

（4）具有自动化工件更换装置，能减少工件夹紧和卸载的停机时间，提高机床生产率。

（5）床身机架具有很高的动刚度和静刚度。

（6）采用全封闭罩壳。为保证在自动高速加工过程中操作安全，一般采用自动门结构的全封闭罩壳，对机床的加工部位进行全封闭。

2）伺服系统

伺服系统是数控系统与机床主体之间的电传动联系环节，主要由驱动控制单元、执行单元及反馈检测单元等组成。伺服电动机是伺服系统的执行元件。驱动控制单元主要用于信号比较和功率放大，是伺服电动机的动力源。数控系统发出的指令信号与位置检测反馈信号比较后形成新的位移指令，经驱动控制单元功率放大后，驱动电动机运转，通过机械传动装置拖动工作台或刀架运动。

3）数控系统

数控系统

数控系统是机床实现自动加工的核心，它主要由操作系统、主控系统、可编程控制器、输入／输出接口等组成。操作系统由显示屏和键盘组成。主控系统主要由 CPU、存储器、控制器等组成。数控系统的控制对象主要有位置、角度、速度等机械量，以及温度、压力、流量等物理量。它的作用是根据数控程序的要求进行信息处理和大量运算，然后把运算结果传送到相应的伺服驱动机构，指挥机床各部件协调运动。市面上应用较多的数控系统有国内的广州数控系统、华中数控系统，国外的德国西门子数控系统、日本发那科数控系统等。

4）辅助装置

辅助装置主要包括润滑装置、切削液装置（图 12.2）、排屑装置、过载与限位保护装置等。机床加工功能与类型不同，辅助装置也不同。

2. 数控机床的分类

数控机床的种类较多，常按以下三种方法分类。

1）按工艺用途分类

按工艺用途分类，数控机床可分为普通数控机床和数控加工中心。普通数控机床有数控车床、数控铣床、数控镗床、数控磨床、数控钻床、数控冲床、数控齿轮加工机床、数控电火花加工机床等。数控加工中心是在普通数控机床的基础上进行功能扩充复合、精化改造的带有刀库和自动换刀装置的较高档数控机床。

图 12.2　切削液装置

2）按运动轨迹控制分类

（1）点位控制数控机床。点位控制数控机床的其特点是只要求控制机床移动部件从一点移动到另一点的准确定位，并不严格要求点与点之间的移动轨迹（路径和方向），各坐标轴之间的运动是不相关的。这类机床主要有数控钻床、数控冲床等。

（2）直线控制数控机床。直线控制数控机床的特点是除控制点与点之间的准确定位外，刀具运动轨迹按进给速度沿平行于运动轴的直线移动，一般只能加工矩形零件、台阶形零件。这类机床主要有数控电火花机床、简易数控车床、数控铣床、数控磨床等。

（3）轮廓控制数控机床。轮廓控制数控机床也称连续控制数控机床，其特点是能够对多个运动坐标的位移和速度同时连续相关控制，不仅要求点与点之间的定位准确，还要控制整个加工过程中每个点的速度、方向和位移量。因此，这类机床的数控装置具有插补运算功能，能精确地协调各坐标运动的位移控制和速度控制按照规定的比例关系，使刀具沿工件轮廓轨迹移动。这种机床可以加工直线、圆弧、曲线，主要有数控车床、数控铣床、数控线切割机床、数控加工中心等。

3）按伺服控制方式分类

（1）开环控制数控机床。开环控制数控机床的进给伺服驱动是开环的，即没有检测反馈装置。该控制方式的最大特点是控制方便、结构简单、价格低，但位移精度不高，常用于低档数控车床。

（2）闭环控制数控机床。闭环控制数控机床是在机床移动部件上直接安装具有位置检测反馈元件的控制系统。它比较移动部件（工作台）运动的实际位置和加工程序中规定的位置信息，以其差值控制伺服电动机（直流伺服电动机或交流伺服电动机，带有光栅、感应同步器等检测装置）而驱动数控机床移动部件运动，可以消除由传动环节制造精度引起的误差，主要用于精度要求高的机床。这类机床结构复杂、价格高、生产成本高。

（3）半闭环控制数控机床。半闭环控制数控机床将位置测量反馈元件（如旋转变压器等）安装在电动机轴或丝杠上。反馈信息不是直接取自工作台，而是取自丝杠或伺服电动机的转角。这种系统容易获得稳定的控制特性，其控制精度介于开环控制系统与闭环控制系统之间。生产中使用的多数数控机床都是半闭环控制数控机床。

3. 数控加工方法的优点

与传统加工方法相比，数控加工方法具有如下优点。

（1）自动化程度高。在数控机床上加工零件时，除手工装夹毛坯外，全部加工过程都由机床自动完成，既减轻了操作者的劳动强度，又改善了劳动条件。

（2）对加工对象的适应性强。在数控机床上自动加工的控制信息由程序实现。当加工对象改变时，除相应更换刀具和解决毛坯装夹方式外，只要重新编制加工程序，就可自动加工出新的零件，不必对机床进行任何复杂的调整。

（3）加工精度高，加工质量稳定。数控加工的尺寸精度通常为 0.005～0.1mm，不受零件形状复杂程度的影响。在加工过程中消除了操作者的人为误差，提高了同批零件尺寸的一致性，使产品质量稳定。

（4）具有高的生产率。数控机床具有高的自动化程度，同时在加工过程中省去划线、多次装夹定位、检测等工序，有效地提高了生产率。

（5）易建立智能化产线。数控机床易与计算机辅助设计系统、生产管理系统等集成，形成智能化生产线。

12.1.2 数控编程

1. 数控编程的方法

数控编程的方法有两种：手工编程和自动编程。

（1）手工编程。手工编程时，编程的各个步骤均由人工完成，适用于形状简单的几何零件。手工编程的工作量大，容易出错，很难满足实际生产需要，对于一些复杂零件（特别是具有曲面的零件等），常需采用自动编程。

（2）自动编程。自动编程也称计算机辅助编程，是编程人员采用 ATP 语言或人机交互方式编写源程序并输入计算机，然后采用人机交互方式指定加工部位、走刀路径、加工环境条件等技术参数，由计算机自动完成数控加工的方法。常用的自动编程软件有 UG、CAXA、HyperMILL 等。自动编程可以大大降低编程人员的劳动强度、缩短编程时间、提高编程精度和效率，在生产中得到了广泛应用。

2. 数控机床的坐标系

按照 ISO 标准及 GB/T 19660—2005《工业自动化系统与集成 机床数值控制 坐标系和运动命名》，数控机床坐标系统一规定如下：①数控机床的标准坐标系采用右手直角笛卡儿坐标系；②一律视为工件静止、刀具相对于工件移动来完成数控加工；③规定取刀具移动远离工件的方向为数控机床坐标轴的正方向。

3. 数控程序格式

数控程序格式是指程序和程序段的书写规则。数控机床的程序段格式通常有三种，国内外广泛采用的是"字地址可变长度程序段"格式，例如"N05 G02 X36 Y43 Z−26 F04 S04 T03 M02 LF"。数控程序段格式规定：由 N05（开头）至 LF（结束）之间的若干指令字构成一条程序段，表示需要同时执行的机床运动或操作；若干程序段构成数控加工程序，表示零件某加工部位的完整加工过程。数控程序格式规定：一个完整的数控加工程序由程序名、程序主体、结束程序三部分组成，用于实现零件某加工部位的连续自动加工。其中，程序主体由许多程序段按程序段号（N05）的大小依次排列组成，每条程序段又由程序段号、准备功能字、尺寸字、进给功能字、主轴功能字、刀具功能字、辅助功能字、程序段结束符等组成。在示例中，N05 为程序段号；G02 为准备功能字，G 代码见表 12-1；X36、Y43、Z–26 为尺寸字，为刀具运动绝对坐标；F04 为进给功能字；S04 为主轴功能字；T03 为刀具功能字；M02 为辅助功能字，M 代码见表 12-2；LF 为程序段结束符。

可以在主程序中调用子程序，子程序的编程格式为 M98P02L2，其中 P 后面的数字为子程序号；L 后面的数字为子程序调用次数（默认值为 1，即调用一次）。

表 12-1　G 代码

代码	模态	非模态	功能	代码	模态	非模态	功能
G00	a		快速点定位	G40	d		刀具补偿 / 刀具偏置撤销
G01	a		直线插补	G41	d		刀具补偿——左
G02	a		顺时针方向圆弧插补	G42	d		刀具补偿——右
G03	a		逆时针方向圆弧插补	G43	# (d)	#	刀具偏置——正
G04		*	暂停	G44	# (d)	#	刀具偏置——负
G05	#	#	不指定	G45	# (d)	#	刀具偏置 +/–
G06	a		抛物线插补	G46	# (d)	#	刀具偏置 +/–
G07	#	#	不指定	G47	# (d)	#	刀具偏置 –/–
G08		*	加速	G48	# (d)	#	刀具偏置 –/+
G09		*	减速	G49	# (d)	#	刀具偏置 0/+
G10 ～ G16	#	#	不指定	G50	# (d)	#	刀具偏置 0/–
G17	c		XY 平面选择	G51	# (d)	#	刀具偏置 +/0
G18	c		ZX 平面选择	G52	# (d)	#	刀具偏置 –/0
G19	c		YZ 平面选择	G53	f		直线偏移撤销
G20 ～ G32	#	#	不指定	G54	f		直线偏移 X
G33	a		螺纹切削，等螺距	G55	f		直线偏移 Y
G34	a		螺纹切削，增螺距	G56	f		直线偏移 Z
G35	a		螺纹切削，减螺距	G57	f		直线偏移 XY
G36 ～ G39	#	#	永不指定	G58	f		直线偏移 XZ

代码	模态	非模态	功能	代码	模态	非模态	功能
G59	f		直线偏移 YZ	G81～G89	e		固定循环
G60	h		准确定位1（精）	G90	j		绝对尺寸
G61	h		准确定位2（中）	G91	j		增量尺寸
G62	h		快速定位（粗）	G92		*	预置寄存
G63			攻螺纹	G93	k		时间倒数进给率
G64～G67	#	#	不指定	G94	k		每分钟进给
G68	#（d）	#	刀具偏置，内角	G95	k		主轴每转进给
G69	#（d）	#	刀具偏置，外角	G96	I		恒线速度
G70～G79	#	#	不指定	G97	I		每分钟转数（主轴）
G80	e		固定循环撤销	G98～G99	#	#	不指定

注：① # 表示如选作特殊用途，则必须在程序格式中说明。

② 表中凡有小写字母 a，b，c，d…指示的 G 代码都为同一组续效性代码，又称模态命令。

表 12-2 M 代码

代码	功能开始时间		模态	非模态	功能
	与程序段指令运动同时开始	在程序段指令运动完成后开始			
M00		*		*	程序停止
M01		*		*	计划停止
M02		*		*	程序结束，不倒带
M03	*		*		主轴顺时针方向
M04	*		*		主轴逆时针方向
M05		*	*		主轴停止
M06	#	#		*	换刀
M07	*		*		2号冷却液开
M08	*		*		1号冷却液开
M09		*	*		冷却液关
M10	#	#	*		夹紧
M11	#	#	*		松开
M12	#	#	#	#	不指定
M13	*		*		主轴顺时针方向，冷却液开
M14	*		*		主轴逆时针方向，冷却液开

代码	功能开始时间		模态	非模态	功能
	与程序段指令运动同时开始	在程序段指令运动完成后开始			
M15	*			*	正运动
M16	*			*	负运动
M17～M18	#	#	#	#	不指定
M19				*	主轴定向停止
M20～M29	#	#	#	#	永不指定
M30		*		*	程序结束并返回
M31	#		#	*	互锁旁路
M32～M35	#	#	#	#	不指定
M36	*		*		进给范围 1
M37	*		*		进给范围 2
M38	*		*		主轴速度范围 1
M39	*		*		主轴速度范围 2
M40～M45	#	#	#	#	如有需要可作为齿轮换挡，否则不指定
M46～M47	#	#	#	#	不指定
M48		*	*		撤销 M49
M49	*		*		进给率修正旁路
M50	*		*		3 号冷却液开
M51	*		*		4 号冷却液开
M52～M54	#	#	#	#	不指定
M55	*		*		刀具直线位移，位置 1
M56	*		*		刀具直线位移，位置 2
M57～M59	#	#	#	#	不指定
M60		*		*	更换工件
M61	*		*		工件直线位移，位置 1
M62	*		*		工件直线位移，位置 2
M63～M70	#	#	#	#	不指定
M71	*		*		工件角度位移，位置 1

工程实训

续表

代码	功能开始时间		模态	非模态	功能
	与程序段指令运动同时开始	在程序段指令运动完成后开始			
M72	*		*		工件角度位移，位置 2
M73 ～ M89	#	#	#	#	不指定
M90 ～ M99	#	#	#	#	永不指定

注：① * 表示该代码具有表头中列出的相应功能。
② # 表示如选作特殊用途，则必须在程序中说明。
③ M90 ～ M99 可指定为特殊用途。

12.2 数控车削加工

12.2.1 数控车床简介

图 12.3 数控车床

数控车床主要用于轴套类、轮盘类等回转体零件的内外圆柱面、圆锥面、圆弧、螺纹等的切削加工，并可进行切槽以及钻孔、扩孔、铰孔和镗孔等。数控车床如图 12.3 所示。

数控车床的基本组成包括床身、数控装置、主轴系统、刀架进给系统、尾座、液压系统、冷却系统、润滑系统、排屑器等，其中数控装置、主轴系统、刀架进给系统是数控车床的核心部件。与普通车床相比，数控车床具有以下特点。

（1）精度优势。数控车床靠驱动电动机带动滚动丝杠传动，滚珠丝杠经过预拉伸安装后有过盈量，传动无间隙，精度主要靠机床本身和数控程序保证。在加工过程中，可以通过编码器进行位置测量，可以补偿刀具磨损及由其他原因产生的误差，所以加工质量好、精度稳定。

（2）安全性高。在加工过程中，必须开启全封闭防护装置或半封闭防护装置，防止切屑或切削液飞出，最大程度地避免了对操作者的意外伤害。

（3）生产率高、劳动强度低。加工过程可自动更换刀具，可采用集中工序法完成多道工序加工；车床常采用动力卡盘，夹紧力调整方便可靠；降低了操作者的劳动强度；一般数控车床的生产率是普通车床的 3 ～ 5 倍。

（4）采用自动排屑装置。数控车床常采用自动排屑装置，有效减少切屑向机床或工件散发的热量，以及机床或工件的热变形量。

（5）主传动与进给传动分离。数控车床的主传动与进给传动采用独立的伺服电动机驱动，使传动链变得简短、可靠；同时，各伺服电动机既可独立运行，又可按要求实现多轴联动。

12.2.2 数控车削加工工艺基础

1. 数控车削加工工艺的制订原则

数控加工对象具有复杂性，在为零件制订数控车削加工工艺时，在遵循保持精度、提高生产效率原则下，应考虑以下原则。

（1）先粗后精原则。加工零件时，应先进行粗加工，再进行半精加工和精加工。其中，安排半精加工的目的是当粗加工后所留余量的均匀性满足不了精加工要求时，可安排半精加工作为过渡工序，以便使精加工余量小且均匀。

精加工时，零件轮廓应由最后一刀连续加工而成。此时加工刀具的进刀位置和退刀位置要妥当，尽量沿轮廓的切线方向切入和切出，以免因切削力突然变化而产生弹性变形，致使光滑连续轮廓上产生表面划伤、形状突变或滞留刀痕等。

（2）先近后远原则。这里所说的远与近是按加工部位与对刀点的距离而言的。通常在粗加工时，先加工离对刀点近的部位，后加工离对刀点远的部位，以便减小刀具移动距离，减少空行程时间。对于车削加工，先近后远原则还有利于保持毛坯件或半成品件的刚性，改善切削条件。

（3）先内后外原则。对既有内表面（内型腔）又有外表面的零件，制订加工方案时，通常应先加工内型腔再加工外表面。因为控制内型腔的尺寸和形状较困难，刀具刚性较差，刀刃的耐用度易因切削热而降低，以及在加工中清除切屑较困难等。

（4）刀具集中原则。刀具集中原则即用一把刀加工完部分部位，再换另一把刀加工其他部位，以减少空行程时间和换刀时间，提高生产率。

2. 数控车削加工工艺的制订步骤

（1）分析零件图样，明确技术要求和加工内容。

（2）确定工件坐标系的原点位置。在一般情况下，Z 轴应设置为与工件的回转中心线重合，X 轴的零点应设置在工件的右端面上。

（3）确定数控加工工艺路线。首先确定刀具的起始点位置。该起始点应有利于装夹和检测工件。一般起始点也是加工终点。其次确定粗车、精车的走刀路线，在保证零件加工精度和表面粗糙度的前提下，应尽可能使加工总路线最短。最后确定换刀点位置，换刀点位置可以设置为与刀具的起始点重合，也可以设置为不重合，应以在自动换刀过程中不发生干涉为原则。

（4）选择合理的切削用量。主轴转速主要根据刀具材料而定，一般为 30 ～ 2000r/min，应同时参考工件材料和加工性质（粗加工、精加工）选取。进给速度根据零件的加工速度和加工性质而定，粗加工为 0.2 ～ 0.3mm/r，精加工为 0.08 ～ 0.18mm/r，快速移动为 100 ～ 2500mm/min。背吃刀量根据零件的刚度和加工性质而定，粗加工时不小于 2.5mm，半精加工时为 0.5mm，精加工时为 0.1 ～ 0.4mm。

（5）选择合适的刀具。根据零件的形状和精度要求选择刀具，自动回转刀架最多可以安装四把刀具。

（6）编制和调试数控程序。

（7）首先进行仿真检查，其次进行首件试切，最后完成一个合格零件从毛坯到成品的全部加工工作。

12.2.3 数控车削编程

数控系统种类较多，下面以 FANUC-0i 系统数控车床为例进行介绍。

1. 准备功能指令

FANUC-0i 系统数控车床的 G 指令见表 12-3。

表 12-3 常用 FANUC-0i 系统数控车床的 G 指令

代码	功能	说明	代码	功能	说明
G00	快速进给、定位	01 组	G55	选择工件坐标系 2	12 组
G01	直线插补		G56	选择工件坐标系 3	
G02	顺时针圆弧插补		G57	选择工件坐标系 4	
G03	逆时针圆弧插补		G58	选择工件坐标系 5	
G04	程序暂停	00 组	G59	选择工件坐标系 6	
G20	英制尺寸输入	06 组	G70	精车固定循环	00 组
G21	公制尺寸输入		G71	粗车外圆固定循环	
G28	自动返回参考点	00 组	G72	精车端面固定循环	
G29	从参考点返回		G73	固定形状粗车固定循环	
G32	螺纹加工功能	01 组	G74	中心孔加工固定循环	
G40	刀尖半径补偿取消	07 组	G76	复合型螺纹切削循环	
G41	刀尖半径左补偿		G90	内、外圆车削循环	01 组
G42	刀尖半径右补偿		G92	螺纹切削循环	
G50	设定坐标系或限制主轴最高转速	00 组	G94	端面车削循环	
G53	机械坐标系选择	12 组	G98	每分进给	05 组
G54	选择工件坐标系 1		G99	每转进给	

2. 螺纹车削指令

螺纹车削进给速度（mm/r）指令格式为"G32/G76/G92F_ ;"，其中，F_ 为指定螺纹的螺距。

3. 单一固定循环指令

利用单一固定循环指令，可以将一系列连续的动作（如"切入→切削→退刀→返回"）用一条循环指令完成。

指令格式：G90/G94X(U)_Z(W)_F_;

4.复合循环

运用复合循环 G 代码，只要指定精车加工路线和粗车加工的背吃刀量，系统就会自动计算出粗加工路线和粗加工次数，可大大简化编程。

（1）粗车外圆固定循环指令：G71。

指令格式：G71 U(Δd) R(e);

G71 P(ns) Q(nf) U(Δu) W(Δw) F(f) S(s) T(t);

其中，Δd 为背吃刀量；e 为退刀量；ns 为精加工轮廓程序段中的开始程序段号；nf 为精加工轮廓程序段中的结束程序段号；Δu 为 X 轴方向精加工余量；Δw 为 Z 轴方向精加工余量；f、s、t 为 F、S、T 指令值。

（2）精车固定循环指令：G70。

指令格式：G70 P(ns) Q(nf);

其中，ns 为精加工轮廓程序段中的开始程序段号；nf 为精加工轮廓程序段中的结束程序段号。

12.3　数控铣削加工

12.3.1　数控铣床简介

数控铣床分为立式数控铣床和卧式数控铣床（图 12.4）等。它具有加工适应性强、生产率高、加工精度高等特点，广泛应用于形状复杂、加工精度要求较高的零件的中、小批量生产，在汽车、航空航天、模具等行业中大量使用。数控铣床的主要组成部分有床身底座、立柱（床身）、主轴箱、工作台底座（滑座）、工作台、进给箱、液压系统、润滑及冷却装置等。

数控铣削加工

（a）立式数控铣床　　　　　　（b）卧式数控铣床

图 12.4　数控铣床

12.3.2　数控铣削加工工艺基础

数控加工工艺设计的主要任务是确定具体加工内容、切削用量、工艺装备、定位夹紧

方式及刀具运动轨迹等，为编制数控程序做好准备。

1. 零件图工艺分析

确定数控加工零件和加工内容后，主要从以下几个方面进行工艺分析。

（1）检查零件图的完整性和正确性。对轮廓零件，检查构成轮廓各几何元素的尺寸和相互位置关系。

（2）保证基准统一原则。检查零件图上各个方向的尺寸是否有统一工艺基准，如果没有，就可考虑在不影响零件精度的前提下，选择统一工艺基准。

2. 定位基准和装夹方式的选择

（1）定位基准的选择。选择定位基准时，应注意减少装夹次数，尽可能做到一次装夹加工出全部或大部分待加工表面，提高加工效率、保证加工精度，最好选择不需要数控铣削的平面或孔做定位基准（必要时可以增加工艺凸耳、工艺孔或工艺凸台作为定位基准），定位基准应有利于提高工件的刚性。

（2）装夹方式的选择。数控加工对夹具的要求如下。

① 尽量采用组合夹具、通用夹具，避免采用专用夹具。

② 装卸零件方便可靠，能迅速完成零件的定位、夹紧和拆卸过程，减少加工辅助时间。

③ 装夹要有利于对刀。

④ 避免在加工路径中刀具与装夹工具碰撞。

3. 加工顺序的确定

在数控铣削加工中，加工（工步）顺序应遵循下列原则。

（1）先安排粗加工工步，后安排精加工工步。

（2）先安排加工平面的工步，后安排加工孔的工步。

（3）先安排用大直径刀具加工表面，后安排用小直径刀具加工表面。

4. 进给路线的确定

确定进给路线时，主要遵循下列原则。

（1）确定的加工路线应满足零件的加工精度和表面粗糙度要求。

（2）为提高生产率，应尽量缩短加工路线，减少刀具空行程时间。

（3）为减少编程工作量，还应使数值计算简单、程序段少、程序短。

5. 刀具和切削用量的选择

要根据零件材料的性能、加工工序的类型、机床的加工能力以及准备选用的切削用量合理地选择刀具。

对于铣削平面零件，可采用端铣刀和立铣刀；对于模具加工中常遇到的空间曲面的铣削，通常采用球头铣刀或带小圆角的圆角刀。图 12.5 所示为立铣刀的三种类型。

在凹形轮廓铣削加工中，选用的刀具半径应小于零件轮廓曲线的最小曲率半径，以免产生零件过切现象，影响加工精度。在不影响加工精度的情况下，刀具半径尽可能取大值，以保证刀具有足够的刚度和较高的加工效率。

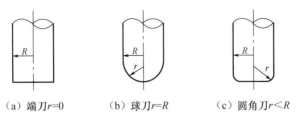

（a）端刀r=0　　　（b）球刀r=R　　　（c）圆角刀r＜R

图 12.5　立铣刀的三种类型

在刀具装入机床主轴前，应预调刀具几何尺寸（半径和长度）。通常使用对刀仪测量刀具的几何尺寸并存入数控系统，以备加工时使用。

数控加工中的切削用量要根据机床说明书中规定的允许值，按刀具耐用度允许的切削用量复核；也可按切削原理中规定的方法计算，并结合实践经验确定。

12.3.3　数控铣削加工编程与实例

1.常用指令

在本章开始已经介绍了一些数控指令，下面介绍几个数控铣削加工编程的常用指令。

（1）刀具半径补偿指令 G41/G42/G40。刀具半径补偿又称刀具半径偏置。刀具半径补偿指令具有改变刀具中心运动轨迹的功能。当数控装置具有刀具半径补偿功能时，可直接按零件实际轮廓编程，如图 12.6 所示。

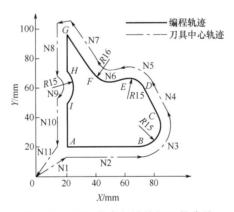

图 12.6　用刀具半径补偿加工轮廓线

刀具半径补偿程序格式：G01 G41/G42/G40 X_ Y_ Z_ D_；
其中，G01 为直线插补；G41 和 G42 分别为左半径补偿和右半径补偿；X、Y、Z 为建立刀具半径补偿运动的终点坐标值；D 为刀具半径补偿代号。

G40 为刀具半径补偿撤销指令。使用 G40 指令后，G41 和 C42 指定的刀具半径补偿指令自动撤销。G40、G41、G42 指令均是模态指令。G41 为左偏刀具半径补偿指令，是指刀具沿前进方向向左侧偏置一个刀具半径值（或偏置值）；G42 为右偏刀具半径补偿指令，是指刀具沿前进方向向右偏置一个刀具半径值（或偏置值），如图 12.7 所示。

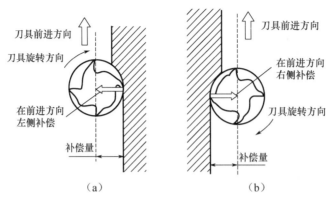

图 12.7　刀具补偿方向

D 为刀具半径补偿代号，它表示存储器中第 × 号刀具的半径补偿值。预先将该半径补偿值输入刀补存储器中的 × 号位置。

D00 地址中的值永远是零，可用来撤销刀具半径补偿。

（2）坐标平面选择指令 G17、G18、G19。G17、G18、G19 分别指定被加工工件在 XY、ZX、YZ 平面上的插补加工，在进行圆弧插补和刀具补偿时使用这些指令。

可由程序段中的坐标字选择平面，也可由 G17、G18、G19 选择平面。若程序段中出现两个相互垂直的坐标字，则可确定平面。

（3）刀具长度补偿指令 G43/G44/G49。刀具长度补偿指令具有补偿刀具长度差值的功能，可使刀具轴向的实际位移量大于或小于程序给定值，即实际位移量 = 程序给定值 ± 偏置值。

刀具长度补偿指令程序格式：G43/G44 Z＿ H＿ ；
其中，H 及其后面的数值（如 H01）是控制装置存储器中刀具长度补偿表的号码。

刀具长度补偿指令分为正向补偿指令 G43 和负向补偿指令 G44。

G43、G44、G49 指令均为模态指令。G49 是刀具长度补偿撤销指令，调用该指令后，G43、G44 从该程序段起无效。还可采用 H00 取消，H00 中的值永远为零。

应用刀具长度补偿指令可简化编程计算。编程时，可以在未知刀具实际长度的情况下，先按假定刀具长度进行编程，在刀具实际长度发生变化或更换新刀具时，不必修改程序，只需把实际刀具长度与假定刀具长度之差（偏置值）输入相应的偏置存储器即可，使用起来十分方便。

2．手工编程

采用手工方式编制图 12.8 所示轮廓零件的加工程序（不考虑刀具半径补偿）。

图 12.8 中的 $XO_工Y$ 是零件坐标系，零件尺寸按绝对坐标标注。$XO_机Y$ 是机床坐标系，$O_机$ 是机床的原点，两个坐标系的关系就是零件在机床上的位置关系。

分别采用绝对坐标编程和相对坐标编程，两个程序都是按工件轮廓编制的。

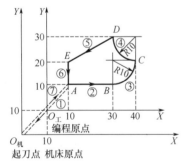

图 12.8　轮廓零件

绝对坐标编程的程序如下。

```
O0005
N10 G90 G17 G00 X10 Y10 ;
N20 G01 X30 F100 ;
N30 G03 X40 Y20 I0 J10 ;
N40 G02 X30 Y30 I0 J10 ;
N50 G01 X10 Y20 ;
N60 Y10 ;
N70 G00 X-10 Y-10 ;
N80 M02
```

相对坐标编程的程序如下。

```
O0006
N10 G91 G17 G00 X20 Y20 ;
N20 G01 X20 F100 ;
N30 G03 X10 Y10 I0 J10 ;
N40 G02 X-10 Y10 I0 J10 ;
N50 G01 X-20 Y-10 ;
N60 Y-10 ;
N70 G00 X-20 Y-20 ;
N80 M02
```

3. 自动编程（使用 CAM 软件）

下面结合图 12.9 所示三角星零件的造型，介绍 CAXA 制造工程师的曲线和曲面绘制、编辑及特征造型的使用方法和自动编程加工方法。

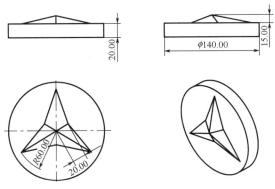

图 12.9　三角星零件

由图 12.9 可知，三角星的造型特点是由多个空间曲面组成。首先应该完成造型建模，主要进行"草图绘制""三维曲线""填充面""直纹面"和"实体化"等操作。

（1）绘制三角星空间框架。绘制的三角星空间框架如图 12.10 所示。

（2）三角星造型。通过填充面形成底面，直纹面形成三角星上部六个面，然后选择全部面，利用实体化形成三角星造型，如图 12.11 所示。

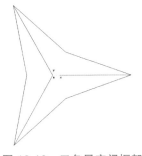

图 12.10　三角星空间框架

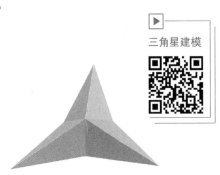

图 12.11　三角星造型

（3）生成加工实体。利用图素生成圆柱体，通过编辑尺寸和位置形成加工实体，如图 12.12 所示。

（4）等高粗加工。

① 在三角星最高点设置工件坐标系，如图 12.13 所示。

图 12.12　三角星实体造型

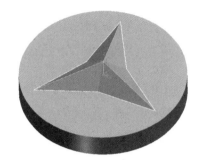

图 12.13　设置工件坐标系

② 在加工管理树的"创建毛坯"选项中创建圆柱体毛坯，底面中心坐标为（0,0,−20），效果如图 12.14 所示。

③ 在制造功能区选择"三轴"→"等高线粗加工"命令，弹出"创建：等高线粗加工"对话框（图 12.15），单击"加工参数"选项卡，设置单向加工、顺铣，加工余量为 0.5mm，层高为 2mm，走刀方式为环切，最大行距为 3mm。

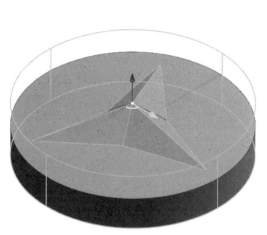

图 12.14　创建毛坯

图 12.15　"创建：等高线粗加工"对话框

三角星加工仿真

④ 选择"区域参数"选项卡。高度范围采用自动设定"毛坯的 Z 范围"，拾取加工边界为零件上的边，取圆柱上边界；刀具中心位于加工边界外侧，如图 12.16 所示。

⑤ 选择"连接参数"选项卡。采用默认值即可，如图 12.17 所示。

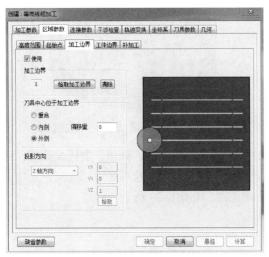

图 12.16　等高线粗加工——区域参数

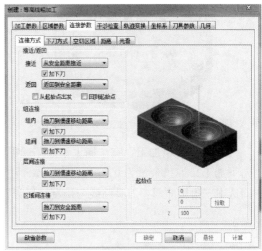

图 12.17　等高线粗加工——连接参数

⑥ 选择"刀具参数"选项卡。使用球头铣刀，刀杆类型为圆柱，设置直径为 6mm，刀具号和补偿号都设置为 1，如图 12.18 所示。

⑦ 选择"几何"选项卡。在"加工曲面"对话框选择曲面，选取零件，单击拾取三角星；在毛坯选项中拾取圆柱体毛坯，如图 12.19 所示。

图 12.18　等高线粗加工——刀具参数

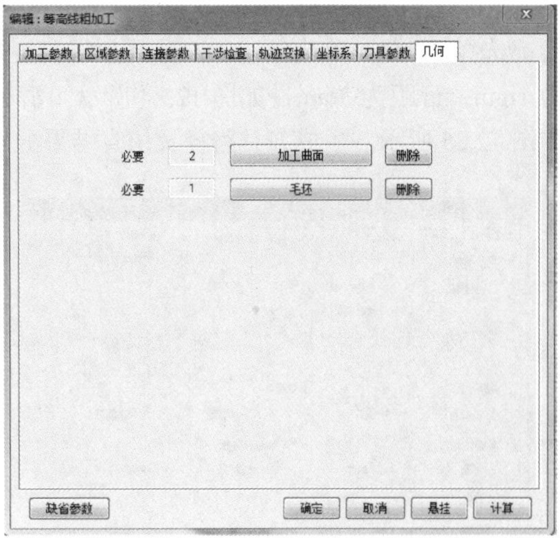

图 12.19　等高线粗加工——几何参数

⑧ 刀具轨迹及加工仿真。计算后的刀具轨迹如图 12.20 所示。选择"实体仿真"选项，拾取等高线粗加工轨迹，单击"仿真"按钮，打开仿真界面，单击"运行"▲按钮，运行仿真程序，如图 12.21 所示。

图 12.20 等高线粗加工——刀具轨迹

图 12.21 等高线粗加工——加工仿真

（5）等高线精加工。在"加工参数"选项卡中设置单向加工方式，顺铣，层优先策略，从上向下加工，加工余量为 0，层高为 2mm，注意选择"层高自适应"选项。在"几何"选项卡中，选中三角星曲面。刀具路线与仿真结果分别如图 12.22 和图 12.23 所示。

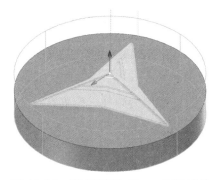

图 12.22 等高线精加工——刀具路线

图 12.23 等高线精加工——仿真结果

（6）零件轮廓外区域加工。选择平面区域粗加工。加工参数：环切加工，轮廓和岛屿补偿都选择" TO "单选项，加工参数顶层高度为 –14mm，底层高度为 –15mm，每层下降高度为 1mm，行距为 3mm，如图 12.24 所示。清根参数：轮廓清根余量和岛清根余量都为 0mm，如图 12.25 所示。生成刀具路径及仿真结果分别如图 12.26 和图 12.27 所示。

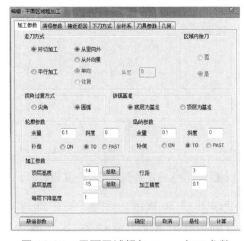

图 12.24 平面区域粗加工——加工参数

图 12.25 平面区域粗加工——清根参数

图 12.26　平面区域粗加工——刀具路径　　　图 12.27　平面区域粗加工——仿真结果

（7）后处理 G 代码。单击"后置处理"按钮，选择控制系统为"Fanuc"，机床配置文件选择"铣加工中心 _3X"，拾取加工轨迹，单击"后置"按钮，将代码"另存为"到相关文件。

至此，零件的造型、生成加工轨迹、仿真检查及生成 G 代码程序的工作完成。在加工之前，还可以通过 CAXA 制造工程师中的校核 G 代码功能查看加工代码的轨迹形状。打表找正工件，按要求找好工件零点，装好刀具，找好刀具的 Z 轴零点，就可以开始加工了。

12.3.4　加工中心

加工中心适用于复杂、工序多、精度要求高、需用多种类型普通机床和很多刀具、工装，经过多次装夹和调整才能完成加工的零件，如汽车的发动机缸体、变速箱体、主轴箱、航空发动机叶轮、船用螺旋桨、曲面成型模具等。与普通数控机床相比，加工中心具有以下特点。

（1）具有刀库和自动换刀装置，能够自动更换刀具，在一次装夹中完成铣削、镗削、钻孔、扩孔、铰孔、攻螺纹和切螺纹等加工，工序高度集中、效率高。

（2）通常具有多个进给轴（三轴以上），甚至多个主轴，能够自动完成多个平面和多个角度位置的加工，实现复杂零件的高精度定位和精确加工。

（3）如果带有自动交换工作台，在加工一个工件的同时，另一个工作台可以装夹工件，从而大大缩短辅助时间，提高加工效率。

加工中心根据轴的数量分为三轴加工中心、四轴加工中心、五轴加工中心等，如图 12.28 所示。

三轴加工中心

四轴加工中心

五轴加工中心

（a）三轴加工中心

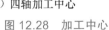
（b）四轴加工中心

（c）五轴加工中心

图 12.28　加工中心

12.4　综合实训课题

12.4.1　数控车削综合实训课题

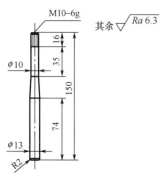

图 12.29　锤柄工件

加工图 12.29 所示的锤柄工件，毛坯为 $\phi16mm$ 的 45 钢棒料，从右端至左端轴向走刀切削，粗加工背吃刀量为 1mm，进给量为 0.15mm/r，主轴转速为 600r/min；精加工一刀完成，进给量为 0.05mm/r，精加工余量为 0.2mm，主轴转速为 1000r/min。

1. 数控车削加工工艺分析

（1）工件图形分析。零件由直线、圆弧和螺纹组成，几何元素完整清楚，未标注公差尺寸，可以按照基准尺寸加工。表面粗糙度要求为 Ra6.3，一般车削即可达标。材料为 45 钢，切削加工性良好，可以安排粗车和精车加工两个阶段完成。

（2）装夹方案。采用普通自定心卡盘装夹，工件右端面用顶尖顶住。

（3）设置工件原点和换刀点。工件原点设在零件的右端面中心点（工艺基准处）。换刀点（刀具起始点）设在工件的右上方（100，150）。

（4）确定加工工艺路线。首先车右端面，打中心孔，用顶尖顶住右端面；然后按照先粗车后精车的原则，从右至左车削外轮廓面，用螺纹刀车 M10 螺纹；最后使用切断刀切断工件。其工艺路线如下：车倒角 C1.5 →车 $\phi10mm$ 圆柱面→车圆锥面→车 $\phi13mm$ 圆柱面→倒 R2mm 圆角→车 M10 螺纹→切断工件。加工使用刀具见表 12-4。

表 12-4　加工使用刀具

刀号	T0101	T0202	T0303	T0404
形状				
类型	粗车外圆刀	精车外圆刀	螺纹刀	切断刀
材料	YT5	YT30	YT15	YT15

2. 数控编程

采用 G71、G70 粗、精加工固定循环指令编写数控加工程序。加工后的锤柄如图 12.30 所示。加工程序如下。

O2001	主程序号
N10 G99 S650 M03 T0101;	设为每转进给模式，主轴正转，调用1号车刀
N20 G00 X20 Z2;	快速移动到起始点
N30 G01 Z0 F0.05	定位到Z0
N40 X-1	车端面
N50 G00Z150	Z向退刀
N60 X100	X向退刀
N70 M5	主轴停
N80 M00	暂停，手动打中心孔，顶尾座
N90 S650 M03 T0101	主轴正转，调用1号车刀
N100 G00 X20 Z2;	刀具快速移至粗车循环点
N110 M8	开切削液
N120 G71 U1 R2;	调用粗加工固定循环指令G71
N130 G71 P140 Q220 U0.2 W0.2 F0.15;	设定粗加工固定循环参数
N140 G01 X7 Z2 F0.05;	精加工起始点
N150 Z0.	
N160 X10 Z-1.5;	倒角C1.5
N170 Z-51;	车ϕ10mm圆柱面至Z-51
N180 X13 Z-76;	车圆锥面
N190 Z-148.	车ϕ13mm圆柱面至Z-148
N200 G03 X9 Z-150 R2;	车圆角R2
N210 Z-154;	进刀Z-154
N220 X20.	X向退刀
N230 G00 X100 Z150;	回到换刀点
N240 T0202 S1000;	换2号外圆精车刀
N250 G70 P140 Q220;	调用精车固定循环指令G70
N260 T0303 S300;	换3号螺纹刀
N270 G0 X11. Z2.	刀具快速移至循环点
N280 G76 P020160 Q50 R0.01;	调用螺纹加工固定循环指令G76
N290 G76 X8.127 Z-16. P919 Q200 F1.5;	设定螺纹加工固定循环参数
N300 G0 Z150.	Z向退刀
N310 T0404 S400;	调用4号切断刀
N320 G00 X20 Z2;	刀具定位
N330 Z-153;	Z向进刀
N340 G01 X0 F0.1;	切断工件
N350 G00X20.	X向退刀
N360 G00 X100 Z150;	回到换刀点
N370 M05;	主轴停

工程实训

N380 M9;　　　　　　　　　　　　　　关切削液

N390 M30.　　　　　　　　　　　　　程序结束

图 12.30　加工后的锤柄

12.4.2 加工中心综合实训课题

图 12.31 所示为心形盒零件图，材料为航空铝 6061，直径为 65mm，采用 HyperMILL 软件自动编程，在加工中心上完成加工。

心形盒实物

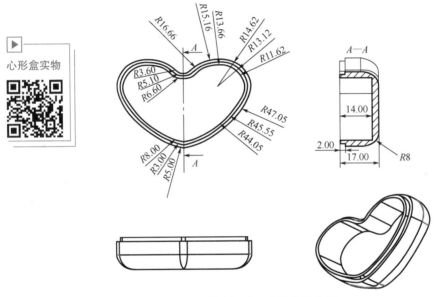

图 12.31　心形盒零件图

1. 工艺分析

根据心形盒的结构特点，将心形盒的加工过程分为开口正面加工和背面加工两个主要工序，正面加工工序用自定心卡盘夹持毛坯，加工内腔；背面加工工序用平口钳夹持工件，加工心形钳口和外形。

2. 正面加工工序

（1）设置工件坐标系。根据零件图建立心形盒三维模型，导入 HyperMILL 软件中，在三维模型最高点设置工件坐标系，如图 12.32 所示。

（2）构建毛坯。在“创建毛坯”选项中创建圆柱体毛坯，毛坯直径为 65mm，顶面留量为 2mm，如图 12.33 所示。

图 12.32　设置工件坐标系

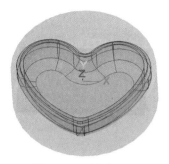

图 12.33　构建毛坯

（3）正面粗加工。正面粗加工工艺参数设置如下。

① 刀具设置。在制造功能区右击，在弹出的快捷菜单中选择"3D 铣削"→"3D 优化粗加工"命令，设置"刀具"选项卡。使用直径为 12mm 的合金立铣刀，刀具号和补偿号都设置为 1，主轴转速为 3600r/min，进给速率为 1200r/min，轴向下刀速率为 200r/min，减速进给 800r/min，如图 12.34 所示。

② 策略选择。在"策略"选项卡下选中"在满刀期间降低进给率"复选框，其余参数采用默认值即可，如图 12.35 所示。

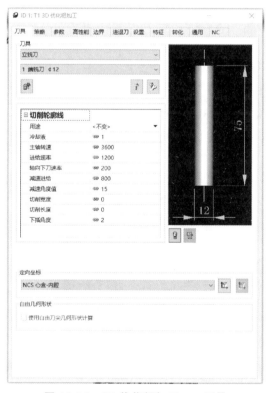

图 12.34　3D 优化粗加工——刀具　　　　图 12.35　3D 优化粗加工——策略

③ 粗加工参数优化。在"参数"选项卡下设置毛坯最高加工点为 2mm，最低加工点为 –17.5mm，余量为 0.2mm，垂直步距为 1mm，如图 12.36（a）所示。选中要加工的模型，选中设置好的毛坯，其余参数采用默认值即可，如图 12.36（b）所示。

333

（a）参数　　　　　　　　　　　（b）设置

图 12.36　3D 优化粗加工参数设置

④ 刀具轨迹。计算后的刀具轨迹如图 12.37 所示。

⑤ 加工仿真。选择"内部机床模拟"选项，拾取 3D 优化粗加工轨迹，单击"仿真"按钮，打开仿真界面后，单击"运行" ▲ 按钮，运行仿真程序，如图 12.38 所示。

图 12.37　3D 优化粗加工——刀具轨迹　　　图 12.38　3D 优化粗加工——加工仿真

（4）正面精加工。正面精加工工序参数设置如下。

① 刀具设置。运用"3D 平面精加工"将底面精加工到位，设置"刀具"选项卡，使用直径为 6mm 的合金立铣刀，刀具号和补偿号都设置为 2，主轴转速为 4000r/min，进给速率为 600mm/min，轴向下刀速率 200mm/min，如图 12.39 所示。

② 加工边界设置。选择"边界"选项卡（图 12.40），选中要加工的平面，如图 12.41 所示。

图 12.39　3D 平面加工——刀具

图 12.40　3D 平面加工——边界

③ 刀具轨迹。计算后的刀具轨迹如图 12.42 所示。

图 12.41　3D 平面加工——选择平面

图 12.42　3D 平面加工——刀具轨迹

④ 轮廓加工。用"基于 3D 模型的轮廓加工"将模型内外轮廓精加工到位，设置"刀具"选项卡，主轴转速为 3500r/min，进给速率为 400mm/min，轴向下刀速率为 200mm/min，如图 12.43 所示。

⑤ 加工对象选择。设置"轮廓"选项卡（图 12.44），选取要精加工的三条边（图 12.45），深度设置如图 12.44 所示。

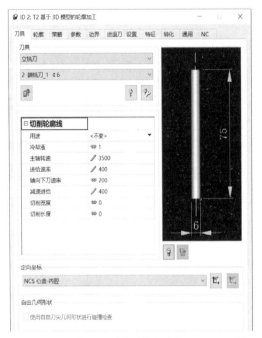

图 12.43　基于 3D 模型的轮廓加工——刀具　　　图 12.44　基于 3D 模型的轮廓加工——轮廓

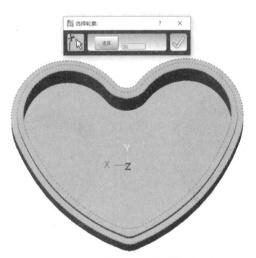

图 12.45　基于 3D 模型的轮廓加工

⑥ 加工策略及参数设置。设置"策略"选项卡，选择策略如图 12.46 所示。设置"参数"选项卡，余量为 0mm，垂直步距为 10mm，其余参数采用默认值即可，如图 12.47 所示。

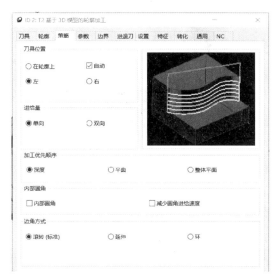

图 12.46　基于 3D 模型的轮廓加工——策略　　　图 12.47　基于 3D 模型的轮廓加工——参数

⑦ 刀具轨迹。计算后的刀具轨迹如图 12.48 所示。

图 12.48　基于 3D 模型的轮廓加工——刀具轨迹

⑧ 仿真结果及加工实物。选择"内部机床模拟"选项，拾取"3D 平面精加工"和"基于 3D 模型的轮廓"刀具轨迹，单击"仿真"按钮，打开仿真界面后，单击"运行"▲按钮，运行仿真程序，仿真结果如图 12.49 所示。经设置后置处理，拾取刀具轨迹，单击"生成 NC 文件"按钮，将代码"另存为"到相关文件，导入加工中心机床，加工实物如图 12.50 所示。

图 12.49　仿真结果

图 12.50　加工实物

3. 背面加工工序

（1）设置工件坐标系。在心形盒最高点设置工件坐标系，如图 12.51 所示。

（2）粗加工设置。粗加工工艺参数设置如下。

① 刀具设置。右击，在弹出的快捷菜单中选择"3D 铣削"→"3D 优化粗加工"命令，设置"刀具"选项卡。使用直径为 12mm 的合金立铣刀，刀具号和补偿号都设置为 1，主轴转速为 3600r/min，进给速率为 1200mm/min，轴向下刀速率为 200mm/min，减速进给为 800mm/min（设置方法与图 12.34 相同）。

② 策略及参数设置。设置"策略"选项卡，选中"在满刀期间降低进给率"复选框，其余参数采用默认值即可；设置"参数"选项卡：毛坯最低加工点为 –8mm，余量为 0.2mm，垂直步距为 0.5mm，其余参数采用默认值即可，如图 12.52 所示。

图 12.51　设置工件坐标系

图 12.52　3D 优化粗加工——参数

③ 刀具轨迹及仿真结果。设置"设置"选项卡：选中要加工的模型，选中正面加工

工序生成的毛坯，其余参数采用默认值即可；计算刀具轨迹和仿真结果，分别如图 12.53 和图 12.54 所示。

图 12.53　3D 优化粗加工——刀具轨迹

图 12.54　3D 优化粗加工——仿真结果

（3）背面精加工。精加工工艺参数设置如下。

① 刀具设置及加工面选取。运用"3D 平面加工"将顶面精加工到要求尺寸。设置"刀具"选项卡，选择直径为 6mm 的合金立铣刀，刀具号和补偿号都设置为 2，设置主轴转速为 4000r/min，进给速率为 600mm/min，轴向下刀速率为 200mm/min（设置方法与图 12.34 相同）；设置"边界"选项卡，选中要加工的平面，如图 12.55 所示。

图 12.55　3D 平面精加工

② 加工策略及参数设置。运用"3D ISO 加工"将圆角面精加工到要求尺寸，设置"刀具"选项卡，选用直径为 4mm 的合金球头刀，刀具号和补偿号都设置为 5，设主轴转速为 4500r/min，进给速率为 1500mm/min，轴向下刀速率为 500mm/min，如图 12.56 所示。

③ 加工策略及参数设置。设置"策略"选项卡，如图 12.57 所示；设置"参数"选项卡：3D 步距设为 0.2mm，其余参数采用默认值即可，如图 12.58 所示。

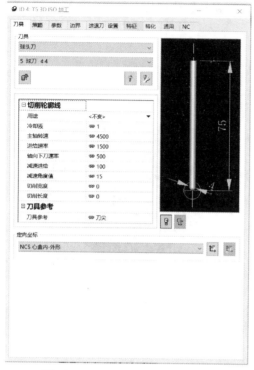

图 12.56　3D ISO 加工——刀具

图 12.57　3D ISO 加工——策略

图 12.58　3D ISO 加工——参数

④ 刀具轨迹、仿真结果及加工实物。计算后的刀具轨迹、仿真结果及加工实物分别如图 12.59（a）至图 12.59（c）所示。

（a）刀具轨迹   （b）仿真结果   （c）加工实物

图 12.59　背面精加工刀具轨迹、仿真结果及加工实物

12.5　实训中常见问题解析

1. 零件轮廓接刀处留下痕迹

刀具切入工件时，应避免沿零件外廓的法向切入，而应沿外廓曲线延长线的切向切入，以避免在切入处刀具产生刻痕，保证零件曲线平滑过渡，如图 12.60 所示。同理，刀具切离工件时，应避免在工件的轮廓处直接退刀，而应沿零件轮廓延长线的切向逐渐切离工件。

铣削封闭的内轮廓表面时，如图 12.61 所示，因内轮廓曲线不允许外延，刀具只能沿轮廓曲线的法向切入和切出，故刀具的切入点和切出点应尽量选在内轮廓曲线两几何元素的交点处。

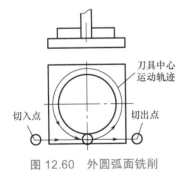 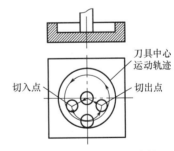

图 12.60　外圆弧面铣削   图 12.61　内圆弧面铣削

在轮廓加工中应避免进给停顿。进给停顿时，切削力减小，刀具会在进给停顿处的零件轮廓处留下划痕。

2. 零件轮廓下刀处残缺

使用 G41、G42 半径补偿时，半径补偿要加在零件轮廓加工之前，且切入点与轮廓之间的距离要大于刀具半径补偿值。

3.加工表面不平、粗糙度高

加工表面不平、粗糙度高的主要原因是精加工时，选用的切削液性能不符合加工要求，当刀具进给速度过高，而刀具因快速移动时而产生振动时容易给加工面留下不平的路径。有时两个相邻的刀路之间的刀痕会有一定的差异，这是由刀具切削的方向不一致造成的，在精加工中应该采用全顺铣的加工方式并选用专用切削液。

4.接刀、换刀痕迹明显

接刀、换刀痕迹明显的主要原因是进、退刀的位置和参数选择不当，可以从四个方面调整：一是切入点选取正确；二是在中间下刀时增加一个重叠量；三是精加工侧面时采用全切深加工；四是精加工时选用专用切削液。

12.6　数控机床操作安全

在使用数控机床的过程中要严格遵守如下操作规程，确保操作安全。

（1）必须熟悉机床的性能、结构、传动原理及控制方法。

（2）工作前，应按规定检查机床，包括电气控制是否正常，开关、手柄位置是否在规定位置上，润滑油路是否畅通，润滑油是否良好，并按规定进行润滑。

（3）开机时，应注意液压系统和气压系统的调整，系统的工作压力必须在额定范围内。定期清理气压系统内的杂质和水液，保持清洁和干燥。

（4）开机时应低速运行 3～5min，查看各部分运转是否正常。

（5）加工工件前，必须进行加工模拟或试运行，严格检查和调整加工原点、刀具参数、加工参数及刀具轨迹，特别要注意工件是否牢固，调节工具是否已经移开。

（6）按动按键时用力要适度，不得用力拍打键盘、按键和显示屏。

（7）工作完毕后，应及时清扫机床。

12.7　小　　结

本章主要介绍了数控加工的基础知识和数控车削加工、铣削加工及加工中心等内容；并通过数控车削、数控铣削、加工中心实训案例，说明了手工编程、自动编程的操作过程，使读者掌握数控加工的工艺分析、程序编写、实物加工的过程。

12.8　思考与练习

1.思考题

（1）数控机床一般由哪几部分组成？数控加工有什么特点？

（2）简述数控加工原理。

（3）加工中心与普通数控机床相比有哪些特点？

（4）数控加工安全应该注意哪些问题？

（5）你了解哪些数控加工辅助编程软件？

2. 实训题

（1）用数控车削加工图 12.62 所示的工件，毛坯为 ϕ45mm 的 45 钢棒料，分析制订加工工艺，编写加工程序，完成加工。

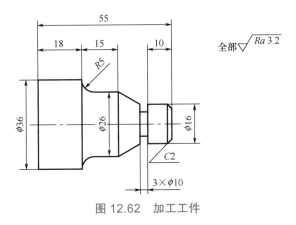

图 12.62　加工工件

（2）用数控铣削加工图 12.63 所示的工件。材料为 145mm × 105mm、厚度为 25mm 的 45 钢。分析制订加工工艺，编写加工程序，完成加工。

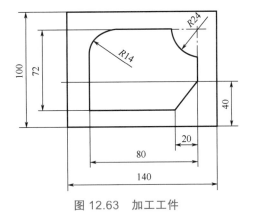

图 12.63　加工工件

第13章
特种加工技术

教学提示： 随着现代科学技术的迅猛发展，国防、航天、电子、机械等工业部门要求产品向高精度、高速度、大功率、耐高温、耐高压、小型化等方向发展，产品使用的材料越来越难加工，形状和结构越来越复杂，要求精度越来越高、表面粗糙度越来越小，非传统加工方法（如 3D 打印、机器人焊接等）在制造中的应用越来越多，新的特种加工技术不断涌现。

教学要求： 通过本章的学习，要求学生了解常见的特种加工技术。

13.1 概　述

13.1.1 特种加工的产生与发展

随着现代化产业体系的建立，很多工业部门，尤其是国防工业部门要求尖端科学技术产品向高精度、高速度、大功率、耐高温、耐高压、小型化等方向发展，产品使用的材料越来越难加工，零件形状越来越复杂，要求表面精度越来越高、表面粗糙度越来越小，还有一些特殊要求，对机械制造提出了如下要求。

（1）解决难切削材料的加工问题。如硬质合金、钛合金、耐热钢、不锈钢、淬硬钢、金刚石、宝石、石英和锗、硅等高硬度、高强度、高韧性、高脆性的金属及非金属材料的加工。

（2）解决特殊复杂表面的加工问题。如喷气涡轮机叶片，发动机机匣，锻压模和注射模的立体成型表面，冲模、冷拔模上特殊断面的型孔，炮管内膛线，喷油嘴、栅网、喷丝头上的小孔或窄缝等的加工。

（3）解决超精、光整或具有特殊要求的零件的加工问题。如对表面质量和精度要求很高的航空航天陀螺仪、伺服阀，以及细长轴、薄壁零件、弹性元件等低刚度零件的加工。

要解决上述工艺问题，仅依靠传统的切削加工方法很难实现，甚至根本无法实现。科研工作者不断探索研究新的加工方法，特种加工技术就是在这种前提条件下发展起来的。为区别于现有的金属切削加工，这类新加工方法统称特种加工，它们与切削加工的不同点如下。

（1）不主要依靠机械能，而是主要用其他能量（如电、化学、光、声、热等）去除材料或进行增材制造。

（2）工具硬度可以低于被加工材料的硬度。

（3）在加工过程中，工具和工件之间不存在显著的机械切削力。

13.1.2　特种加工的分类

特种加工的分类还没有明确的规定，一般按能量形式分为以下几类：电、热能——电火花加工、电子束加工、等离子弧加工；电、机械能——等离子束加工；电、化学能——电解加工、电解抛光；电、化学、机械能——电解磨削、电解珩磨、阳极机械磨削；光、热能——激光加工；化学能——化学加工、化学抛光；声、机械能——超声加工；液、气、机械能——磨料喷射加工、磨料流加工、液体喷射加工。将两种以上能量和工作原理结合，可以取长补短，获得良好的效果。

1. 特种加工适用的材料

因各种特种加工的能量形式和加工原理不同，故其适用的材料也不同，见表 13-1。

表 13-1　特种加工适用的材料

特种加工方法	铝	钢	高合金钢	钛合金	耐火材料	塑料	陶瓷	玻璃
电火花加工	△	○	○	○	□	×	×	×
电子束加工	△	△	△	△	○	△	○	△
等离子弧加工	○	○	○	△	□	□	×	×
激光加工	△	△	△	△	○	△	○	△
电解加工	△	○	○	△	△	×	×	×
化学加工	○	○	△	△	○	○	□	△
超声波加工	□	△	□	△	△	△	○	○
磨料喷射加工	△	△	○	△	○	△	○	○

注：○—好；△—尚好；□—不好；×—不适用。

2. 特种加工对机械制造的变革

（1）提高了材料的可加工性。以往认为金刚石、硬质合金、淬硬钢、石英、玻璃、陶瓷等很难加工，现在可以广泛采用电火花、电解、激光等方法加工。

（2）改变了零件的典型工艺路线。以往除磨削外，其他切削加工、成形加工等都必须安排在淬火热处理工序之前，这是工艺人员需要遵循的工艺准则。特种加工改变了这一准则。由于它基本不受工件硬度的影响，而且为了免除加工后引起淬火热处理变形，一般都先淬火后加工。电火花线切割加工、电火花成形加工和电解加工等都需先淬火后加工。

（3）试制新产品。采用光电、数控电火花线切割、激光加工、3D 打印等，可以直接加工出标准零部件和非标准零部件，特殊、复杂的空间曲面体零件等，不用设计和制造相应的刀具、夹具、量具、模具及二次工具等，可大大缩短试制周期。

（4）特种加工对产品零件的结构设计有很大影响。如对于复杂冲模（如山形硅钢片冲模），采用传统加工方法不易制造，往往采用拼镶结构，采用电火花线切割加工后，即使是硬质合金的模具或刀具，也可做成整体结构。

（5）对传统的结构工艺性重新评价。传统加工方式下方孔、小孔、弯孔、窄缝等是工艺性很"坏"的典型，特种加工方法改变了这种评价。对于电火花穿孔、电火花线切割工艺来说，加工方孔和加工圆孔的难易程度相同。喷油嘴小孔、喷丝头小异形孔、涡轮叶片大量的小冷却深孔、窄缝、静压轴承、静压导轨的内油囊型腔适合采用电加工。过去淬火前忘了钻定位销孔、铣槽等，淬火后工件只能报废，现在可通过采用电火花、激光加工等特种加工打孔、切槽补救。有时为了避免淬火开裂、变形等影响，特意把钻孔、开槽等工艺安排在淬火之后。

13.2 电火花成形加工

13.2.1 电火花成形加工机床

电火花成形加工机床一般由脉冲电源、自动进给调节装置、机床本体、工作液等组成。

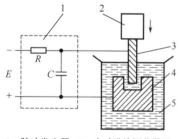

1—脉冲发生器；2—自动进给调节装置；
3—工具电极；4—工件；5—工作液。

图 13.1 电火花加工装置原理

（1）脉冲电源。脉冲电源的作用是把普通 50Hz 的交流电转换成频率较高的单向脉冲电压，并加在工具电极与工件上，提供电火花加工所需的放电能量。图 13.1 中的脉冲发生器是一种最基本的脉冲发生器，它由电阻 R 和电容器 C 构成。直流电源 E 通过电阻 R 向电容器 C 充电，电容器两端电压升高，当达到一定电压极限时，工具电极（阴极）与工件（阳极）之间的间隙被击穿，产生火花放电。火花放电时，电容器将储存的能量瞬时放出，电极间的电压骤然下降，工作液恢复绝缘，电源重新向电容器充电，如此不断循环，形成每秒数千到数万次的脉冲放电。

（2）自动进给调节装置。脉冲放电必须在一定间隙下产生，两极间短路或断路（间隙过大）都不能产生，并且放电间隙对电蚀效果有一个最佳值，加工中应将放电间隙控制在最佳间隙附近。因此，需采用自动调节器控制工具电极，以自动调节工具电极的进给，自动维持工具电极和工件之间的合理间隙，以保证脉冲放电正常进行。

（3）机床本体。机床本体是用来实现工具电极和工件的装夹固定及保持一定位置精度的机械系统，包括床身、工作台、立柱等。

（4）工作液。放电区域必须在煤油等具有高绝缘强度的工作液中，以便击穿放电，形成放电通道，并利于排屑和冷却。常用的工作液有煤油、锭子油及其混合油，也可用去离子水等水质工作液。

1. 机床总体部分

机床总体部分主要包括主轴头、床身、立柱、工作台及工作液槽等。电火花机床如图 13.2 所示。

电火花穿孔成形加工机床主要由主机（包括自动调节系统的执行机构）、脉冲电源、自动进给调节装置、工作液循环系统等组成。主机主要包括主轴头、床身、立柱、工作台及工作液槽等。

2. 主轴头

主轴头是电火花成形机床中的关键部件，是自动进给调节装置中的执行机构，对加工工艺指标的影响极大。对主轴头的要求是结构简单、传动链短、传动

图 13.2 电火花机床

间隙小、热变形小、具有足够的精度和刚度，以适应自动调节系统的惯性小、灵敏度好、能承受一定负载的要求。主轴头主要由进给系统、导向防扭机构、电极装夹及其调节环节组成。

电火花加工

3. 工具电极夹具

工具电极夹具及其调节装置的形式很多，其作用是调节工具电极和工作台的垂直度以及调节工具电极在水平面内的微量扭转角。常用的工具电极夹具有十字铰链式工具电极夹具和球面铰链式工具电极夹具。

4. 工作液循环系统

工作液循环系统包括工作液（如煤油）箱、电动机、泵、过滤装置、工作液槽、油杯、管道、阀门及测量仪表等。放电间隙中的电蚀产物除靠自然扩散、定期抬刀以及使工具电极附加振动等排除外，还采用强迫循环的方法排除，以免间隙中的电蚀产物过多，引起加工过的侧表面间"二次放电"，影响加工精度，还可以带走一部分热量。

13.2.2 电火花成形加工工艺

1. 冷冲模加工

冷冲模加工常采用粗、中、精三档规准转换。粗规准主要是蚀除大部分余量，提高加工速度。脉冲宽度为 $16 \sim 30 \mu s$，脉冲间隔为 $50 \sim 100 \mu s$，峰值电流根据加工面积而定，

不超过 3 ～ 5A/cm²。中规准用于过渡加工，以便较快地修掉粗规准加工后的麻点和余量，一般脉冲宽度为 6 ～ 18μs，脉冲间隔为 20 ～ 40μs，峰值电流 1 ～ 3A/cm²。精规准主要是满足较高工艺要求的指标，如表面粗糙度、间隙、斜度等，一般脉冲宽度为 1.5 ～ 4μs，脉冲间隔为 5 ～ 15μs，峰值电流小于 2A/cm²。上述数据范围应根据不同要求合理选择，按要求分为以下几种情况。

（1）大间隙。规准选择要大，在无尖角的部位时采用平动法或对电极采取电镀法解决。

（2）小间隙。全刃口部位采用精规准。

（3）大斜度。可增加电极转换次数和冲液（工作液）方法。

（4）小斜度。采用抽液精规准加工，或用粗规准、中规准、精规准转换的方法，对全刃口加工也可采用此种方法。

（5）大余量。选择粗规准、中规准或在脉宽间隔一定的情况下，增大峰值电流。

在转换规准时，根据具体加工条件、间隙、排屑情况及加工稳定性适当地改变抽液压力。要求小间隙、高光洁度时，可将冲液改为抽液。

2. 型腔模加工

型腔模加工的规准转换同样分为粗规准、中规准、精规准三档。

（1）粗规准。一般脉冲宽度大（大于 200μs），峰值电流适当高（10 ～ 50A）的参数组合就是粗规准。其加工效果是电极损耗小（有时可能出现"反黏"）、表面粗糙度差（$Ra>20\mu m$）、加工速度高、放电间隙大。粗规准在型腔加工时，蚀除大部分余量，使工件基本成型。选用粗规准加工时，电流密度不能选得过大，否则会引起烧弧或破坏电极表面质量。一般用石墨电极加工钢件，其电流密度不超过 3A/cm²；用纯铜电极加工钢件，电流密度应不超过 5A/cm²；用铁合金（包括钢和铸铁）电极加工钢件，电流密度应不超过 2A/cm²。为了达到电极低损耗，应使峰值电流不大于 0.01A/μs。

（2）中规准。一般脉冲宽度中等（20 ～ 200μs）、峰值电流适中的参数组合就为中规准。其加工结果是电极略有损耗（有的电极可实现小于 1% 的损耗），表面粗糙度 $Ra=2.5 ～ 10\mu m$，放电间隙为 0.1 ～ 0.3mm（双面），加工速度适中。

中规准与粗规准无明显界限，其划分依照具体加工对象而定。中规准在型腔加工时，主要用于修整，在穿孔加工时可作为粗成型。

（3）精规准。一般脉冲宽度较小（小于 10μs）或峰值电流较小的参数组合为精规准。它是在中加工的基础上进行精修的规准。其加工结果是电极相对损耗大（10% ～ 30%），表面粗糙度 $Ra≤2\mu m$，加工速度低。由于实际加工时，留给精修的余量很少，一般不超过 0.02 ～ 0.2mm，因此电极的绝对损耗量不大，但边损耗与角损耗较大。

应根据具体加工对象确定脉冲电源参数。对于尺寸小、形状简单的浅型腔加工，规准转换挡数可少些；尺寸大、型腔深、形状复杂的工件，规准转换的挡数要多些。当本挡规准的表面粗糙度全部修光时，应及时转换规准，以提高工效，减少电极损耗，并提高加工精度。

13.3　电火花线切割加工

13.3.1　电火花线切割机床

电火花线切割加工是电火花加工的一个分支，是一种直接利用电火花进行处理加工的工艺方法，主要利用线状电极（电极丝）对工件进行切割，因此被称为线切割。图13.3所示为电火花线切割机床，由机床本体、脉冲电源和数控装置三部分组成，其中机床本体由床身、工作台、运丝机构、工作液系统等组成。

线切割作品图

图13.3　电火花线切割机床

电火花线切割机床按照走丝速度分类，可以分为慢走丝方式、中走丝方式以及高走丝方式的线切割机床。慢走丝方式的加工精度高于快走丝方式。

（1）床身。床身用于支撑和连接工作台、运丝机构、机床电器及存放工作液系统。

（2）工作台。工作台用于安装并带动工件在工作台面内沿 X、Y 两个方向移动。工作台分为上、下两层，分别与 X、Y 向丝杠相连，由两个步进电动机分别驱动。步进电动机每收到计算机发出的一个脉冲信号，其输出轴就旋转一个步距角，通过一对齿轮变速带动丝杠转动，从而使工作台在相应的方向移动一定距离。

（3）运丝机构。电动机通过联轴器带动贮丝筒交替做正、反向运转，电极丝整齐地排列在贮丝筒上，并经过丝架做往复高速移动。

（4）工作液系统。工作液系统由工作液、工作液箱、工作液泵和循环导管等组成。工作液起绝缘、排屑和冷却作用。每次脉冲放电后，工件与电极丝之间必须恢复绝缘状态，否则脉冲放电就会转变为稳定持续的电弧放电，影响加工质量。在加工过程中，工作液可把加工过程产生的金属颗粒迅速从放电区域冲走，使加工顺利进行。工作液还可冷却受热的电极丝和工件，防止工件变形。

（5）脉冲电源。脉冲电源的作用是把普通的 50Hz 交流电转换成高频率的单向脉冲电压。加工时，电极丝接脉冲电源负极，工件接正极。

（6）数控装置。数控装置以计算机为核心，配备相关硬件和控制软件。加工程序可用键盘输入或直接自动生成。控制工作台 X、Y 两个方向步进电动机或伺服电动机的运动。

13.3.2 电火花线切割工艺

1. 加工工艺指标

电火花线切割工艺指标主要包括切割速度、表面粗糙度、加工精度等。此外，放电间隙、电极丝损耗和加工表面层变化也是反映加工效果的重要内容。

影响工艺指标的因素很多，如机床精度、脉冲电源的性能、工作液脏污程度、电极丝与工件材料和切割工艺路线等。它们既相互关联又相互矛盾。其中，脉冲电源的波形及参数的影响是相当大的，如矩形波脉冲电源的主要参数有电压、电流、脉冲宽度、脉冲间隔等。所以，根据不同的加工对象，选择合理的加工参数是非常重要的。

2. 合理选择电参数

（1）要求切割速度高时。必须在满足表面粗糙度的前提下追求高的切割速度。而且切割速度受到间隙消电离的限制，即脉冲间隔也要适当。

（2）要求表面粗糙度低时。若切割的工件厚度小于 80mm，则可选用分组波的脉冲电源，它与相同能量的矩形波脉冲电源相比，在相同切割速度的条件下，可以获得较低的表面粗糙度。

（3）要求电极丝损耗小时。多选用前阶梯脉冲波形或脉冲前沿上升缓慢的波形，由于这种波形电流的上升率低，因此可以减小电极丝损耗。

（4）要求切割厚工件时。选用矩形波、高电压、大电流、大脉冲宽度和大脉冲间隔。因为工件厚，排屑比较困难，所以要增大脉冲间隔，以便加工产物充分排出。脉冲间隔可充分消电离，从而保证加工稳定性。

13.3.3 数控线切割编程

编制数控线切割程序有手工编程和机床自动编程两种。随着计算机技术和制图软件的发展，可以直接将多种格式的图形导入数控线切割系统，设置后可以自动编程生产相应的加工代码，尤其是对复杂图案的加工，自动编程是普遍采用的编程方式。

偏移补偿值的计算。在线切割编程时，考虑切割电极丝直径对加工工件尺寸的影响，需要计算偏移补偿值。在控制系统的软件中都有自动补偿，一般补偿值为电极丝直径 /2+0.015mm。比如电极丝直径为 0.18mm，补偿值 =0.18/2+0.015=0.105（mm），5μm 会被忽略。一般快走丝线切割的补偿为 0.1mm。

13.4 激 光 加 工

13.4.1 激光加工原理和加工特点

激光是一种亮度高、方向性和单色性好、发散角小的相干光，理论上可以聚焦到尺寸与光的波长相近的小斑点上，其焦点处的功率密度为 $10^3 \sim 10^7 \text{W/mm}^2$，温度可达上万摄氏度。在此高温下，任何坚硬的材料都将瞬时急剧熔化和汽化，并产生强烈的冲击波，使熔化物质爆炸式地喷射去除。激光加工就是利用这种原理进行打孔、切割的。

13.4.2 激光加工的特点和应用

1. 激光加工的特点

（1）可加工所有硬度的金属和非金属材料，如硬质合金、不锈钢、金刚石、宝石、陶瓷等。

（2）适合精密加工。可把激光聚焦成极细（$\phi 0.01 \sim \phi 1.0\text{mm}$）的光束加工微孔、深孔、窄缝等。

（3）加工时间极短（仅千分之一秒），热影响小、易实现自动化。

（4）加工时无须加工工具，属于非接触加工，无机械加工变形。

（5）可用反射镜将激光束送往远处的隔离室加工。

2. 激光加工的应用

（1）激光打孔打标。如用于化纤喷丝头打孔、钟表宝石轴承、金刚石拉丝模订孔及发动机燃油喷嘴孔的加工，在工件表面打标加工等。图 13.4 所示为激光打标机。

（2）激光切割。如集成电路用的单晶硅片切割、异形孔切割、精密狭窄缝隙切割、金属板材切割等。

（3）激光焊接。如晶体管元件及精密仪表的焊接等，激光焊接具有焊接迅速、加热影响区小、没有熔淹等特点。

（4）激光表面强化及增材制造。激光可以对金属表面进行淬火强化、合金材料熔覆强化以及增材制造。利用激光扫描金属表面，在极短时间内加热到淬火温度，迅速冷却，使表面淬硬；利用激光对金属表面熔覆耐高温、耐磨、耐腐蚀的合金材料，增强材料的综合性能；以激光为热源进行金属级的增材制造。激光表面强化及增材制造技术已应用到模具加工制造、航空航天等领域。图 13.5 所示为激光淬火和熔覆系统。

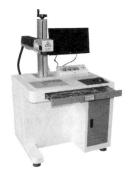

图 13.4　激光打标机

图 13.5　激光淬火和熔覆系统

13.4.3 激光加工机床

激光加工机床包括激光器、激光器电源、光学系统、冷却系统及机械控制系统等。

（1）激光器。激光器是激光加工的重要设备，它把电能转换为光能，从而产生激光束。

（2）激光器电源。激光器电源为激光器提供所需的能量及控制功能。

（3）光学系统。光学系统主要是激光聚焦系统，对激光器发射的激光光束进行聚集。

（4）冷却系统。冷却系统对激光器及激光加工头等发热部分进行冷却散热，确保正常工作。

（5）机械控制系统。机械控制系统主要搭载激光加工头进行运控控制，分为机床式、三维工作平台式和机械手式等。

13.5 超声加工

13.5.1 超声加工机床

图 13.6 超声加工机床

超声加工机床（图 13.6）主要由以下三大部分组成。

（1）超声发生器。超声发生器将 50Hz 的交流电转化为高频电能，供给超声换能器。

（2）超声振动系统。超声振动系统包括超声换能器和变幅杆，它的作用是将换能器的振幅放大，并传给工具。

（3）机床本体。加工机床有立式机床和卧式机床两种。

超声加工机床具有下列特点。

（1）由于工具与工件间的相互作用力小，因此机床本体不需要像一般机床一样高的结构强度和强力传动机构，但刚度要好。

（2）超声加工机床的主要运动有工作进给运动和调整运动，用于调节工具与工件间的相对位置。

（3）工作台带有盛放磨料液的工作槽，以防止磨料液飞溅，并使磨料液顺利流回磨料液泵。为了使磨料液在加工区域循环良好，一般都带有强制磨料液循环的装置。

（4）超声加工机床还应具备冷却装置。

13.5.2 超声加工工艺

1. 加工速度及其影响因素

加工速度是指单位时间内去除的材料质量或体积，单位为 g/min 或 mm^3/min。玻璃的最高加工速度为 $4000mm^2$/min。

影响加工速度的主要因素有工具振幅和频率、进给压力、磨料种类和粒度、磨料悬浮液浓度、被加工材料等。

（1）工具振幅和频率的影响。过大的振幅和过高的频率会使工具和变幅杆承受很大的内应力，可能超过它的疲劳强度而降低使用寿命，而且在联结处的损耗也增大，因此一般振幅为 0.01 ～ 0.1mm，频率为 16000 ～ 25000Hz。在实际加工中，应调至共振频率，以获得最大振幅。

（2）进给压力的影响。加工时，工具应对工件有一个合适的进给压力，若压力过小，则工具末端与工件加工表面间的间隙增大，从而减弱了磨料对工件的撞击力和打击深度；若压力过大，则会使工具与工件的间隙减小，磨料和工作液不能顺利循环更新，从而降低生产率。

一般而言，加工面积小时，单位面积最佳静压力可较大。例如采用圆形实心工具在玻璃上加工孔时，当加工面积为 $5 \sim 13mm^2$ 时，最佳静压力约为400kPa；当加工面积大于 $20mm^2$ 时，最佳静压力为 $200 \sim 300kPa$。

（3）磨料种类和粒度的影响。磨料硬度越高，加工速度越高，但要考虑价格成本。加工金刚石和宝石等超硬材料时，必须用金刚石磨料；加工硬质合金、淬火钢等高硬脆性材料时，宜采用硬度较高的碳化硼磨料；加工硬度不太高的脆硬材料时，可采用碳化硅；加工玻璃、石英、半导体等材料时，可用刚玉（主要成分氧化铝）作磨料。另外，磨料粒度越粗，加工速度越高，但精度和表面粗糙度越差。

（4）磨料悬浮液浓度的影响。磨料悬浮液浓度低，加工间隙内磨粒少，特别当加工面积和深度较大时可能造成加工区域局部无磨料的现象，使加工速度大大下降。随着磨料悬浮液浓度的增加，加工速度提高。但浓度太高时，磨粒在加工区域的循环运动和对工件的撞击运动受到影响，从而导致加工速度降低。通常采用的浓度为磨料对水的质量比为 $0.5 \sim 1$。

（5）被加工材料的影响。被加工材料越脆，承受冲击载荷的能力越低，越易被去除加工；反之韧性较好的材料不易加工。若以玻璃的可加工性（生产率）为100%，则锗、硅半导体单晶为 $200\% \sim 250\%$，石英为50%，硬质合金为 $2\% \sim 3\%$，淬火钢为1%，不淬火钢小于1%。

2. 加工精度及其影响因素

超声加工的精度除受机床、夹具精度影响外，还与磨料粒度、工具精度及磨损情况、工具横向振动、加工深度、被加工材料性质等有关。

一般超声加工孔的尺寸精度为 $\pm 0.02 \sim \pm 0.05mm$，采用 $240 \sim 280$ 号磨粒时可达 $\pm 0.05mm$，采用 $W7 \sim W28$ 磨粒时可达 $\pm 0.02mm$ 或更高。

此外，加工圆形孔的形状误差主要有圆度和圆柱度。圆度误差与工具横向振动和工具沿圆周磨损不均匀有关；圆柱度误差与工具磨损量有关。采用工具或工件旋转的方法，可以提高孔的圆度和生产率。

3. 表面质量及其影响因素

超声加工具有较好的表面质量，不会产生表面烧伤和表面变质层。超声加工的表面粗糙度较低（$Ra=0.1 \sim 1\mu m$），取决于每粒磨粒每次撞击工件表面后留下的凹痕尺寸，它与磨料颗粒的直径、被加工材料的性质、超声振动的振幅以及磨料悬浮液的成分等有关。

当磨粒尺寸较小、工件材料硬度较大、超声振幅较小时，加工表面粗糙度将得到改善，但生产率随之降低。

磨料悬浮液的性能对表面粗糙度的影响比较复杂。实践表明，用煤油或润滑油代替水可进一步改善表面粗糙度。

13.6　3D 打印技术

3D 打印技术是近年来快速发展的一种先进制造技术，也称增材制造（additive manufacturing，AM）。与传统的减材制造相比，3D 打印技术通过将材料逐层堆积建立实体物体，具有高效、精确、灵活等优势。它不仅可以应用于制造业领域，如工业制品、机械零件、汽车零部件等的生产制造，还在医疗、航空航天、艺术设计等领域得到了广泛的应用。

3D 打印技术的发展为制造业带来了巨大变革，它可以减少生产成本、缩短制造周期、提高制造灵活性，同时可以实现个性化定制、快速原型制造等创新应用。随着 3D 打印技术的不断成熟和普及，其将为更多行业带来更多的创新和突破，对未来的制造方式和生活方式产生深远的影响。

13.6.1　3D 打印的原理及工艺过程

1. 3D 打印的原理

3D 打印的原理是基于计算机辅助设计（computer aided design，CAD）软件创建物体的三维模型，然后通过切片软件将模型切割成逐层的二维图像，再通过 3D 打印机将每层材料逐层叠加打印。打印材料可以是塑料、金属、陶瓷等，通过不同的打印技术和材料特性的结合，可以实现形状复杂、结构精细的制造。

2. 3D 打印的工艺过程

3D 打印的工艺过程是指将数字设计模型转化为实际物体的一系列过程。它包括准备工作、打印参数设定、打印过程控制和后处理等环节。

（1）准备工作。首先需要一个待打印的 3D 模型，这个模型可以通过计算机辅助设计软件设计，或者通过扫描实物获得。设计完毕，需要将模型转化为 3D 打印机能够识别的格式，如 STL 文件。

（2）打印参数设定。在实际打印前，需要根据选择的打印材料和打印机的特性设置合适的参数，包括打印温度、打印速度、层高、填充密度等。不同的材料和打印机可能需要设置不同的参数。

（3）打印过程控制。打印时，需要使 3D 打印机加载合适的材料，如聚合物、金属或陶瓷等。3D 打印机按照设定的参数层层堆叠材料，直到打印完成整个模型。在打印过程中，控制系统会准确控制打印头（对于熔融沉积成型技术）或激光束（对于立体光固化成型或选择性激光烧结技术）的运动轨迹，以实现模型的精确形状。

（4）后处理。打印完成后，可能需要进行一些后处理来改善模型的表面光滑度或精度，包括去除支撑结构、清洁模型、进行表面处理（如研磨、抛光）等。

总的来说，3D 打印的工艺过程涵盖了从准备工作到打印过程控制再到后处理的各个环节。合理设置打印参数和精确控制打印过程，可以打印具有高精度和复杂形状的三维物体。

13.6.2 3D 打印材料

1. 聚合物材料

3D 打印材料中的聚合物材料是指由高分子化合物构成的材料。聚合物是由许多重复单元（称为单体）通过化学键连接而成的大分子化合物。它具有可塑性、可加工性、轻质以及良好的耐化学腐蚀性等特点，在 3D 打印领域得到广泛应用。

聚合物 3D 打印零件

聚合物材料通常使用两种方法进行 3D 打印：熔融沉积成型和立体光固化快速成型。

在熔融沉积成型技术中，聚合物材料首先被加热到可塑性状态，然后通过挤出喷嘴层层堆叠形成所需物体。这是一种较常见的 3D 打印技术，广泛应用于家庭和办公室中的低成本 3D 打印机。常用的聚合物材料包括聚乳酸（PLA）、ABS（丙烯腈 – 丁二烯 – 苯乙烯共聚物）、PETG（聚对苯二甲酸乙二醇酯 –1,4– 环己烷二甲醇酯）等。这些材料具有良好的可塑性和强度，适用于制作模型、家居用品和原型等。

光固化快速成型技术是使用液态聚合物材料，如环氧树脂（EP）或丙烯酸酯（如聚丙烯酸甲酯，也称光固化树脂）。在这种技术中，3D 打印机使用 UV 光源将聚合物液体暴露在特定区域，使其固化成固态材料。这种技术可用于制造高精度和复杂结构的零件，例如医疗领域的人工关节和牙科支架。

此外，其他类型的聚合物材料 [如聚酰亚胺（PI）、聚对苯二甲酸酯（PC）、聚苯乙烯（PS）和尼龙（PA）] 具有不同的性质和特点，以满足不同应用领域的需求。

3D 打印材料的聚合物材料具有广泛的选择性和适应性，能够在不同领域实现各种创新和应用。

2. 金属材料

金属材料 3D 打印零件

3D 打印材料中的金属材料是指通过 3D 打印技术制造金属零件使用的材料。与传统的金属加工方法相比，3D 打印材料可以更加精确地控制金属的形状和结构，使得金属零件的制造更加灵活、高效。

市场上常见的 3D 打印金属材料有不锈钢、钛合金、铝合金、镍合金、铜合金等。这些材料具有相应的物理和机械性能特点，适用于不同领域的应用。

（1）不锈钢是一种常用的金属材料，具有良好的强度和耐蚀性，在汽车、航空航天、医疗、建筑等领域得到广泛应用。

（2）钛合金是一种轻质但强度高的金属材料，具有良好的耐高温性和耐蚀性，广泛应用于航空航天、医疗和工业领域。

（3）铝合金具有较低的密度和良好的导热性，广泛应用于航空航天、汽车和消费品制造等领域。

（4）镍合金具有优异的耐高温和耐蚀性，广泛应用于航空航天、化工和能源领域。

（5）铜合金具有良好的导电性和导热性，广泛应用于电子、电气和通信领域。

此外，在 3D 打印金属材料中，还有一些高级金属材料，如钨合金、银合金、金合金

等，它们具有特殊的性能和特点，适用于特定的应用需求。

总而言之，3D打印材料的金属材料具有可塑性强、制造精度高的优势，能够满足不同行业对金属零件的需求，推动了金属制造领域的创新和发展。

3. 陶瓷材料

3D打印材料中的陶瓷材料是指通过3D打印技术制造陶瓷零件使用的材料。陶瓷是一种非金属的无机材料，具有优异的耐高温性、耐蚀性、绝缘性能和硬度等，在许多领域得到广泛应用。

市场上常见的3D打印陶瓷材料有氧化铝（Al_2O_3）、氮化硅（Si_3N_4）、氧化锆（ZrO_2）和氧化铝–氧化锆复合材料等。这些材料具有不同的特性和应用领域。

（1）氧化铝是一种具有优异机械强度和耐热性的陶瓷材料，广泛应用于航空航天、电子、医疗和化工领域。

（2）氮化硅是一种具有高硬度、高强度和优异耐热性的陶瓷材料，广泛应用于高温结构件、磨损件和电子组件等领域。

（3）氧化锆是一种具有高强度、高硬度和良好耐热性的陶瓷材料，常用于医疗和高端装饰品领域。

（4）氧化铝–氧化锆复合材料将两种材料的优点结合起来，具有更好的力学性能和耐热性，适合高负荷和高温环境下应用。

与金属和塑料相比，3D打印陶瓷的主要挑战在于材料特性本身的工艺难题。由于陶瓷材料通常需要高温烧结获得特定的工程性能，因此需要采用特定的3D打印技术和处理方法。

总的来说，3D打印材料的陶瓷材料具有独特的性能和应用潜力，可以满足特定领域对耐高温、耐腐蚀、绝缘和硬度的要求。随着技术的发展和研究的深入，陶瓷材料的3D打印应用将会得到进一步的推广和发展。

4. 复合材料

3D打印材料中的复合材料指的是由两种或两种以上材料组成的材料。将不同类型的材料混合在一起，可以利用各种材料的特性和优势，获得更好的性能。

在3D打印领域，常见的复合材料有聚合物基复合材料和金属基复合材料。

（1）聚合物基复合材料是将聚合物与其他材料（如纤维增强剂、颗粒填充剂等）结合的复合材料。颗粒填充剂可以是碳纤维、玻璃纤维、金属粉末等。添加纤维增强剂，可以提高材料的强度、刚度、耐热性、耐磨性等。聚合物基复合材料常用于汽车、航空航天、船舶和体育用品等领域。

（2）金属基复合材料是将金属与其他材料结合，以提高金属材料性能的复合材料。例如，金属基复合材料可以将金属与陶瓷、碳纤维等结合，以提高强度、硬度、耐蚀性和耐磨性等。金属基复合材料常用于航空航天、汽车、能源和工程领域。

复合材料的选择和组合取决于应用需求和目标。选择适当的组合材料，可以根据具体需要优化材料的性能和特性。例如，添加纤维增强剂可以提高材料的强度和刚度，添加颗粒填充剂可以改善材料的导电性能，控制复合材料的组成比例可以调节材料的密度和耐热性等。

总而言之，3D 打印材料的复合材料能够将不同材料的优点结合起来，提供更多的选择和应用潜力。它们可以满足特定领域对高性能、多功能和特殊需求的要求，并在各个领域发挥重要作用。

13.6.3 3D 打印成型工艺

1. 熔融沉积成型

熔融沉积成型的原理是采用热熔喷头，使得熔融状态的材料按计算机控制的路径挤出沉积，并凝固成型，经过逐层沉积凝固，最后除去支撑材料，得到所需的三维产品。熔融沉积成型使用的原料通常为热缩性高分子，包括 ABS、聚酰胺、聚酯、聚碳酸酯、聚乙烯、聚丙烯等。其技术特点是成型产品精度高、表面质量好、成型结构简单、无环境污染等，但操作温度较高。图 13.7 所示为熔融沉积成型 3D 打印机。

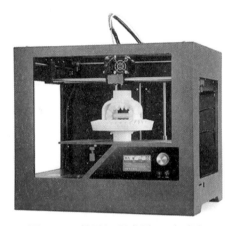

图 13.7　熔融沉积成型 3D 打印机

近年来，利用熔融沉积成型制备生物医用高分子材料受到越来越多的重视，尤其是以脂肪族聚酯为原料制备生物可降解支架材料取得了相当大的进展。

2. 立体光固化成型

立体光固化成型的工作原理（图 13.8）与喷墨打印类似，在数字信号的控制下，喷嘴工作腔内的液体光敏树脂瞬间形成液滴，在压力作用下喷嘴喷出到指定位置，然后通过紫外线对光敏树脂固化，固化后逐层堆积，得到成型零件。其成型过程如下：首先根据零件截面的形状，控制打印喷头沿 X、Y 轴运动，在既定截面的相关实体区域打印实体材料，在支撑区域打印支撑材料，并在紫外线的照射下进行固化；然后打印平台沿 Z 轴下降一定高度，喷头接着打印、固化下一层，如此逐层打印、固化直至完成零件；最后除去零件中的支撑材料，获得所需的零件。

立体光固化成型材料由光固化实体材料与支撑材料组成，其中支撑材料根据固化方式不同分为相变蜡支撑材料和光固化支撑材料。光固化支撑材料通常称为光敏树脂，主要由齐聚物、反应性稀释剂（活性单体）、光引发剂及其他助剂组成。

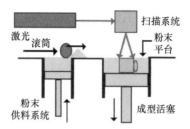

图 13.8　立体光固化成型的工作原理

3. 选择性激光烧结

选择性激光烧结的原理是采用激光束按照计算机指定路径扫描,使工作台上的粉末原料熔融黏结固化。一层扫描完毕,移动工作台,使固化层表面铺上新的粉末原料,经过逐层扫描黏结,获得三维材料,如图 13.9 所示。与立体光固化成型通过紫外线逐层引发液态树脂原料发生聚合或交联反应不同,选择性激光烧结是通过激光产生高温使粉末原料表面熔融黏结而形成三维材料的。选择性激光烧结的常用原料有塑料陶瓷、金属粉末等。其优点是加工速度高,无须使用支撑材料;缺点是成型产品表面较糙,需进行后处理,加工过程中会产生粉尘和有毒气体,持续高温可能造成高分子材料降解、生物活性分子变形或细胞凋亡。该技术不能用于制备水凝胶支架。以生物可降解高分子为原料,选择性激光烧结也是制备外部形态和内部结构可控 3D 医用高分子材料的有效途径。对支架性能产生影响的主要参数包括颗粒尺寸、激光能量、激光扫描速率、部分床层温度等。

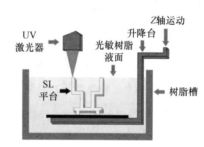

图 13.9　选择性激光烧结的工作原理

4. 选择性激光熔化

选择性激光熔化是以快速原型制造技术(rapid prototyping manufacturing,RPM)为基本原理发展起来的一种先进的激光增材制造技术。先通过专用软件对零件三维数模进行切片分层,获得各截面的轮廓数据,再利用高能量激光束根据轮廓数据逐层选择性地熔化金属粉末,采用逐层铺粉、逐层熔化凝固堆积的方式,制造三维实体零件。

选择性激光熔化主要选用光束模式优良的光纤激光器,其激光功率密度极高,可以将金属粉末完全融化。日常打印时,首先利用专业软件将三维模型切片分层为二维截面图,并扫描路径规划;然后利用刮板将粉末均匀铺至激光加工区,计算机通过扫描振镜控制激光束来选择性地融化金属粉末,得到相应截面的实体后,升降机下降一个厚度,重复上述操作;最后逐层堆积成与模型相同的三维实体。选择性激光熔化的工作原理及设备如图 13.10 所示。

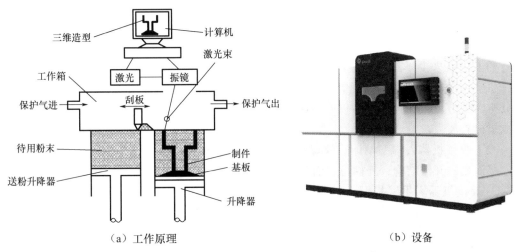

（a）工作原理　　　　　　　　　　　　　（b）设备

图 13.10　选择性激光熔化的工作原理及设备

13.7　焊接机器人技术

　　焊接机器人是智能化焊接制造的关键装备，在制造业转型升级向智能制造发展的当下，其重要性不言而喻。国际标准化组织（ISO）对焊接机器人的定义如下：焊接机器人是从事焊接（包括切割与热喷涂）的工业机器人，为了适应不同的用途，工业机器人最后一个轴的机械接口通常是一个连接法兰，可安装不同工具（末端执行器），如焊钳或焊（割）枪，使之进行焊接、切割或热喷涂。工业机器人是一种面向工业领域的多用途、可重复编程、靠自身动力和控制能力执行工作的机器装置。

　　焊接机器人系统主要包括机器人和焊接设备两部分。机器人由机器人本体和控制柜（硬件及软件）组成。焊接装备（以弧焊及点焊为例）由焊接电源及其控制系统、送丝机（弧焊）、焊枪（钳）等组成。对于智能机器人还应有传感系统，如激光传感器或摄像传感器及其控制装置等。图 13.11 所示为焊接机器人系统。

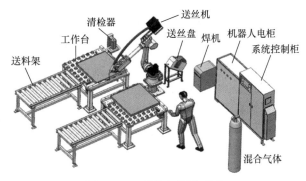

图 13.11　焊接机器人系统

13.7.1 焊接机器人本体的结构及控制

1. 焊接机器人本体结构

（1）焊接机器人技术参数。焊接机器人的构型设计是以机器人的基本设计参数为基础进行的。一般来说，其主要参数有自由度、工作范围、负载能力、焊接速度及焊接精度。首先机器人的自由度可以体现其工作时的灵活性，也说明了机器人可以独立工作的轴数；据分析，关节形式和自由度不仅影响机器人的工作空间，而且对其可操作性、定位精度等性能指标有较大影响。

（2）焊接机器人构型设计。就焊接机器人形式来看，其是一些杆件通过某种或某些形式连接而成的开链结构，杆件可以看作机器人的手臂，而连接形式为机器人的关节结构。

① 焊接机器人手臂构型。机器人的末端焊枪通过手臂完成各种位姿下的工作，它是直接进行焊接工作的构件。理论上讲，想要到达空间的任意位姿，手臂至少需要三个自由度。常见的手臂构型有下面四种。

直角坐标式：直角坐标式的手臂通过控制三个相互垂直方向的位移确定机器人焊枪的空间位置。

圆柱坐标式：圆柱坐标式的手臂运用关节的转动形式和移动形式的组合运动来确定腕部在工作空间的位置。

球坐标式：球坐标式的手臂由两个转动关节和一个移动关节组成，移动关节需要导轨结构，使整体结构灵活性变差，目前应用不多。

关节式：关节式的手臂由三个转动关节实现末端的位姿调整，这种构型方案是运用仿生学原理设计的，其灵感来自人或类人的手臂结构。

② 焊接机器人手腕构型。手腕部件是用来连接机器人手臂和末端法兰的，处于机器人操作机的末端，与人体的手腕作用相似，利用其灵活性调整末端焊枪的姿态。手腕具有独立自转的功能，一般来说，三个自由度的手腕可以使手部灵活自如，以实现空间的任意姿态。

2. 焊接机器人关节及其驱动机构

（1）驱动方式。机器人的常用驱动方式有三种：气压驱动、液压驱动及电动驱动，它们有各自的应用范围，其中电动驱动应用最广泛。

（2）机器人腰关节传动。机器人各关节由电动机驱动，机器人在传动方面要求严格，首先各传动件要合理连接，所占空间尽量小，且尽量减少传动构件以减小累积间隙，提高工作精度。电动机的安装形式对机器人总体的重心分布、刚度及结构设计有较大的影响，在设计传动系统的布局上，一定要考虑负载和工作范围的要求，从而合理设计电动机的安装位置。一般来说，电动机的输出力矩较小、输出转速很高，不能直接用来工作，要正常工作，就必须依靠减速器提高转矩和降低转速。

（3）机器人肩关节和肘关节传动。从关节运动形式上看，机器人的肩关节、肘关节和腰部关节都是回转形式，传动结构简单、具有很强的通用性，且方便安装和维修。

3. 焊接机器人运动控制系统

焊接机器人运动控制系统结合了计算机控制技术、自动控制理论、人工智能、数学等科学技术，可以高度模拟熟练焊工的焊接操作，协调控制焊接机器人的运动轨迹、匹配的焊枪姿态及工艺参数。工业焊接机器人运动控制系统的结构如下。

（1）控制计算机。控制计算机是控制系统的总指挥。工业焊接机器人的焊接动作通过控制计算机下达指令，控制计算机一般为微型计算机，根据处理器的类型不同，其内存容量也是不同的。

（2）示教盒。示教盒采用人机交互模式，操作简单、易上手，操作人员在示教盒中设置工业焊接机器人的运动轨迹及焊接参数，并且根据焊接质量微调参数。

（3）存储器。工业焊接机器人自身具有记忆功能，可以存储焊接动作，这归功于存储器，其可以存储工业焊接机器人的工作程序及工艺参数而形成数据库。

（4）操作面板。操作面板具备操作按键、指示灯、急停按钮，可完成基本功能操作。

（5）轴控制器。轴控制器控制各关节的位置、速度及加速度，各轴通过灵活配合完成焊接操作。

13.7.2 焊接机器人系统

1. 电阻点焊机器人系统

电阻点焊机器人主要由计算机、控制系统、示教器和点焊焊接系统四部分组成，操作者可通过示教器和计算机面板按键进行点焊机器人运动位置和动作程序的示教，并设定运动速度、焊接参数等。点焊机器人按照示教程序规定的动作、顺序和参数进行点焊作业，其过程可以实现完全自动化。

电阻点焊机器人控制系统分为本体控制和焊接控制两部分。本体控制部分主要是实现机器人本体的运动控制；焊接控制部分负责对点焊控制器进行自动控制，发出焊接开始指令，自动控制和调整焊接参数（如电压、电流、施加压力及时间/周波等），控制点焊钳的行程及夹紧/松开动作。

除此之外，电阻点焊机器人还具有报警系统。遇到错误操作或再现作业中的某种故障时，电阻点焊机器人的报警系统发出警报，自动停机，并显示错误或故障的种类。

2. 弧焊机器人系统

一般弧焊机器人由示教盒、控制盘、机器人本体及送丝装置、焊接电源等组成，可以在计算机的控制下实现连续轨迹控制和点位控制，还可以利用直线插补和圆弧插补功能焊接由直线及圆弧组成的空间焊缝。弧焊机器人主要有熔化极焊接作业和非熔化极焊接作业两种类型，具有长期进行焊接作业，保证焊接作业的高生产率、高质量和高稳定性等特点。随着技术的发展，弧焊机器人向着智能化的方向发展。

弧焊机器人可以根据焊接方法的不同及具体待焊工件焊接工艺要求的不同，选择扩展以下装置：送丝机、清枪剪丝装置、冷却水箱、焊剂输送和回收装置、移动装置、焊接变位机、传感装置、除尘装置等。

13.7.3 焊接机器人编程

1.示教操作技术

示教操作步骤如下。

（1）示教准备。先选择示教模式，以示教模式进行机器人示教；再输入作业程序号码，即输入要编辑的作业程序号码，编号输入范围为 0 ～ 9999。

焊接机器人

机器人焊接

（2）示教。记录移动命令（动作位置与姿势）：将机器人以手动操作移动到记录位置，并调整姿势，按"覆盖 / 记录"按钮，记录步骤（移动命令）。重复上述过程，依次记录步骤（移动命令）。根据需要记录应用命令：将应用命令记录到适当的步骤，预先激励应用命令，可将信号输出到外部或者使机器人待机。记录标识作业程序结束的结束命令：记录结束命令（应用命令 EDN–FN92），作为程序的最后一步。

（3）程序内容确认。确认示教程序的内容：在示教模式下，按检查前进或者检查后退依序移动到记录的步骤，确认记录的位置、姿势。

（4）修正。修正示教程序的内容：检查程序需要修改的，变更记录点，增加或者删除步骤。

2.离线编程技术

随着机器人应用领域越来越广，传统的示教编程技术在有些场合效率非常低下，离线编程便应运而生，并且应用越来越普及。

离线编程是通过软件，在计算机中重建整个工作场景的三维虚拟环境，根据零件的尺寸、形状、材料，同时配合软件操作者的一些操作，自动生成机器人的运动轨迹，即控制指令，在软件中进行仿真与调整轨迹，生成机器人程序并传输给机器人。典型的离线编程系统软件架构包括建模模块、布局模块、编程模块和仿真模块。

离线编程的优势如下。

（1）减少机器人停机的时间，当对下一个任务进行编程时，机器人仍可在生产线上工作。

（2）使编程者远离危险的工作环境，改善了编程环境。

（3）离线编程系统使用范围广，可以对各种机器人进行编程。

（4）能方便地实现优化编程。

（5）可对复杂任务进行编程，能够自动识别与搜索 CAD 模型的点、线、面信息并生成轨迹。

（6）便于修改机器人程序。

常用离线编程软件如下。

（1）RobotMaster。RobotMaster 来自加拿大，支持市场上绝大多数机器人品牌。RobotMaster 在 Mastercam 中无缝集成了机器人编程、仿真和代码生成功能，提高了机器人编程速度。RobotMaster 可以按照产品数模生成程序，适用于切割、铣削、焊接、喷涂等。

（2）RobotArt。RobotArt 是国内离线编程软件中的高端软件，其根据几何数模的拓扑信息生成机器人运动轨迹，之后轨迹仿真、路径优化、后置代码一气呵成，同时集碰撞检测、场景渲染、动画输出于一体，可快速生成效果逼真的模拟动画，广泛应用于打磨、去毛刺、焊接、激光切割、数控加工等领域。

（3）RobotWorks。RobotWorks 与 RobotMaster 类似，是基于 SolidWorks 做的二次开发。RobotWorks 支持市场上主流的工业机器人，提供各工业机器人各型号的三维数模。其具有独特的机器人加工仿真系统，可以对机器人手臂、工具与工件之间的运动进行自动碰撞检查、轴超限检查，自动删除不合格路径并调整，还可以自动优化路径、减少空跑时间。RobotWorks 提供了完全开放的加工工艺指令文件库，用户可以根据实际需求自行定义、添加、设置自己的独特工艺，添加的任何指令都能输出到机器人加工数据。

（4）DELMIA。DELMIA 是达索旗下的 CAM 软件。DELMIA 有六大模块，其中 Robotics 解决方案涵盖汽车领域的发动机、总装和白车身，航空领域的机身装配、维修维护，以及一般制造业的制造工艺。DELMIA 的机器人模块 Robotics 是一个可伸缩的解决方案，利用强大的 PPR 集成中枢快速进行机器人工作单元建立、仿真与验证，是一个完整的、可伸缩的、柔性的解决方案。

（5）Robcad。Robcad 是西门子旗下的软件，软件较庞大，重点是生产线仿真。Robcad 支持离线点焊、多台机器人仿真、非机器人运动机构仿真和精确的节拍仿真，主要应用于产品生命周期中的概念设计和结构设计两个前期阶段。

13.8　综合实训课题

13.8.1　线切割实训课题

图 13.12 所示为龙图案工件，材料为厚度为 2 mm 的不锈钢板，利用线切割加工出该图案。

图 13.12　龙图案工件

（1）工艺分析。由于该图案较复杂，采用手工编程比较困难，因此采用自动编程。使使用计算机制图软件绘制图案，把原料板材装夹在工作台上，设置加工参数。

（2）编制程序。

① 绘制图案。本实训采用宝玛线切割机床 BM400，使用机床系统自带的 AutoCAD 2004 软件绘制图案，并绘制穿丝点位置，如图 13.13 所示。

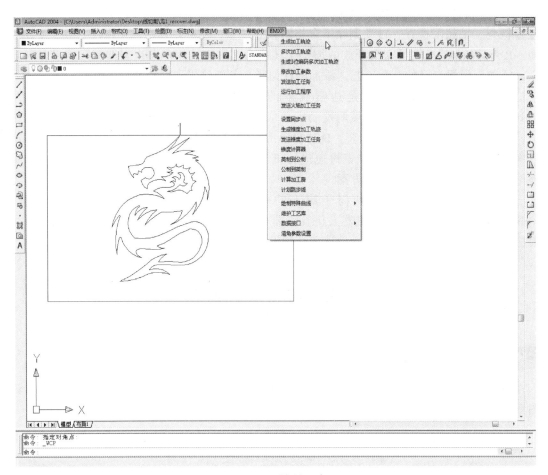

图 13.13　绘制图案

② 参数设置及加工轨迹生成。生成加工轨迹菜单下，在"一次加工轨迹"对话框中选择"左补偿"，输入补偿量 0.1mm，脉宽为 30us，脉冲间距为 6，加工限速为 100，加工电压为低电压，其余参数采用默认值，如图 13.14 所示。屏幕左下方提示"请输入穿丝点坐标"，单击完成穿丝点设置；屏幕左下方继续提示"请输入切入点坐标"，单击图形顶部一点，注意切入点必须在图形上，此时切入点设置完成，系统自动弹出刀具路径的几个走刀方向，均用箭头表示，选择一个箭头，按 Enter 键，生成图 13.15 中箭头所示的刀具轨迹。

图 13.14　参数设置

图 13.15　刀具轨迹

③ 加工任务发送。单击菜单"BMXP"→"发送加工任务"命令，选择刚生成的刀具轨迹，按 Enter 键，发送加工任务。在"选卡"菜单中单击"1 号卡"，系统自动切换到"1 号卡"加工界面，如图 13.16 所示。

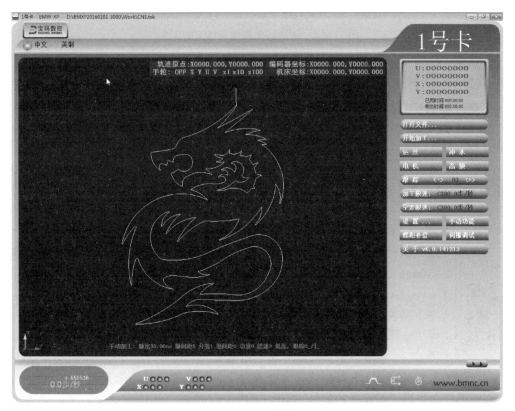

图 13.16　"1 号卡"加工界面

（3）调试机床。

调试机床应校正电极丝的垂直度（使用垂直校正仪或校正模块），检查工作液循环系

统及运丝机构是否正常工作。

（4）工件装夹及加工。

① 将坯料放在工作台上，保证足够的装夹余量；然后固定夹紧，工件前端悬置。

② 将电极丝移至穿丝点位置，注意别碰断电极丝，准备切割。

③ 单击"开始加工"按扭，自动加工工件［图 13.17（a）］，加工的工件如图 13.17（b）所示。

（a）自动加工工件　　　　　　　　　（b）加工的工件

图 13.17　自动加工工件及加工的工件

13.8.2　激光加工综合实训课题

激光打标机广泛应用于企业产品上的商标打印，本实训课题利用激光打标机，在第 6 章完成的锤头上打上"为人民服务"字样。锤头材料为 45 钢，加工设备为浪起 LQL-F50，最大功率为 50W，具体工艺过程如下。

（1）调试机床及参数。根据加工材料，设置加工速度、功率、频率等参数，针对锤头 45 钢材料，设置加工速度为 500mm/s，功率为 100%，频率为 50Hz，其余参数采用默认值。

激光打标

（2）调焦距。调整激光打标机最上方的手轮，顺时针向下，减小焦距；逆时针向上，增大焦距。锤头的厚度为 16mm，将调焦的刻度调整为 180mm，此时输出激光束到工件表面的功率最大。

（3）输入文字。在打标机系统软件中单击打开"绘制文字"图标，在左下角文本框内输入"为人民服务"字样；在"字体"下拉列表框里选择"楷体"选项，单击"应用"按钮，在绘图区域出现"为人民服务"，如图 13.18 所示；在"高度"文本框里输入"12 毫米"调整字号。

（4）调整工件及打标。在打标之前要调整好工件的位置，在系统界面单击"红光"按钮，在绘图区域出现"红光指示中"，如图 13.19（a）所示，工件表面会出现滚动的红光，红光所示区域就是标刻范围，可根据红光区域调整工件的摆放位置。单击"标刻"按钮，在工件表面刻出所需文字，如图 13.19（a）所示。

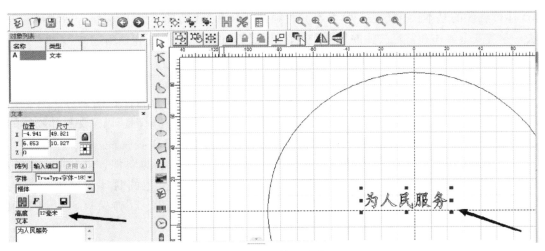

图 13.18 输入文字

红光指示

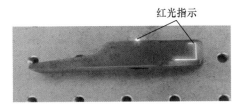 

（a）红光标刻范围　　　　　　　　（b）打标实物

图 13.19 标刻范围及打标实物

13.8.3 3D 打印综合实训课题

利用 PLA 材料打印图 13.20 所示零件。要求工件表面光滑整洁、无瑕疵。

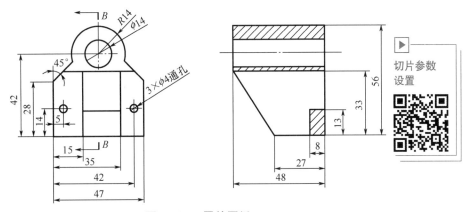

图 13.20 零件图纸

1. 3D 打印基本工艺过程

（1）学习和理解理论知识。学习桌面级 3D 打印技术的基本原理和工作流程，了解

3D 建模软件的基本操作方法。学习不同材料的特性和适用场景，掌握选择合适材料的方法。学习安全操作和常见故障的排除方法，确保使用过程的安全性和顺利进行。

（2）3D 建模准备。利用前面课程所学的三维建模软件知识，构建三维模型，为 3D 打印做好准备。

（3）打印参数设置和准备。根据所选材料的要求，调整 3D 打印机的温度、打印速度、填充密度等参数。准备打印机，确保其平整并涂抹适当的黏附剂，以确保打印物体的附着力。安装打印材料（如 PLA、ABS 等），并根据需要更换打印喷嘴。

（4）3D 打印操作。将设计好的物体模型导入 3D 打印机的软件，并进行模型的放置、缩放和旋转等调整。预览和验证 3D 打印机软件中模型的打印路径，并进行必要的调整和优化。启动 3D 打印机开始打印，并实时监控，以确保打印过程的顺利进行。

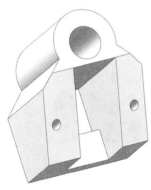

图 13.21　零件三维模型

课题案例
打印

（5）打印后处理。打印完成后，等待打印物体冷却，并小心地取出打印好的物体。检查打印物体的质量和精度，并进行必要的后处理和修整，如去除支撑结构和表面不光滑的部分。对打印物体进行必要的清洁和润滑处理，以展示最佳效果。

2. 实训操作

（1）构建三维模型。利用 SolidWorks 软件根据图 13.20 所示零件尺寸，构建零件三维模型（图 13.21），并将模型保存为 STL 文件。

（2）模型切片及参数设置。将 STL 文件导入 Cura 软件进行切片并设置参数，将文件保存为 gcode 文件，并保存入打印机优盘，内具体如下：

① 根据零件的结构特点及 3D 打印机层层堆叠打印的工作特点，在 Cura 软件内调整零件的位置布局，尽量避免零件悬空。零件的初始安放位置和打印预览如图 13.22 所示。

② 调整零件位置后，调整打印机参数。首先设置打印层厚、壁厚、填充率以及打印机的喷嘴温度；然后为零件添加合理的支撑，以保证零件的加工质量。参数设置见表 13-2。

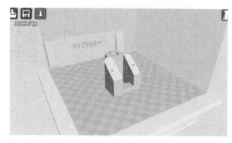

（a）初始安放位置

（b）打印预览

图 13.22　零件的初始安放位置和打印预览

表 13-2 零件切片参数设置

名称	参数	名称	参数
材料	PLA	喷嘴温度 /℃	200
层厚 /mm	0.2	热床温度 /℃	60
壁厚 /mm	0.8	支撑类型	None
底部或顶部厚度 /mm	1	平台附着类型	None
填充率 / (%)	80	材料直径 /mm	1.75
打印速度 / (mm/s)	40	喷嘴流量 / (%)	100

（3）打印过程及结果展示。

① 3D 打印机型号参数。该实训课题采用深圳森工科技有限公司的 K5 型 3D 打印机（图 13.23），它可打印 PLA、ABS、TPU 材料，打印尺寸可达 200mm×200mm×280mm。

② 打印操作。首先调平，使用打印机前要进行调平操作。常用的调平方式是利用四张 A4 纸的厚度感受喷嘴与热床的距离，感受到有微微阻力时的距离是最合适的。依次对热床上的四个定位点进行调平，通过调节热床下的四个旋钮来调整距离。然后插入带有打印文件的优盘，通过 3D 打印机上的可触摸显示屏选择相应的打印文件，设备自动识别文件参数，并进入加热状态，随后开始打印。观察打印过程中设备的运行状态，若出现异常，则应及时调整设备参数。

图 13.23 K5 型 3D 打印机

③ 打印开始状态和结束状态如图 13.24 所示。

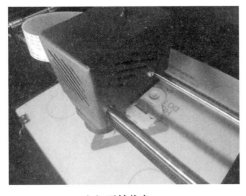

（a）开始状态

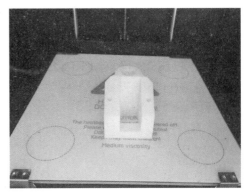

（b）结束状态

图 13.24 打印开始状态和结束状态

13.8.4 焊接机器人综合实训课题

利用焊接机器人技术，采用逐层冷却方法，将底边为 80mm 的正三角形焊接为金字塔形状，并研究观察引弧电流分别为 100A 和 200A 时的焊接质量（外观法观察）。

1. 焊接准备

（1）装夹工件：将工件固定到焊枪的工作范围内。

（2）开机：依次打开总电源开关、控制柜开关、焊机开关、气罐，按"开始"按钮。

（3）验气：连锁 +6 检查气压是否到达焊接要求。

（4）打开试运行：将机器人设定为试运行状态。

（5）创建新的焊接程序：在文件管理界面创建新的焊接程序。

2. 主要焊接参数

（1）焊接参数（表 13-3）。

（2）摆动参数（表 13-4）。

表 13-3　焊接参数

参数	数值	参数	数值
引弧电流 /A	100/200	回烧时长 /s	5
焊接速度 /（mm/s）	3	收弧时间 /ms	500
焊接弧长 /mm	6	收弧弧长 /m	6
熄弧电流 /A	80		

表 13-4　摆动参数

参数	数值	参数	数值
摆弧类型	正弦波	行进角 /（°）	45
摆动形态	单摆	摆动频率 /Hz	1.2
振幅 /mm	4	停止时间 /ms	500

3. 焊接轨迹规划

焊接轨迹规划（底层）如图 13.25 所示。

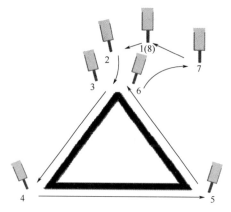

图 13.25　焊接轨迹规划（底层）

（1）设定用户坐标系：在工件的合适位置设定用户坐标系，在该坐标系下进行操作。

（2）确定程序点1：开始位置，机器人及焊枪不会触碰到周围物体的安全位置。

（3）确定程序点2：作业开始位置附近，调整机器人及焊枪的作业姿态，为进入焊接轨迹做准备。

（4）确定程序点3：作业开始位置，保持程序点2的姿态不变，开始焊接，引弧。

（5）确定程序点4：第一条边结束位置。

（6）确定程序点5：第二条边结束位置。

（7）确定程序点6：第三条边结束位置，焊接结束，熄弧。

（8）确定程序点7：焊枪退出工作区域，不会触碰到周围物体的安全位置。

（9）确定程序点8：与程序点1重合，回到开始位置。

4.编写程序（底层）

通过示教盒编写程序，见表13-5。

表13-5 编写程序（底层）

START				程序开始语句
SPEED	SP=100			调整速度之最高速的100%，对后续运动指令有效
MOVJ	P=1	V=50	CR=0	关节插补模式下，以最高速度的100%×50%运动到当前空间点1
MOVJ	P=2	V=50	CR=0	关节插补模式下，以最高速度的100%×50%运动到当前空间点2
MOVJ	P=3	V=50	CR=0	关节插补模式下，以最高速度的100%×50%运动到当前空间点3，并调整姿态，为进入焊接做准备
ARCON	ASF=1			引弧指令，使用焊接引弧文件1
WAVON	ASF=1			焊枪焊接时调用摆动文件1
MOVL	P=4	V=50	CR=0	直线插补模式下，以焊接文件中的速度运动到空间点4，并进行焊接作业
WAVON	ASF=2			焊枪焊接时调用摆动文件2
MOVL	P=5	V=50	CR=0	直线插补模式下，以焊接文件中的速度运动到空间点5，并进行焊接作业
WAVON	ASF=3			焊枪焊接时调用摆动文件2
MOVL	P=6	V=50	CR=0	直线插补模式下，以焊接文件中的速度运动到空间点6，并进行焊接作业
WAVOF				取消摆动

续表

START				程序开始语句
ARCOF	AEF=1	AT=1		熄弧指令，使用焊接熄弧文件1
MOVJ	P=7	V=50	CR=0	关节模式下，以最高速度的100%×50%运动到当前空间点7，离开作业区域
MOVJ	P=1	V=50	CR=0	关节模式下，以最高速度的100%×50%运动到当前空间点1，回到开始位置
END				

注：每层收缩后，需要重新示教或设置轨迹。

5. 焊接结果

焊接结果如图 13.26 和图 13.27 所示。当焊接电流 I=200A 时，焊接速度为 8mm/s。由于焊接电流过大，速度过高，因此焊缝过窄且产热过大，在第八层出现了较明显的缺陷。当焊接电流 I=100A 时，得到较理想的结果，焊缝堆积形成类似"鱼鳞"的焊缝。

图 13.26　路径规划（底层）（I=200A）

图 13.27　路径规划（底层）（I=100A）

13.9　实训安全

下面以特种加工技术中应用最普遍的电火花线切割技术为例，说明安全技术。

（1）学生初次操作机床，需仔细阅读电火花线切割机床《实训指导书》或机床操作说明书，并在实训教师的指导下操作。

（2）手动或自动移动工作台时，必须注意电极丝（钼丝）位置，避免电极丝与工件或工装产生干涉而造成断丝。

（3）使用机床控制系统的自动定位功能进行自动找正时，必须关闭高频，否则会烧丝。

（4）关闭运丝筒时，必须停在两个极限位置（左或右）。

（5）装夹工件时，必须考虑机床的工作行程，加工区域必须在机床行程范围内。

（6）工件及装夹工件的夹具高度必须小于机床线架高度，否则，在加工过程中会发生工件或夹具撞上线架而损坏机床。

（7）支撑工件的工装位置必须在工件加工区域之外，否则，加工时会连同工件一起割掉。

（8）工件加工完毕，必须随时关闭高频。

（9）经常检查导轮、排丝轮、轴承、电极丝、切割液等易损件、易耗件，若发现损坏，则应及时更换。

13.10 小 结

本章主要介绍了几种特种加工方法及其工作原理、设备组成及应用特点。这些加工方法可应用于高精度、高硬度、形状复杂的工件加工，不仅适用于金属材料，而且适用于非金属材料、难加工材料，具有常规加工方法不具备的诸多优点。

13.11 思考与练习

1. 思考题

（1）简述电火花加工的原理和应用。

（2）电火花加工分为哪几类？影响加工精度的因素有哪些？

（3）电火花线切割加工有什么加工特点？

（4）简述激光加工的原理和应用。

（5）简述你见过的 3D 打印方式及其特点。

2. 实训题

（1）电火花机床操作。

（2）用电火花线切割机床切割出校徽，材料为不锈钢。

（3）利用激光打标机在工程实训的作品上打上你的姓名和学号信息。

（4）设计一款笔筒，并用 3D 打印技术打印出来。

参 考 文 献

陈茂爱，任文建，闫建新，等，2019.焊接机器人技术［M］.北京：化学工业出版社.

陈佩芳，2000.金属工艺实习［M］.2版.北京：中国农业出版社.

陈善本，林涛，2006.智能化焊接机器人技术［M］.北京：机械工业出版社.

董丽华，2006.金工实习实训教程［M］.北京：电子工业出版社.

高国平，2001.机械制造技术实训教程［M］.上海：上海交通大学出版社.

谷春瑞，韩广利，曹文杰，2004.机械制造工程实践［M］.天津：天津大学出版社.

郭永环，姜银方，2017.工程训练［M］.4版.北京：北京大学出版社.

侯书林，2010.金属工艺学实习［M］.北京：中国农业出版社.

侯书林，张炜，杜新宇，2015.机械工程实训［M］.北京：北京大学出版社.

技工学校机械类通用教材编审委员会，2014.车工工艺学［M］.5版.北京：机械工业出版社.

孔庆华，黄午阳，2000.制造技术实习［M］.上海：同济大学出版社.

黎文航，王加友，周方明，2015.焊接机器人技术与系统［M］.北京：国防工业出版社.

李国英，1998.表面工程手册［M］.北京：机械工业出版社.

刘宝俊，1989.材料的腐蚀及其控制［M］.北京：北京航空航天大学出版社.

刘国杰，2000.现代涂料工艺新技术［M］.北京：中国轻工业出版社.

刘江龙，邹至荣，苏宝熔，1997.高能束热处理［M］.北京：机械工业出版社.

刘鲁刚，王琨，2020.3D打印机的设计与制作［M］.北京：电子工业出版社.

刘少岗，金秋，2020.3D打印先进技术及应用［M］.北京：机械工业出版社.

刘胜青，陈金水，2005.工程训练［M］.北京：高等教育出版社.

刘世雄，1996.金工实习［M］.重庆：重庆大学出版社.

刘志东，2017.特种加工［M］.2版.北京：北京大学出版社.

卢志文，赵亚忠，2019.工程材料及成形工艺［M］.2版.北京：机械工业出版社.

吕广庶，张远明，2001.工程材料及成形技术基础［M］.北京：高等教育出版社.

马国红，许燕玲，何银水，2021.焊接机器人跟踪与仿真技术［M］.北京：机械工业出版社.

门正兴，白晶斐，银赢，2022.3D打印技术与成形工艺［M］.重庆：重庆大学出版社.

倪楚英，2000.机械制造基础实训教程［M］.上海：上海交通大学出版社.

倪小丹，杨继荣，熊运昌，2020.机械制造技术基础［M］.3版.北京：清华大学出版社.

孙希泰，等，2005.材料表面强化技术［M］.北京：化学工业出版社.

孙以安，陈茂贞，1998.金工实习教学指导［M］.上海：上海交通大学出版社.

王瑞芳，2001.金工实习［M］.北京：机械工业出版社.

徐滨士，朱绍华，刘世参，2005.材料表面工程［M］.哈尔滨：哈尔滨工业大学出版社.

徐冬元，2014.钳工工艺与技能训练［M］.3版.北京：高等教育出版社.

徐杨，2021.工程材料及成形技术基础［M］.北京：中国农业出版社.

严绍华，2001.材料成形工艺基础：金属工艺学热加工部分［M］.北京：清华大学出版社.

严绍华，张学政，2006.金属工艺学实习：非机类［M］.2版.北京：清华大学出版社.

杨若凡，2005.金工实习［M］.北京：高等教育出版社.

于文强，张丽萍，2015.金工实习教程［M］.3版.北京：清华大学出版社.

袁建军，谷连旺，2022.3D打印原理与3D打印材料［M］.北京：化学工业出版社.

张力真，徐允长，2001.金属工艺学实习教材［M］.3版.北京：高等教育出版社.

张学仁，2001.电火花线切割加工技术工人培训自学教材［M］.2版.哈尔滨：哈尔滨工业大学出版社.

张学政，李家枢主编，清华大学金属工艺学教研室编,2003.金属工艺学实习教材［M］.3 版.北京：
　　高等教育出版社.

赵万生，2000.电火花加工技术工人培训自学教材［M］.哈尔滨：哈尔滨工业大学出版社.

中国腐蚀与防护学会主编，高荣发编著，1992.热喷涂［M］.北京：化学工业出版社.

周伯伟，2006.金工实习［M］.南京：南京大学出版社.

朱红，谢丹，2017.3D 打印材料［M］.武汉：华中科技大学出版社.

朱世范，2003.机械工程训练［M］.哈尔滨：哈尔滨工程大学出版社.

左敦稳，2009.现代加工技术［M］.2 版.北京：北京航空航天大学出版社.